現代講座・磁気工学 4

スピントロニクス
応用編

日本磁気学会 編

鈴木義茂・久保田均・野﨑隆行・湯浅新治・中谷友也 著

共立出版

（社）日本磁気学会・出版ワーキンググループ

大嶋 則和　　（科学技術振興機構）

小野 寛太　　（大阪大学）

小野 輝男　　（京都大学）

高梨 弘毅　　（日本原子力研究開発機構）

三俣 千春　　（筑波大学）

現代講座・磁気工学シリーズ刊行にあたって

　日本磁気学会では設立30周年を迎え，磁気関連分野の研究をますます発展させるため，学術講演会の国際化や学会誌，論文誌の拡充などさまざまな活動を行ってきました．この30年間には，学会誌に掲載された解説記事や連載記事，また学会主催の教育活動として実施されてきました初等磁気工学講座やサマースクールなど膨大な著作が蓄積されております．過去において，これら著作物の書籍出版について検討されたことがあったようですが，今日まで具現化には至りませんでした．今回，共立出版株式会社との共同により，日本磁気学会編纂による書籍出版の道が開かれることになりました．

　今日の科学技術の発展はますます加速しており，磁気の分野においても新しい研究分野が次々と開拓されています．日本磁気学会の学術講演会を見ても，そのセッション構成は年々変わっており，巨大磁気抵抗効果やスピンエレクトロニクス，ナノ磁性など従来にはないキーワードが用いられるようになりました．また新分野だけでなく，これらを支える基礎分野においても研究の進展は急速であり，新たな参考書や新分野への導入を意識した教科書が必要な場合があるように思われます．これまでに磁気分野の教科書としては定番の本などもありますが，現在において十分な改訂がなされているとは限らず，これを補って時代に即した新規分野の解説や基礎を整理するという取り組みは学会主導の編纂ならではの有意義な事業と考えられます．また，JABEEなどの認定制度も整備され始めているなか，学会編纂による教科書などの必要性が高まりつつある現状もあり，学会主導の出版事業が磁気関連の研究分野の発展に少しでも寄与できればとの思いからこの企画を進めてまいりました．

　本シリーズの発刊にあたり，日頃の日本磁気学会の活動を支えてくださった関係各位に感謝するとともに，学会編纂企画の目的を理解いただき快く協力し

てくださった著者各位に感謝申し上げます．シリーズ企画では教科書としての側面だけでなく，専門分野の解説書やハンドブックなど幅広い分野で展開されます．続巻を含めこれらのシリーズが多くの読者に興味をもっていただけるよう希望しております．最後に，本シリーズの編集においてさまざまな形でご支援頂いた共立出版編集部の石井徹也氏に感謝し，シリーズ刊行の挨拶といたします．

（公社）日本磁気学会・出版ワーキンググループ　一同

序文

　本書は現代講座・磁気工学 3 として刊行された『スピントロニクス —基礎編—』の続編である．基礎編がスピントロニクスの理論的な側面に関する理解を得ることを目的に書かれているのに対して，本書はスピントロニクスの実験研究・開発に携わる研究者や学生（学部上級生から大学院生）がスピントロニクスの実際的な実験技術・研究開発の指針などを得ることを目的として書かれている．そのために実際の実験結果の紹介はもちろん，実験の方法と原理に関する解説，スピントロニクス材料や素子の実例を紹介するように努めた．一方，物質定数や素子パラメーターを用いて正しく実験を計画，あるいは新素子を提案・設計するには物性物理の基礎をある程度知っている必要がある．このためには基礎編を前もって読んでおくことが望ましいが，本書は，この本 1 冊を読んだだけでもスピントロニクスの応用について実践的な知識を身につけられるように以下の点に注意して書かれている．1．固体電子論やスピントロニクスの基礎に関わる部分については，必要最低限の理解を与えるために本文で簡単に説明するとともに付録を設けた．したがって一部には基礎編と重複する内容も含まれている．2．素子設計などで重要となる現象論的な理論については比較的詳しく記述した．3．図表とポンチ絵を多く入れるように心がけた．4．基礎編が出版されたのちの進歩については理論的なこともある程度含めて紹介した．この部分については理解のために必要な電子論の基礎の記述に不足を感じることもあるかと思われる．

　第 1 章では歴史の流れに沿って，スピントロニクスに必要な量子力学・固体電子論のごく簡単な説明とスピントロニクス物質の説明，さらにスピントロニクスの発展の歴史を述べた．第 2 章ではスピントロニクスの実験・製造に必要な成膜・微細加工・計測技術について解説した．第 3 章ではナノサイズの磁性体に特有な静的な磁気構造について説明した．第 4 章ではスピントロニクス各

iv 序文

素子の原理と実際について詳説した．第5章では実際の応用例を紹介したが，この分野はまさにスピントロニクスの最前線であり内容はすぐに古くなってしまう．そこで代表的なものについての簡単な説明にとどめた．第6章では基礎編が出版されたのちのスピントロニクスの発展について理論的な側面も含めて紹介した．この章の内容についてはその全容がまだ分からないものも多く，今後の発展を見ていく必要がある．内容的に難しいものもあるが付録を参照して理解の助けにしてほしい．

　日進月歩する科学技術の中においてもスピントロニクスの進歩には目を見張るものがある．スピントロニクスは既存の学問・技術分野である熱力学・電磁気学・量子論・固体物理・磁気工学・半導体工学・光学・エレクトロニクス・計測工学・量子エレクトロニクス・量子光学・量子情報などを基礎とし，あるいは相互に関わり合いながら進歩している．本書のページ数の限界からも，あるいは，著者の能力の限界からもこれらすべての関わり合いを正しく伝えることは不可能である．読者は必要とその興味に応じてこれらの学問分野の良書を訪ね，自ら理解を深めていただきたい．この点および本書が出版されたのちの進歩に関しては本書に続く新しい教科書が現れ，その頃にはより明確になっているであろうスピントロニクスの全体像をうまくまとめてくれるものと期待している．

　本書の執筆にあたっては以下の方々にお世話になりました．ここに感謝いたします．敬称・所属略50音順：天田友理・荒木康史・安藤和也・石井徹也・織田ゆみ・梶岡春香・木村崇・後藤穣・齋藤秀和・佐久間昭正・佐藤岳・塩田陽一・下出敦夫・白石誠司・鈴木法子・関剛斎・高橋三郎・谷口知大・田村英一・中村一貴・縄岡孝平・野村光・日比野有岐・藤本聡・森下弘樹・森谷裕幸・水落憲和・水口将暉・三輪真嗣・守谷頼・薬師寺啓・山口皓史・渡辺辰樹・Cho Jaehun.

　本書がスピントロニクスという未完の分野に興味をもつきっかけとなり，本書を読んだ若い読者がこの分野をますます充実した新しい方向に導いてくれることを願いつつ筆を進めた．

2024年7月

鈴木義茂・久保田均・野﨑隆行・湯浅新治・中谷友也

目　次

序文　　　　　　　　　　　　　　　　　　　　　　　　　　iii

第1章　スピンの発見からスピントロニクスまで　　　　1

1.1　スピンとは 1

　　1.1.1　スピンの発見 1

　　1.1.2　スピンの記述 6

1.2　スピントロニクス入門 13

　　1.2.1　スピントロニクスの舞台となる物質 13

　　1.2.2　スピントロニクス 20

　　第1章　演習問題 28

第2章　スピントロニクスの実験技術　　　　　　　　35

2.1　成膜技術 35

　　2.1.1　真空技術 36

　　2.1.2　真空蒸着と分子線エピタキシー法（MBE 法）..... 38

　　2.1.3　スパッタ成膜技術 41

　　2.1.4　その他の成膜技術 43

2.2　微細加工技術 46

　　2.2.1　微細加工法の種類 46

　　2.2.2　フォトリソグラフィー 48

　　2.2.3　電子線リソグラフィー 50

　　2.2.4　集束イオンビーム加工（FIB 加工）........... 52

2.3　計測技術 52

　　2.3.1　低周波数域での測定法 53

vi　目次

2.3.2	スピンダイナミクスの測定法	67
第 2 章	演習問題	80

第 3 章　スピントロニクス物質・素子の磁気構造　　89

3.1 マイクロマグネティクスと磁気構造 89

3.1.1 静磁的マイクロマグネティクス 89

3.1.2 強磁性微小ディスクと細線の磁気構造 91

3.1.3 垂直磁気異方性 (PMA) と垂直磁化膜 92

3.1.4 Néel 磁壁・Bloch 磁壁とカイラリティー 93

3.1.5 磁気スカーミオン 96

3.2 磁性多層膜に働く磁気的結合 97

3.2.1 強磁性多層膜における層間交換結合 (IEC) 97

3.2.2 強磁性／反強磁性界面における交換バイアス 100

3.2.3 積層フェリ構造 102

3.2.4 静磁気的結合 104

第 3 章　演習問題 107

第 4 章　スピントロニクス素子とデバイス物理　　113

4.1 磁気抵抗素子（MR 素子） 113

4.1.1 異方性磁気抵抗素子（AMR 素子） 113

4.1.2 巨大磁気抵抗素子（GMR 素子） 115

4.1.3 拡散的スピン依存伝導の物理 120

4.1.4 トンネル磁気抵抗効果素子（TMR 素子） 128

4.1.5 バリスティックなスピン依存伝導の物理 134

4.2 スピンダイナミクス素子 136

4.2.1 スピン流の発生法 137

4.2.2 スピントルク磁化反転素子 139

4.2.3 スピントルク磁化反転の物理 146

4.2.4 スピントルク磁壁駆動素子 151

4.2.5 スピントルク磁壁駆動の物理 152

4.2.6 電圧印加磁化反転素子 156

目次　vii

	4.2.7	スピントルク発振素子 (STO)	162
	4.2.8	スピントルク発振の物理	166
	4.2.9	スピントルク検波および増幅素子	168
4.3	スピン熱および光素子		170
	4.3.1	スピン熱効果素子	170
	4.3.2	スピン光素子	176
4.4	半導体スピントロニクス素子		177
	4.4.1	強磁性半導体素子	177
	4.4.2	半導体スピン素子	178
	4.4.3	半導体スピン量子素子	178
	第 4 章	演習問題	182

第 5 章　スピントロニクスの応用　197

5.1	磁気センサ		197
	5.1.1	ハードディスク用磁気センサ	197
	5.1.2	高感度磁界センサ TMR, NV センター	207
5.2	メモリ		210
	5.2.1	磁気抵抗効果型ランダムアクセスメモリ (MRAM) . . .	210
	5.2.2	ハード磁気ディスクのマイクロ波アシスト書き込み (MAMR)	217
	5.2.3	レーストラックメモリ	217
5.3	その他の応用		220
	5.3.1	不揮発性論理回路	220
	5.3.2	ニューロモルフィック回路	221
	5.3.3	量子標準	222
	第 5 章	演習問題	224

第 6 章　スピントロニクスの展開　231

6.1	Berry 位相		231
	6.1.1	内因性異常 Hall 効果	231
	6.1.2	内因性スピン Hall 効果	236
	6.1.3	光学応答における Berry 位相の効果	237

viii　目次

	6.2	スピン電磁場	238
	6.3	反強磁性スピントロニクス	240
		6.3.1　高速磁壁移動	240
		6.3.2　反強磁性ドメインの電流スイッチ	240
		6.3.3　Altermagnetism と Mn_3Sn	241
	6.4	軌道流とフォノンの角運動量	242
		6.4.1　軌道流	242
		6.4.2　角運動量をもつフォノン	244
	6.5	その他の発展	245
		6.5.1　分子スピントロニクスと CISS	245
		6.5.2　超伝導／強磁性体接合	246
	第 6 章　演習問題		249

付録 A：基本的事項に関する説明　　　　　　　　　　　　　　　　　**255**

A.1　磁化と磁界の定義 255

A.2　Schrödinger と Dirac の波動方程式 260

A.3　Heisenberg の運動方程式と磁化の歳差運動 262

A.4　MOKE の 3 つの磁化配置 264

A.5　一般の磁化方向に対する磁気抵抗効果と異常 Hall 効果 266

A.6　高周波回路の考え方 268

A.7　Boltzmann 方程式 269

A.8　Landauer-Bütticker 公式と Brataas のスピン流回路理論 273

A.9　スピン波とマグノン 279

A.10　スピン Hall 効果と逆スピン Hall 効果 280

A.11　スピントルクがあるときの一般化 Thiele 方程式 283

A.12　スピントルクがあるときのマクロスピンの Fokker-Planck 方程式　284

A.13　スピントルク発振の複素数表示 285

A.14　スピン依存伝導における Onsager 係数 286

A.15　Rashba ハミルトニアン 287

A.16　微分幾何 289

A.17 ゲージ原理とゲージ場 292

A.18 $\hat{\gamma}$ 行列の Dirac 表現，Weyl 表現と 2 次元表現 292

A.19 Berry 位相 294

A.20 k–表示（Bloch 波表示） 297

付録B：本書で用いる略語の表　　　　　　　　　　　301

付録C：基礎物理定数　　　　　　　　　　　　　　303

付録D：本書で用いている変数の抜粋　　　　　　　304

付録E：周期律表　　　　　　　　　　　　　　　　310

索引　　　　　　　　　　　　　　　　　　　　　313

第1章

スピンの発見からスピントロニクスまで

スピントロニクスとは電子のもつ磁石としての性質と素電荷としての性質が同時に現れたときに生じる特異な物性を解明し，さらにはこの利用を試みる学問・技術体系である．したがってスピントロニクスの実現のためには電子の磁石としての性質と電荷を運んだり光を吸収したりする性質との関係に着目する必要がある．ここでは，まず電子スピンがいかに発見され，今日のスピントロニクスにつながったのか歴史を追いながら見ていく．その過程で量子力学の基礎的な概念と用語をおさらいすることもこの章の目的である．なお，本書ではSI単位系（MKSA, E-B 対応）を用いる．また，電気伝導のキャリアは電子であるとし，特別断らない限り正孔は取り扱わない．

1.1 スピンとは

1.1.1 スピンの発見 [1]

1) Bohr-Sommerfeld の原子モデルと量子化条件

1902 年に J. B. Perrin が，1904 年には長岡半太郎 [2] が原子の土星モデルを提唱した．このモデルでは正の電荷をもつ原子核の周りを負の電荷をもつ円環が回転している（図 1.1(a)）．このモデルによれば磁化（A.1 節参照）は円環が作る電流による磁気モーメントと考えることができる．円環の半径，全電荷と回転速度を r[m], Q[C], v[m/s] とすれば電流は $J^C = Qv/(2\pi r)$[A] なので磁気モーメントは電流の囲む面積をかけて $\mu = \pi r^2 J^C = Qvr/2$[Am^2] となる（A.1 節）．

1913 年，N. Bohr は陽子とその周りを回る電子からなる原子モデルを提案し [3]，その回転運動の角運動量 $\mathbf{L} = \mathbf{r} \times \mathbf{p}$ の大きさが $L = n\hbar$（n は整数）[†1] と

[†1] $\hbar \equiv h/(2\pi)$ は Dirac 定数．h は Planck 定数．値は巻末にある．

(a)　　　　　　　　(b)　　　　　　　　(c)

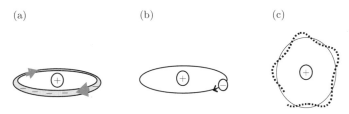

図 1.1 原子の模型と角運動量の量子化．(a) Perrin-Nagaoka の土星型モデル．(b) Bohr の原子モデル．(c) 角運動量の量子化．軌道上に定在波を作るには周回したときに位相が合う必要がある（図は位相が合わない列）．

量子化すると主張した（図 1.1(b)）．ところで角運動量の大きさ L は円環の全質量が M[kg] なら $L = rMv$[Js] となる．ここで円環が N 個の電子の運動であるなら電子 1 個の電荷と質量を $-e, m$ として，$Q = -Ne$, $M = Nm$ である．したがって磁気モーメントと角運動量の比である磁気ジャイロ定数 $\gamma'_L \equiv \mu/L$ は N, v, r がキャンセルして，

$$\gamma'_L \equiv \frac{-e}{2m} \ [\text{Am}^2/\text{Js}] \tag{1.1}$$

となる．γ'_L がマイナスであることは磁気モーメントと角運動量の向きが反平行であることを意味する．

このことに着目した A. Einstein, W. J. de Haas [4] と S. J. Barnett [5] は，1915 年にそれぞれ，磁石の着磁・消磁による磁石全体の回転運動の発生および磁性体を回転したときの磁化の発生から γ'_L を測定した．その結果，Einstein, de Haas は式 (1.1) に一致する結果を得て，円環の実体が電子であることを支持した[†2]．一方，Barnett は γ' として式 (1.1) の約 2 倍の値を得た．この結果は電子の 2 倍の電荷，あるいは，半分の質量をもつ粒子が固体内に存在するか，そうでなければ，何らかの理由で電子の磁気モーメントが 2 倍になっていることを示唆した．

L. de Broglie によれば [6]，運動量 p の粒子は，粒子性と同時に波動性をもち，その波長は $\lambda = h/p$ である．このことを Bohr の原子模型に適用し，

[†2] 後の実験により Einstein-de Haas 型の実験でも γ' として 2 倍の値が得られることが確かめられている．

電子の波長の整数倍が円周の長さ $2\pi r$ である場合のみ許されるとすると（図 1.1.(c)），$2\pi r = (n-1)\lambda = (n-1)h/p$ となる．ここで n は自然数である．角運動量が $\mathbf{L} = \mathbf{r} \times \mathbf{p}$ であることを考慮すると，角運動量の大きさが $L = (n-1)\hbar$ $(n = 1, 2, 3, \ldots)$ ととびとびの値をとるようになり Bohr の量子化条件が得られる．すなわち，Bohr の条件は電子の定在波が存在する条件と見ることができる．n を原子における電子軌道の主量子数と呼ぶ（$1s$ 軌道，$2p$ 軌道などとしたときの数字）．この結果，原子の磁気モーメントは

$$\mu_{\mathrm{B}} \equiv \frac{e}{2m}\hbar \tag{1.2}$$

の整数倍となるべきであることが分かる．$\mu_{\mathrm{B}} = 9.27401 \times 10^{-24} \,[\mathrm{Am}^2]$ を Bohr 磁子と呼ぶ．

翌年，A. Sommerfeld は Bohr の理論を発展させ [7]，例えば主量子数が 3 の状態には $L = 2\hbar$（d 軌道）の円軌道以外に，$L = \hbar$（p 軌道）および $L = 0$（s 軌道）の楕円および直線軌道が存在すること，さらに，角運動量の z 成分も $\hbar$ の整数倍となることを示した．後者を方向量子化と呼ぶ．方向量子化のために例えば d 軌道は $L_z = -2\hbar, -\hbar, 0, +\hbar, +2\hbar$ の 5 つの状態に量子化される（図 1.2）．Sommerfeld はこの結論を位相空間（x と p の張る空間）の面積の量子化から導いたが，量子論では波動関数の 3 次元的な定在波が満たす条件といえる．

2) Stern-Gerlach の実験

O. Stern と W. Gerlach は，1922 年に原子の磁気双極子モーメントを直接観察することにより，このことを検証しようとした [8]．彼らは真空中に銀原子のビームを作り，磁石の近くを通過させた．磁石の N 極に銀原子の N 極が近づけば銀原子は反発して磁石から遠ざかる方向に屈曲するだろう．一方，S 極ならば，銀原子は引き寄せられ，磁石に近づく方向に屈曲する．古典的には入射する銀原子の磁極の向きはランダムなので結果として屈曲の角度も連続的に分布すると考えられる．しかし，方向量子化が起こればビームはいくつかのピークに分裂するだろう．測定の結果，驚くことにビームが 2 本に分裂することが観測された（図 1.3）．

方向量子化の概念から，この実験でビームが整数個に分離したことが理解で

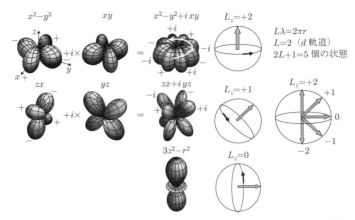

図 1.2 方向量子化. d 軌道の場合 $L_z = -2\hbar, -\hbar, 0, +\hbar, +2\hbar$ の 5 つの状態に量子化される. 参考のために Schrödinger 方程式 [13]（A.2 節）の解として得られる波動関数の角度方向成分の形も示した. xy, yz, zx などの波動関数は 3 次元的な定在波である. 角運動量をもつ状態は $x^2 - y^2 + ixy$ のように波動関数が複素関数になる.

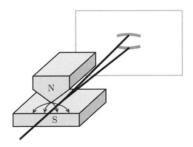

図 1.3 Stern-Gerlach の実験.

きる．しかし，その分裂数は必ず奇数個になるべきである．これが実験で見られたように 2 個に分かれるためには角運動量が $\hbar/2$ となる必要がある．

3) Uhlenbeck-Goudsmit と Dirac

1925 年，G. E. Uhlenbeck と S. Goudsmit [9] は，原子の発光スペクトルを説明するために W. Pauli [10] が提唱していた「古典的記述が不可能な電子の 2 価性」[1] の実体が電子の自転（スピン）にあると考えた．すなわち，電子は

自転運動により角運動量 **S** をもち，さらに磁気双極子モーメント μ_S をもつと考えるのである．そして，スピンの角運動量と磁気双極子モーメントの間には $\mu_S = -g'(e/2m)\mathbf{S}$ という関係があるとする．ここで，g' は g 因子あるいは g 値と呼ばれ，電子スピンに対しては 2，前述の電子の軌道運動については 1 とする．銀原子の電子配置は $(1s)^2(2s)^2(2p)^6(3s)^2(3p)^6(3d)^{10}(4s)^2(4p)^6(4d)^{10}(5s)^1$ であることから $5s$ 電子のスピン磁気モーメントのみが打ち消し合わず原子全体としてスピン 1 個の状態であったとすると Stern と Gerlach の実験を説明できる．以上より角運動量と磁気双極子モーメントの関係をまとめると以下のようになる．

$$
\begin{cases}
\text{スピン}：\mu_S = \gamma'_S \mathbf{S}, \quad \gamma'_S \equiv -\dfrac{\mu_\mathrm{B}}{\hbar/2} = -g'\dfrac{e}{2m}, \ g' = 2 & \text{(1.3a)} \\[3mm]
\text{軌道}　：\mu_L = \gamma'_L \mathbf{L}, \quad \gamma'_L \equiv -\dfrac{\mu_\mathrm{B}}{\hbar} = -g'\dfrac{e}{2m}, \ g' = 1 & \text{(1.3b)}
\end{cases}
$$

Barnett の実験結果は，固体中では何らかの理由で軌道運動に起因する磁気モーメント（軌道磁気モーメント）は消失しており，スピン磁気モーメントのみが磁化に寄与したとして説明される．このことは現在では X 線磁気円二色性 (XMCD) などの手法によって確かめられており，例えば，鉄の場合，スピン磁気モーメントは 1 原子あたり $2.17\mu_\mathrm{B}$ なのに対して軌道磁気モーメントの寄与は $0.09\,\mu_\mathrm{B}$ でしかない [11]．このように，磁性体の磁化は $g' = 1$ の軌道運動による磁気モーメントと $g' = 2$ の電子スピンによる磁気モーメントの和である．電子系全体として g' は 1 と 2 の間の値をとる．

さて，スピンの概念は実験をよく説明したが，その実態を古典的な大きさをもつ電子の自転であるとすると，電子の表面速度が光速を超えてしまうという問題があった．既に Heisenberg[12] と Schrödinger [13] の量子力学は完成していたが電子スピンの自然な理解には至らなかった．これに対して，1928 年に Dirac は電子の量子力学的な運動方程式である波動方程式に対して，特殊相対論的な共変性（座標変換に対する不変性）を要求すると電子のもつ内部自由度としてスピンの概念が自然に現れ（A.2, A.18 節），g 因子が 2 となることを示した [14]．このことにより，電子スピンの量子力学は完成した．

6　第1章　スピンの発見からスピントロニクスまで

1.1.2　スピンの記述

1) 量子力学の成立

1900 年の M. Planck による黒体輻射の理論に始まる前期量子論の議論の中から，Heisenberg の行列力学 [12] と Schrödinger の波動方程式 [13]（A.2 節）が提案された．量子力学では物質を粒子であるとするとともにその存在確率を表す確率振幅が空間的に拡がった波動であるとする．さらに，量子力学では一般の波動と同じように物理的状態の重ね合わせ（足し算と定数倍）が可能であると考える．数学的には物理的状態を代数学におけるベクトル $|\Psi\rangle$ として表現し，

$$|\Psi\rangle = c_1|\Psi_1\rangle + c_2|\Psi_2\rangle \tag{1.4}$$

といった重ね合わされたベクトルも物理的状態を表すと考える（図 1.4(b)）．ここで c_1, c_2 は複素数である．$c_1|\Psi_1\rangle$ は状態 $|\Psi_1\rangle$ の定数倍であるが，この状態は $|\Psi_1\rangle$ と同じ状態である（図 1.4(a)）．その一方で，c_1 と c_2 の大きさの比と位相差は $|\Psi\rangle$ が $|\Psi_1\rangle$ および $|\Psi_2\rangle$ という状態を含む重みとそれらの干渉の様子に関係している．ここで $|\Psi_1\rangle$ および $|\Psi_2\rangle$ の大きさを統一しておくと便利である．このために，すべての状態をその線形結合によって表すことのできる（完全な）基底 $\{|\Psi_1\rangle, |\Psi_2\rangle, |\Psi_3\rangle, \ldots\}$ を考える．さらに，その中からとった 2 つの状態について 1 つの数値を対応させる内積という操作 $\langle\Psi_i|\Psi_j\rangle = c_{ij}$（$c_{ij}$ は複素数）を定義しておく．そして，基底として $\langle\Psi_i|\Psi_j\rangle = \delta_{ij}$[†3] となるもの（正規直交基底）をとり，さらに，$\langle\Psi|\Psi\rangle = 1$ と状態ベクトルを規格化する．このことは $|c_1|^2 + |c_2|^2 = 1$ を意味しており，$|c_1|^2$, $|c_2|^2$ を $|\Psi\rangle$ が $|\Psi_1\rangle$ および $|\Psi_2\rangle$ という状態にある確率として解釈することが可能となる（確率が非負でありその総和が 1 になる）．

次に量子力学的な系に対する物理量の測定について考えよう．量子力学では物理量 Q は状態ベクトルに作用する線形演算子 $\hat{Q}$ として表現される．そして，$\hat{Q}$ の観測値 q は必ず $\hat{Q}$ の固有値の 1 つとなる．物理量は必ず実数なので $\hat{Q}$ は Hermite 演算子（$\hat{Q}^\dagger \equiv \bar{\hat{Q}}^t = \hat{Q}$）である．例えば前述の $|\Psi_1\rangle$ と $|\Psi_2\rangle$ が $\hat{Q}$ の固有状態

[†3] δ_{ij} は Kronecker のデルタと呼ばれ，$i = j$ なら 1，それ以外は 0 である．

図 1.4 (a) 量子力学では状態はベクトルで表される．ベクトルを定数倍しても同じ状態であると考える．(b) 状態はベクトルなので定数倍して和をとることができる．このようにしてできた新しいベクトルも物理的な状態の 1 つであると考える．逆に任意の状態は基底ベクトルの和として表現できる．

$$\hat{Q}|\Psi_j\rangle = q_j|\Psi_j\rangle \tag{1.5}$$

なら，$|\Psi\rangle$ について $\hat{Q}$ の測定をした結果は $|c_1|^2$ の確率で q_1，$|c_2|^2$ の確率で q_2 となる．したがって期待値は $\langle\Psi|\hat{Q}|\Psi\rangle = q_1|c_1|^2 + q_2|c_2|^2$ となる．

量子力学で特に重要な演算子は位置と運動量の演算子である．量子力学では粒子は同時に波動であるが，波長（de Broglie の関係から，すなわち運動量）の定まった状態は空間的に広がった波であり位置が定まらない．同様に位置が定まっていると波長は定まらない．この関係は Heisenberg の不確定性原理と呼ばれ，位置と運動量を表す演算子の交換関係 (1.6a) によって表される．

$$\begin{cases} [\hat{x}, \hat{p}_x] \equiv \hat{x}\hat{p}_x - \hat{p}_x\hat{x} = i\hbar & (1.6a) \\ \hat{x} \equiv x & (1.6b) \\ \hat{p}_x \equiv \dfrac{\hbar}{i}\dfrac{\partial}{\partial x} & (1.6c) \end{cases}$$

式 (1.6b) (1.6c) は状態ベクトルを座標表示（$\Psi(x) \equiv \langle x|\Psi\rangle$）した場合の具体的な演算子である（A.2 節）．$\Psi(x)$ は x 表示の波動関数である．数学的には 2 つの演算子が交換すると同時の固有状態が存在し，2 つの物理量が同時に決定する．しかし，2 つの演算子が交換しないときは同時の固有状態が存在しないので 2 つの物理量が同時に定まらない．このことが，Heisenberg の不確定性原理に対応する．上記の関係から角運動量の各成分間の交換関係は以下のように導かれる．

$$\left[\hat{L}_x, \hat{L}_y\right] \equiv [\hat{y}\hat{p}_z - \hat{z}\hat{p}_y, \hat{z}\hat{p}_x - \hat{x}\hat{p}_z] = i\hbar\hat{L}_z \tag{1.7}$$

すなわち，軌道角運動量の各成分は交換しない．一方，$\hat{L}^2 = \hat{L}_x^2 + \hat{L}_y^2 + \hat{L}_z^2$ と $\hat{L}_x, \hat{L}_y, \hat{L}_z$ は交換する．そこで，$\hat{L}^2$ と $\hat{L}_z$ の同時の固有状態を基底にとり状態を表すことが慣習となっている．

原子の大きさ

山の上にある岩は下に落ちて安定になる．原子においても電子が原子核に落ち込んだほうが安定ではないか？ もしそうならすべての原子はつぶれて点になってしまう．このようなことが起こらない1つの理由は Bohr の量子化条件である．このことから原子の大きさは電子の波長程度になる．ところが $L=0$ の s 軌道については上記の話だけでは済まない．この軌道は角運動量が0なので古典的にはまっすぐ原子核に落ち込んでいき，原子核を透過して反対側まで行って戻ってくる単振動である．この軌道の振幅が基底状態においてもゼロにならないのは Heisenberg の不確定性原理のためだ．不確定性原理のために振り子はゼロ点振動を示すようになり，s 軌道もつぶれない．

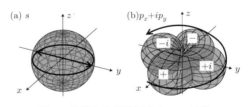

図 s 軌道と角運動量をもつ p 軌道

---

2) スピンの表現と演算子

では，スピンの場合に話を戻そう．電子スピンの角運動量は $S = \hbar/2$ であり，その z 成分 S_z は $\pm\hbar/2$ と2つの値のみとる．すなわち，任意のスピンの状態は $S_z = +\hbar/2$ の状態 $|\uparrow\rangle$ (up spin) と $S_z = -\hbar/2$ の状態 $|\downarrow\rangle$ (down spin) の線形結合として，$c_1|\uparrow\rangle + c_2|\downarrow\rangle$ と表される．$\{|\uparrow\rangle, |\downarrow\rangle\}$ はこの空間の正規直交基底である．規格化条件から $|c_1|^2 + |c_2|^2 = 1$ であり全体の位相は物理状態を変えないので，一般性を損なうことなくスピンの状態ベクトルを

$$|\Psi\rangle \equiv |\theta, \phi\rangle = \cos\frac{\theta}{2}|\uparrow\rangle + e^{i\phi}\sin\frac{\theta}{2}|\downarrow\rangle = \begin{pmatrix} \cos\dfrac{\theta}{2} \\ e^{i\phi}\sin\dfrac{\theta}{2} \end{pmatrix} \tag{1.8}$$

と書くことができる．最後の列ベクトルによる表記はスピン状態の成分表示である．したがって，スピン角運動量 s の演算子は 2×2 の Hermite 行列で表されることになる．上記の基底が $S_z = \pm\hbar/2$ の固有状態であるので，

$$\hat{S}_z = \frac{\hbar}{2}\begin{pmatrix} 1 & 0 \\ 0 & -1 \end{pmatrix} \equiv \frac{\hbar}{2}\hat{\sigma}_z$$

と表されることはすぐに分かる．ここで，$\hat{\sigma}_z$ が Hermite ($\hat{\sigma}_z = \hat{\sigma}_z^\dagger$) かつユニタリ ($\hat{\sigma}_z^\dagger = \hat{\sigma}_z^{-1}$) であること，空間の回転（ユニタリ変換）により $\hat{S}_z$ から $\hat{S}_x, \hat{S}_y$ が導かれるべきであることから，対応する $\hat{\sigma}_x, \hat{\sigma}_y$ も Hermite かつユニタリである．さらに角運動量演算子の交換関係 (1.7) を要求し，$|\uparrow\rangle$ に対する $|\downarrow\rangle$ の位相を適当に選ぶことにより以下のスピン演算子の表現行列を得る．

$$\hat{S}_x = \frac{\hbar}{2}\begin{pmatrix} 0 & 1 \\ 1 & 0 \end{pmatrix}, \ \hat{S}_y = \frac{\hbar}{2}\begin{pmatrix} 0 & -i \\ i & 0 \end{pmatrix}, \ \hat{S}_z = \frac{\hbar}{2}\begin{pmatrix} 1 & 0 \\ 0 & -1 \end{pmatrix} \tag{1.9}$$

ここに現れた 2×2 行列は Pauli 行列 [10] と呼ばれる（演習問題 1.1）．

式 (1.8) の状態についてスピン角運動量の期待値を計算すると

$$\langle\theta, \phi|\hat{\mathbf{S}}|\theta, \phi\rangle = \frac{\hbar}{2}\langle\theta, \phi|\hat{\boldsymbol{\sigma}}|\theta, \phi\rangle = \frac{\hbar}{2}\begin{pmatrix} \sin\theta\cos\phi \\ \sin\theta\sin\phi \\ \cos\theta \end{pmatrix} \tag{1.10}$$

となり，状態 $|\theta, \phi\rangle$ が極座標において空間の (θ, ϕ) 方向を向いたスピン状態を表していることが分かる．すなわち複素表現では上向きと下向きの 2 つのベクトルのみの線形結合により 3 次元空間の任意の向きのベクトルを記述できるのである（図 1.5）．これは，特殊ユニタリ群 SU(2) が 3 次元の特殊直交群 SO(3) の 2 重被覆群であることに起因する．

この状態について，例えば $\hat{S}_z$ の測定を行うと $\cos^2(\theta/2)$ の確率で $S_z = +\hbar/2$，$\sin^2(\theta/2)$ の確率で $S_z = -\hbar/2$ という 2 通りの結果を得る．式 (1.8) の状態について $\hat{S}_z$ の測定を一度しただけではこの確率は決められない．確率を定めるに

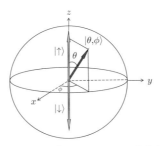

図 1.5 空間の任意の方向を向いたスピンは $+z$ と $-z$ 方向を向いたスピンの線形結合により表現される.

は同じ状態を多数用意して $\hat{S}_z$ の測定を繰り返し行い統計を得る必要がある. ここで, 検出器の方向を回転し (θ,ϕ) 方向を z 軸方向とすれば, 必ず $S_z = +\hbar/2$ という測定結果を得る. すなわち, 式 (1.8) では (θ,ϕ) 方向の状態を 2 つの状態ベクトルの重ね合わせ状態として表現しているが, (θ,ϕ) 方向の状態そのものは 1 つの定まった状態ベクトルであり純状態と呼ばれる.

では, いろいろな方向を向いた N 個のスピンの状態 $\{|\Phi_i\rangle\}$ を用意してスピンの測定を繰り返した場合, どのような期待値を得るのだろうか？ たくさんの状態の統計的な混合として表される状態を混合状態と呼ぶ. 混合状態における期待値は次のように求められる.

$$\begin{cases} \left\langle \hat{\mathbf{S}} \right\rangle = N^{-1} \sum_{i=1}^{N} \langle \Phi_i | \hat{\mathbf{S}} | \Phi_i \rangle = \text{tr}\left[\hat{\rho}\hat{\mathbf{S}}\right] & (1.11\text{a}) \\ \hat{\rho} = \frac{1}{N} \sum_{i=1}^{N} |\Phi_i\rangle\langle\Phi_i| = \frac{1}{2}\hat{\sigma}_0 + \frac{1}{2}\left\langle \frac{2}{\hbar}\hat{\mathbf{S}} \right\rangle \cdot \hat{\boldsymbol{\sigma}} & (1.11\text{b}) \end{cases}$$

ここで, $\hat{\rho}$ は密度演算子と呼ばれ, 系の統計的な性質を反映している. スピン空間について考える場合は式 (1.11b) 右辺のように 2×2 の行列で表示することができる. $\hat{\sigma}_0$ は単位行列である. 密度行列は Hermite であり, その対角和は $\text{tr}[\hat{\rho}] = 1$ である. 密度行列の固有値を ρ_+, ρ_- とすると,

$$P \equiv \left| \frac{\rho_+ - \rho_-}{\rho_+ + \rho_-} \right| = \left| \left\langle \frac{2}{\hbar}\hat{\mathbf{S}} \right\rangle \right| \tag{1.12}$$

は考えている混合状態のスピン偏極度を与える.

1.1 スピンとは　11

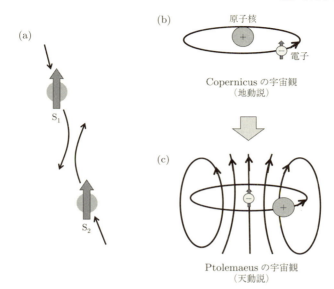

図 1.6 (a) 2 つの電子が同じ向きのスピンをもっていると Pauli の排他律により自動的にお互いを避け合うように運動する．このため Coulomb エネルギーが下がる（交換相互作用）．(b) 電子は原子核の周りで軌道運動をしている（地動説）．(c) これを昔の天動説のように電子が止まっていて原子核がその周りを回っていると考えると，原子核の運動は電子の位置に磁界を作るはずである．

3) 交換相互作用・スピン軌道相互作用と Hund 則

原子内の電子間には Coulomb 反発力が働いているが，これらの電子が同じ向きのスピンをもっていると Pauli の排他律[†4]により自動的にお互いを避け合うように運動する（図 1.6(a)）．このために Coulomb エネルギーが下がることを交換相互作用と呼ぶ (1.13a)．結果として電子殻内の各電子のスピンは平行に揃う傾向がある．電子は原子核の周りで軌道運動をしている．これを天動説のように電子が止まっていて原子核がその周りを回っていると考えると，原子核の運動は電子の位置に磁界を作るはずである．この磁界と電子スピンの相互作用をスピン軌道相互作用と呼ぶ (1.13b)．スピン軌道相互作用は相対論的な効果であり，正しく Dirac 方程式から導くと天動説モデルとは 2 倍異なる値を得る．

[†4] 同じ向きのスピンをもつ Fermi 粒子は同じ場所（状態）に同時に 2 つ存在できない．

12 第1章 スピンの発見からスピントロニクスまで

この相互作用によりスピンの方向と実空間の方向に関係性が現れ，スピンが結晶中のある方向に安定化する結晶磁気異方性などの原因になる．さらに後述するスピン流の発生にも重要な役割を果たす．スピン軌道相互作用を大きくすると電子系のエネルギーが小さくなるため，電子殻内ではスピンを揃えた上で軌道角運動量を最大にする電子配置がとられる．これを Hund 則という．この結果，ほとんどの原子は孤立した状態では磁気モーメントをもっている．

$$\left\{ \begin{aligned} &\hat{H}_{\mathrm{ex}} = -2\frac{J_{\mathrm{ex}}}{\hbar^2}\hat{\mathbf{S}}_1 \cdot \hat{\mathbf{S}}_2 & (1.13\mathrm{a}) \\ &\hat{H}_{\mathrm{SO}} = \frac{\lambda_{\mathrm{SO}}}{\hbar^2}\hat{\mathbf{S}} \cdot \hat{\mathbf{L}} & (1.13\mathrm{b}) \end{aligned} \right.$$

ここで $\hat{\mathbf{S}}_1, \hat{\mathbf{S}}_2, \hat{\mathbf{S}}$ はスピンの演算子，$\hat{\mathbf{L}}$ は軌道角運動量の演算子，$J_{\mathrm{ex}}, \lambda_{\mathrm{SO}}$ は交換相互作用定数とスピン軌道相互作用定数である．

4) 磁気モーメントの運動方程式

スピン軌道相互作用があると孤立原子内では全角運動量 $\mathbf{J} = \mathbf{L} + \mathbf{S}$ が保存量となり磁気モーメントは $\boldsymbol{\mu} = \gamma'_{\mathrm{J}}\mathbf{J}$ と書ける．このとき，前述したように g' 値は 1 と 2 の間の値となる．結晶中では周りの原子の影響で軌道運動が運動の恒量ではなくなりその寄与が小さくなる．このため g 値は 2 に近くなる．

自発的に磁化を示す物質を強磁性体という．強磁性体に外部磁界が加わったときの磁気モーメントのテクスチャ（磁区（2.3.1 項参照）などを含むベクトル場）の運動方程式は以下のようになる（A.3 節参照）．

$$\frac{d\mathbf{M}(\mathbf{x},t)}{dt} = \gamma\mathbf{M}(\mathbf{x},t) \times \mathbf{H}_{\mathrm{eff}}(\mathbf{x},t) + \alpha\frac{\mathbf{M}(\mathbf{x},t)}{M_{\mathrm{s}}} \times \frac{d\mathbf{M}(\mathbf{x},t)}{dt} \tag{1.14}$$

ここで $\mathbf{M}$ は磁化（磁気モーメントの密度），M_{s} は飽和磁化，α は Gilbert のダンピング定数であり $3d$ 遷移金属では 0.01 程度の値である．右辺の第 1 項は歳差運動を与えるトルク[†5]，第 2 項は歳差運動を減衰させるトルクである．$\mathbf{H}_{\mathrm{eff}}$ は外部磁界以外に第 2 章および第 3 章で述べる反磁界（双極子磁界）(2.4)，異方性磁界 (2.5)，交換磁界を加えた有効磁界 (3.2) である．$\gamma = -ge\mu_0/(2m) < 0$ は強磁性共鳴か

[†5]厳密には角運動量の時間変化を与える量がトルクであり単位は J となる．式 (1.14) の右辺を γ/μ_0 で割ると単位体積あたりのトルクになる．本書では必要のない限り軌道角運動量の取り扱いの詳細には触れず単に磁化 $\mathbf{M}$ と角運動量密度 $\mathbf{S}$ には $\mu_0\mathbf{M} = \gamma\mathbf{S}$ という関係があるとする（$\gamma < 0$）．

ら得られる磁気ジャイロ定数である（真空の透磁率 $\mu_0 = 4\pi \times 10^{-7}[\mathrm{T/(A/m)}]$ は式 (1.14) を磁界で書くために入っている）．ここで導入された $g \geq 2$ は分光学的 g 値と呼ばれ，機械的な回転実験（Barnett の実験）で得られる $g' \leq 2$ と $g - 2 = 2 - g'$ という関係をもつ（文献 [15] とその中の引用文献参照）．g 値が 2 を超える理由は軌道磁気モーメントに対する Zeeman 項と軌道相互作用のクロスタームの寄与として理解されている．式 (1.14) は LLG (Landau-Lifschtz-Gilbert) 方程式と呼ばれ強磁性体の磁化ダイナミクスを議論する際の基本式となる [16].

1.2 スピントロニクス入門

1.2.1 スピントロニクスの舞台となる物質

1) 化学結合・バンド構造と強磁性

2つの原子と1つの価電子がある場合を考える．2つの原子が近づくと電子は隣の原子に飛び移ることができるようになり化学結合が生じる（図1.7(a), (b)）．単位体積中に n 個の原子がある場合はそれらの電子の軌道が混ざり合い，$2n$ 個の準位からなるバンドを形成する．ここで2の係数はスピンの自由度に由来する．単位体積の単位エネルギー幅にある準位の数を状態密度 (DOS: Density of States) と呼ぶ．バンドの幅は原子間を飛び移る電子の運動エネルギー (t: transfer integral) 程度となる．

複数の電子がある場合は，Pauli の排他律のためエネルギーの低い準位から1つの準位に1ずつ電子が詰まっていく．原子1つあたり1つの価電子がある場合（1価のアルカリ金属），単位体積の電子数は n である．バンドは半分まで埋まり金属状態となる（図1.8(a) 参照）．最後に詰まる電子の運動エネルギーを Fermi エネルギー ε_{F} と呼ぶ．Fermi エネルギーは通常の金属では約 10 万℃ の熱運動のエネルギーに匹敵する（10 eV 程度）．有限温度では電子のエネルギー分布は熱エネルギー程度ぼやけ，電子の占有確率が 0.5 となるエネルギー準位を化学ポテンシャルまたは Fermi 準位と呼ぶ (A.26).

2個の原子に1つずつ価電子がある場合のスピンの影響を考える．Pauli の排他律のために同じ原子軌道に同じスピンの電子は入れない．したがってスピン

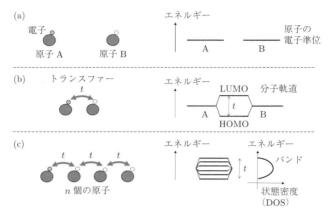

図 1.7 (a) 2 つの同種の原子（分子）が価電子を 1 つだけもっている．電子のエネルギーは原子 A でも B でも同じ．(b) 原子が近づき，価電子が隣の原子に飛び移れるようになると AB 間にまたがった結合性の HOMO と反結合性の LUMO が形成される．HOMO では電子の波動関数が拡がり運動エネルギーが減少する．(c) 単位体積に原子が n 個あるときにはスピンの自由度を含めて $2n$ 個の軌道からなるバンドが形成される．バンド幅はバンド内の電子の最大の運動エネルギー t にほぼ等しい．右下図の横軸は状態密度 (DOS) であり単位エネルギーあたりの状態の数を表す．

が平行な場合は電子はそれぞれの原子に局在する（図 1.9(b)）．電子が近づかないので電子間 Coulomb 相互作用エネルギー U だけエネルギーを得する．一方，スピンが反平行な場合，電子は隣の原子に飛び移れるので運動エネルギーを t だけ得する（不確定性原理のために 1 つの原子に閉じ込められている電子の運動エネルギーはもともと高くなっている）（図 1.9(a)）．したがって，$U > t$ のときにスピンの平行状態が安定になる．原子が多数ある場合は $n \approx t \times \mathrm{DOS}$ に注意し，DOS にエネルギー依存があることを考慮すると，より詳細には

$$U > \frac{n}{\mathrm{DOS}(\mu)} \tag{1.15}$$

のときに系は系全体にスピンを揃えた強磁性に転移する．これは，Stoner の強磁性発現条件と呼ばれる．条件が満たされると up spin と down spin のバンドの間にエネルギーの差（spin 分裂）が生じる．このため up spin と down spin の電子の数に差が生じ磁化が発生する（図 1.8(d)）．数の多い（少ない）方のス

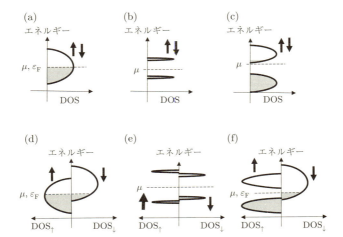

図 1.8 種々の物質のバンド構造（スピン軌道相互作用が無視できる場合）．(a) 金属，(b) 絶縁体，(c) 半導体，(d) 強磁性金属，(e) フェリ磁性絶縁体，(f) ハーフメタル．スピン軌道相互作用が無視できる強磁性体ではスピン up とスピン down のバンドが別々にできる．

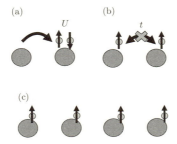

図 1.9 (a) 2 つの電子のスピン（図の矢印）が逆向きの場合は 1 つの軌道に 2 つの電子が入ることができる．しかし Coulomb 反発力のエネルギー U だけエネルギーが高くなる．(b) 同じ向きのスピンの場合は電子は飛び移ることができない．このため運動エネルギー t の利得を得ることができない．$U > t$ ならスピンが平行となる状態のエネルギーが低くなり，(c) 原子が多数ある場合は強磁性状態に転移する．

16 第1章 スピンの発見からスピントロニクスまで

ピンを多数（少数）スピンと呼ぶ．金属ではスピン分裂の大きさによって磁化が連続的に変化するので 1 原子あたりの磁化が Bohr 磁子の整数倍にはならない．有限温度では磁化は熱的に揺らぎ，温度が上昇するにつれて磁化の平均値は小さくなる．そして Curie 温度 T_C において磁化は消失する．

格子定数を大きくすると t が小さくなり Stoner 条件は満たされやすくなる．しかし，交換相互作用が小さくなるために T_C が小さくなってしまう．あるいは電子間の Coulomb 反発により電子が局在した Mott 絶縁体に転移してしまう．そのため金属強磁性を室温で示すには特別な電子状態が必要となる．代表的な磁性体とその性質について表 1.1 にまとめた [15, 17–19].

2) 局在性の高い電子と伝導電子の同居

$3d$ 遷移金属では $3d$ 電子は $4s$ の内側にあり原子への局在性が高い．このため t は小さくなり，DOS は大きくなる．その結果，Stoner 条件が満たされ Fe, Co, Ni は室温で強磁性となる（表 1.1）[15, 20]．これらの元素では不完全 d 殻が大きなスピン磁気モーメントをもつ．表 1.2 に Fe の場合について全磁気モーメントに対する各軌道にあるスピンの寄与を up, down スピンに分解して示した [21]．s 電子も d 電子との相互作用（s–d 相互作用）によりスピン偏極し，小さいながら磁気モーメントをもつ [21]．一方，周囲の原子の作る結晶場の影響で軌道角運動量はほとんど消失している [11, 20].

遷移金属や希土類金属（例えば Tb）およびこれらの元素を他の元素と合金化した物質では局在性の強い不完全 d 殻や f 殻が主に磁性を担い，自由に動き回ることのできる sp 電子が主に電気伝導を担う．このような系は s–d モデル (Anderson model) によって議論されてきた [20]．ほぼ原子上に局在した磁気モーメントと結晶内を自由に動き回る伝導電子からなる系はスピンと電荷が様々な現象を引き起こすスピントロニクスの重要な舞台となる（図 1.10).

3) 絶縁性の強磁性体

T_C の比較的高い絶縁性の強磁性体はその多くが酸化物である．酸化物では磁性イオンが酸素を介して超交換相互作用 [15, 20] を媒介することにより，強磁性・反強磁性・フェリ磁性などを示す（図 1.11, 表 1.1）．ここで反強磁性とは，

表 1.1 いろいろな物質の構造と磁性 [15, 17-19]. 文献番号のないものは文献 [17] から引用.

名称	化学式	構造	金属/絶縁体	磁気秩序	T_C/T_N [K]	M_S [MA/m]	K_1 [MJ/m³]	注	文献
鉄	Fe	bcc	金属	強磁性	1044	1.71	0.048		
コバルト	Co	hcp	金属	強磁性	1360	1.44	0.41		
ニッケル	Ni	fcc	金属	強磁性	628.3	0.48	—		[15]
ガドリニウム	Gd	hcp	金属	強磁性	293	1.07	—	スピン密度波を伴う	[15]
クロム	Cr	bcc	金属	反強磁性	312	—	—		
パーマロイ	$Ni_{0.8}Fe_{0.2}$	fcc	金属	強磁性	843	0.83	~-0.001	高透磁率材料	
コバルト白金	CoPt	$L1_0$ 規則相	金属	強磁性	840	0.8	4.9		
$IrMn_3$	$IrMn_3$	$L1_2$ 規則相	金属	反強磁性	960	—	—		
ニッケルマンガンアンチモン	NiMnSb	ハーフ Heusler	ハーフメタル	強磁性	728	0.67	0.013		
コバルト2マンガンシリコン	Co_2MnSi	フル Heusler	ハーフメタル	強磁性	1014	1.01			[18]
ネオジウム鉄ボロン	$Nd_2Fe_{14}B$		金属	強磁性	588	1.28	4.9	永久磁石	
テルビウム鉄2	$TbFe_2$	C15 相	金属	フェリ磁性	698	0.88	-6.3		
ヘマタイト	$\alpha\text{-}Fe_2O_3$	コランダム型	絶縁体	反強磁性	960	—	—		
マグヘマタイト	$\gamma\text{-}Fe_2O_3$	スピネル型	絶縁体	フェリ磁性	~985	0.4	-0.005		
マグネタイト	Fe_3O_4	スピネル型	金属	フェリ磁性	860	0.48	-0.013		
バリウムフェライト	$BaFe_{12}O_{19}$	マグネトプランバイト (M) 型	絶縁体	フェリ磁性	740	0.38	0.33		
酸化ニッケル	NiO	NaCl 型	絶縁体	反強磁性	525	0.38	-0.0005		
CrO_2	CrO_2	ルチル型	ハーフメタル	強磁性	396	0.39	0.025		
Cr_2O_3	Cr_2O_3	コランダム型	絶縁体	反強磁性	~300	—			
酸化ユウロピウム	EuO	NaCl 型	半導体	強磁性	69	1.89	0.044	マルチフェロイック	[19]
GaMnAs	$Ga_{0.92}Mn_{0.08}As$	ZnSe 型	半導体	強磁性	170	0.056	0.002	強磁性半導体	
LaSrMnO	$La_{0.7}Sr_{0.3}MnO_3$	ペロブスカイト型	ハーフメタル	強磁性	370	0.44	-0.002	強磁性半導体	
酸素	O_2	単斜晶系	絶縁体	反強磁性	24	0.016	—		

表 1.2 軌道で分解した bcc–Fe のスピン磁気モーメント [21].

	↑	↓	$m[\mu_B]$
$4s, 4p$	0.46	0.61	-0.15
$3d$	4.59	2.34	2.25
合計	5.05	2.95	2.1

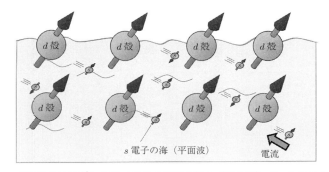

図 1.10 s–d 電子系はスピントロニクスの主要な舞台（概念図）．Fe などの $3d$ 遷移金属では不完全 d 殻がほぼ各原子に局在化している．d 殻内では交換相互作用により電子のスピンが揃い磁気モーメント（図中の立体矢印）が発生している．近接する d 殻同士は交換相互作用により結晶全体にわたり磁化が揃った強磁性状態となる．一方，非局在化した平面波的な主に sp 電子由来の伝導電子は d 殻との相互作用によりスピン偏極しており電荷電流とともにスピン流（後述）を運ぶ．

原子の磁気モーメントが単位格子の中で打ち消し合い平均の磁化がゼロとなる状態である（図 1.11）．超交換相互作用の符号は結合角によって変わるが多くの場合は反強磁性的な相互作用となり，結合する磁化は反平行配置をとる．結合する磁化の大きさが同じ場合は正味の磁化はゼロとなり反強磁性状態になる（図 1.8 (b)）．平均の磁化はゼロでも各原子の磁化が秩序化した状態であり反強磁性秩序が消失する温度である Néel 温度 T_N をもつ．結合する磁性イオンの磁化が異なる場合は正味の磁化をもつフェリ磁性状態になる（例えば $Y_3Fe_5O_{12}$：イットリウム鉄ガーネット）（図 1.8(e)）．絶縁体は電流を流さないが後述するようにスピン波によりスピン流を流すことができるなど種々の物性を示し，スピントロニクスにとって重要な物質である．

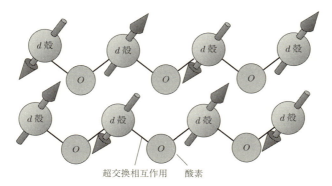

図 1.11 酸素原子を介した超交換相互作用で反強磁性的に結合した金属イオン（概念図）．絶縁性の強磁性体は磁性金属の酸化物に多く見られる．電流は流れないがスピン波によりスピン流を生じるため，スピントロニクスにとって興味のある物質である．

4) 磁性半導体

例えば結合性軌道と反結合性軌道がそれぞれバンドを作っていて，それらのバンドの間に状態のないエネルギーギャップ（禁制帯）がある場合を考える．このとき，化学ポテンシャルが禁制帯内で上下いずれかのバンド端の近くに位置するなら電子またはホールがそれらのバンドに熱的に励起される．これらのキャリアが伝導性を示す場合，この物質は半導体と呼ばれる（図 1.8(c)）．半導体に d 軌道や f 軌道に起因する磁気モーメントを導入すると伝導と磁性をより多彩に制御できる可能性がある（表 1.1 参照）．

5) ハーフメタル

多数スピンはバンドギャップをもつ絶縁体だが少数スピンは金属的である物質をハーフメタルと呼ぶ（図 1.8(f)）．Fermi 準位（化学ポテンシャルのエネルギー位置）における電子のスピン偏極度は 100％である．

6) 大きなスピン軌道相互作用をもつ物質とトポロジカル物質

Pt, Ir, Bi などの重元素およびこれらを含む合金／化合物ではスピン軌道相互作用が大きいために次の節で述べるように電流とスピン流の相互変換など特別

20   第 1 章　スピンの発見からスピントロニクスまで

な物性を示す.

7) 孤立電子と原子核

　ラジカル分子の中の孤立スピンや半導体の格子欠陥に局在する電子スピンおよび原子核のスピンは外界との相互作用が小さく，量子計算および量子計測の観点から興味がもたれている.

1.2.2　スピントロニクス

　原子間の結合を電子が媒介することにより物質は成り立ち，その電子の電荷とスピンの絡み合いにより物性は豊かな様相を示す. スピントロニクスはスピンに注目することにより物性を制御し，新しい応用を生み出すことを目的としている. スピントロニクスはどのように始まり発展してきたのか，その概要を見てみよう（表 1.3 [22–50]）. 以下の節では専門用語が十分な説明なしに出てくるが，それらの内容は後続の章でより詳しく説明される.

1) 人工格子から巨大磁気抵抗効果へ

　1970 年代の終わり頃，半導体エレクトロニクスの発展とともに真空技術が進歩し，物質の清浄な表面を得ることができるようになった. そこで，欧州を中心に表面の磁性の研究が盛んに行われた. これに対して，1980 年初頭，新庄は強磁性体の超薄膜を種々の金属と交互に積層することにより内部に界面をたくさんもつ「人工格子」を作製した（表 1.3, 図 1.12(a)）[24]. 人工格子とはこのようにして作られた物質がまったく新しい結晶格子をもつ新物質であるとの意味を込めて付けられた名称である.

　人工格子の電気伝導特性に興味をもったのが Fert であった. 彼らは Fe と Cr を交互に積層した Fe/Cr 人工格子の電気抵抗が外部からの磁界の印加により半分程度に下がるという「巨大磁気抵抗効果 (GMR: Giant Magneto-Resistive Effect)」を 1988 年に発見した（図 1.12(b)）. 磁界を印加しないとき，隣接する Fe 層の磁化は反平行となる. このことは既に Grünberg によって見出されていた [26]. そこに磁界を印加すると反平行だった Fe の磁化の向きが平行に揃う. この過程で大きな抵抗値の減少が見られたのだ.

1.2 スピントロニクス入門 21

表 1.3 スピントロニクスの誕生と初期の躍進（実験）.

年	事項	文献
1947 年	トランジスタの発明	
1960 年	MOS トランジスタ	
1975 年	トンネル磁気抵抗効果 (TMR) の発見	[22]
1979 年	Fe/MgO の界面垂直磁気異方性	[23]
1980 年頃	人工格子の提案	[24]
1981 年	電子系における Berry 位相（AAS 効果）	
1985 年	拡散的スピン流の検出の初期的研究	[25]
1986 年	磁性人工格子における反強磁性的層間結合の発見	[26]
1988 年	巨大磁気抵抗効果 (GMR) の発見	[27]
1990 年	磁化の巨視的トンネリング	[28]
	スピン偏極走査型トンネル顕微鏡	[29]
1991 年	III–V 族強磁性半導体の発見	[30]
	固定磁気ディスク用 AMR ヘッドの実用化	
1995 年	室温で大きなトンネル磁気抵抗効果 (TMR) の発見	[31, 32]
	固定磁気ディスク用 GMR ヘッドの実用化	
1997 年	ダイアモンド NV 中心の室温単一スピン制御	[33]
1999 年	スピン注入磁化反転 (STT) の実証	[34]
2000 年	強磁性半導体の磁性の電界による制御	[35]
2001 年	非局所 GMR 効果（純スピン流の生成と磁化反転）	[36]
2002 年	スピンポンピング	[37]
	マルチフェロイック物質の研究	
2003 年	GMR 素子のマイクロ波発振 (STO)	[38]
	電流による磁壁の駆動	[39]
2004 年	MgO バリア TMR 素子の巨大磁気抵抗効果	[40, 41]
	MRAM のサンプル出荷	
	（逆）スピン Hall 効果	[42, 46]
2004 年	スピントルク強磁性共鳴 (FMR)	[43]
2005 年	MgO バリア TMR 素子のスピン注入磁化反転	[44, 45]
2006 年	純スピン流による磁化反転	[47]
2007 年	トポロジカル絶縁体	[48]
2008 年	熱誘起スピン流	[49, 50]
	スピントランスファー MRAM のサンプル出荷	

　$3d$ 強磁性金属では原子にほぼ局在した $3d$ 殻が磁化を担い，スピン偏極した s 電子が電流を運ぶ．隣接する強磁性層に s 電子が流れ込む際に磁化が反平行のときは界面で散乱されてしまうが隣接する Fe 層の磁化の向きが平行になる

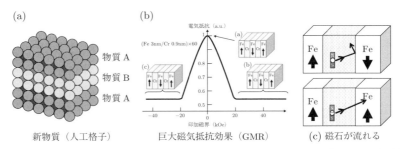

図 1.12 (a) 物質 A と物質 B を原子層レベルで交互に積層すると，でき上がった物質はもはや A でも B でもない新物質（人工格子）であると考えられる．(b) Fe と Cr を原子層レベルで積層した膜において大きな負の磁気抵抗効果 (GMR) が観測された [27]．(c) 強磁性層の間にはスピン偏極した伝導電子が流れる．磁石が流れているといえる．

と散乱が少なくなり抵抗値が減少したとして GMR は理解できる（図 1.12(c)）．磁化が平行であることを電子が感じるためには 1 つの Fe の層でスピン偏極された電子がそのスピンの記憶を忘れずに次の Fe の層に到達する必要がある．そのためには薄膜作製技術の進歩によって生み出された超薄膜により構成される人工格子が必要だったのだ．

　GMR 素子は発見から 10 年ほどで磁気ハードディスクの読み出しセンサに利用されるようになり，その記憶容量を爆発的に増大させた．GMR の発見の 7 年後には宮﨑と Moodera 等によって室温における大きなトンネル磁気抵抗効果 (TMR: Tunnel Magneto-Resistive Effect) が発見された [31, 32]．トンネル磁気抵抗素子では絶縁体の障壁層を介して 2 つの強磁性層の間に磁化配置に依存したトンネル電流が流れる．その後，湯浅・Parkin は絶縁層をアルミナから結晶性の MgO に変えることにより飛躍的に磁気抵抗効果を大きくすることに成功した [40, 41]．TMR 素子の実用化によりハード磁気ディスクの容量はさらに増大した．GMR 素子，TMR 素子はハード磁気ディスク以外でも磁界センサとして日常生活の種々の場面で利用されている．さらに，これらをメモリセルとして使用した固体の不揮発性ランダムアクセスメモリ (MRAM: Magnetoresistive Random Access Memory) も実用化されている．

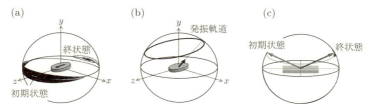

図 1.13 スピントルクで励起される磁化のダイナミクス．(a) スピントランスファー磁化反転 [34]．(b) スピントルク発振 [38]．(c) 電圧印加磁化反転における磁化ベクトルの軌跡（面内磁化膜の場合）[54]．スピントランスファー磁化反転では，スピン流の注入により初期状態の周りの歳差運動が増幅されて磁化反転に至る．磁化反転を阻止するように磁界を印加すると自励発振となる．電圧印加磁化反転では電圧の印加に伴い瞬時に磁気異方性が変化し磁化は大きな歳差運動を行い，非常に短い時間（例えば 500 [ps]）で磁化反転が終了する．

2) スピン流とスピントルク磁化反転

応用上の次の大きな飛躍はスピントルク磁化反転／磁壁駆動の実現である．1999 年，コーネル大学のグループは GMR 素子の膜面に対して垂直に電流を流すと磁化の平行状態と反平行状態の間をスイッチできることを実験的に示した（図 1.13(a)）．また，山口–小野は電流による磁壁駆動を実証した [39]．前者のスピントルク磁化反転 (STT) [44, 45] はすぐに MRAM の書き込み技術として採用され MRAM の消費電力を著しく下げ，高集積化を可能にした．

スピントルク磁化反転の実現は素子内に角運動量の流れがあること，すなわち上向きスピンの流れと下向きスピンの流れを独立に制御できることを示している（電子スピンの 2 流体モデル）．van Wees らはこの考えに基づき電流の流れていない金属細線中に角運動量の流れである（純）スピン流（図 1.14）を発生することに成功し [36]，木村–大谷は純スピン流による磁化反転を実証した [47]．スピン流はスピン蓄積 [36]，スピン Hall 効果 [42] やスピンポンピング [37] によって発生し，逆スピン Hall 効果 [46] やスピントルク強磁性共鳴 (ST-FMR: Spin-Torque Ferro-Magnetic Resonance) [43] などによって検出される．スピン流によって強磁性細線中の磁壁は運動し [39]，磁化の自励発振が生じる（図 1.13(b)）．スピン流は熱勾配によっても発生し [50]，内田–斎藤型のスピン Seebeck 効果 [49] を生じる．これらの固体中のスピン流の解明とその実用化により，スピントロニ

24　第 1 章　スピンの発見からスピントロニクスまで

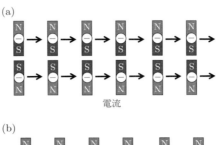

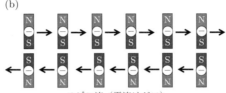

図 1.14　電流とスピン流．(a) 電子が一方向に流れると（電荷）電流となる．(b) 上向きのスピンをもつ電子が右方向に，下向きのスピンをもつ電子が左方向に流れると電荷の流れはゼロだがスピン角運動量のみが流れる（純）スピン流となる．図中の矢印は運動の向き．N/S は磁気モーメントの向きを表している．このようなモデルを電子スピンの 2 流体モデルと呼ぶ．

クスは物理とエレクトロニクスにおける重要な研究開発の分野として確立したといっていいだろう．

3) 大きなスピン軌道相互作用とトポロジカル物質

　2010 年以降は，電子のスピンと軌道運動の間の相対論的な相互作用であるスピン軌道相互作用に関連した現象に注目が集まった．薄膜試料に電流を流したときの平面図を図 1.15(a) に示す．電子は紙面の下から上に向かって流れている（電流の向きは逆）．このとき膜の中にスピン軌道相互作用の大きな散乱体があると，散乱確率が散乱方向に対して非対称になる．例えば紙面手前（奥）向きのスピン (up (down) spin) をもつ電子は左（右）に曲がりやすいとする．すると up spin 電子の一部は左側に散乱され，down spin 電子の一部は右側に散乱されるため，紙面右から左に向かって純スピン流が発生する．これをスピン Hall 効果 (SHE: Spin Hall Effect) と呼ぶ．これとは逆にスピン流を注入すると，電

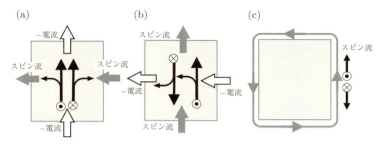

図 1.15 スピン軌道相互作用の大きな物質に生じる 3 つの現象．(a) スピン Hall 効果．(b) 逆スピン Hall 効果．(c) トポロジカル絶縁体のエッジに流れる永久スピン流．

流に変換される現象を逆スピン Hall 効果 (ISHE: Inverse Spin Hall Effect) と呼ぶ（図 1.15(b)）．

スピン Hall 効果を生じる膜の上部に強磁性体薄膜を設けると，この効果によりスピン流が注入され磁化反転が生じる [51, 52]．この現象はスピン軌道トルク (SOT: Spin-Orbit Torque) 磁化反転と呼ばれ，この原理を用いた 3 端子型の MRAM 素子の開発が進んでいる．

前述した結晶磁気異方性もスピン軌道相互作用に起因する．金属強磁性体に絶縁体を介して電界を印加することにより結晶磁気異方性などの磁気特性を室温で変化させることができる（VCMA: Voltage Controlled Magenetic Anisotropy と呼ばれる）[53]．この現象を利用した高速磁化反転（図 1.13(c)）も実現しており [54]，超低消費電力磁化反転技術になると期待されている．

スピン軌道相互作用が大きく，かつ，反転対称性の破れた結晶では反対称交換相互作用 (DMI: Dzyaloshinskii-Moriya Interaction) が重要な働きをする．この結果，磁気スカーミオン [55, 56] やカイラル磁壁 [57] などのトポロジカルな磁気構造が現れる．カイラル磁壁や反強磁性体（フェリ磁性体）中の磁壁 [58] はこれまでの限界を超える高速運動をするため，磁壁を利用した 3 次元メモリ（レーストラックメモリ）[59] などへの応用が期待されている．

グラフェンのように特別な対称性をもつ物質やスピン軌道相互作用が大きな物質ではトポロジカルな磁気構造のみでなくトポロジカルな電子状態が現れる．

26   第1章　スピンの発見からスピントロニクスまで

この状態はトポロジカル数と呼ばれる指数で特徴付けられる．トポロジカル絶縁体 [48]・Weyl 半金属 [60] などがこの例となる．これらの物質では表面やエッジに永久スピン流が存在したり（図 1.15(c)），仮想的なモノポールに起因して種々の交差物性を示すなどスピントロニクスおいても興味ある物性が期待されている．

　これらの新物質の理解にはゲージ場あるいは Berry 位相の考え方が便利である [61]．この考え方に立つと伝導電子は d 電子の磁気テクスチャが作る曲がった空間の中を運動するためにゲージ場を感じる．このゲージ場は近似的には通常の電磁場 U(1) と同じように記述できるのでスピン起電力や emergent field などと呼ばれる．例えば，小さな磁気スカーミオンの内部には数十テスラに達する emergent field が発生する．Emergent field を用いた超小型化可能なインダクタも提案されている [62]．

　スピン軌道相互作用の強い系ではスピンは保存しない．この場合はスピン角運動量・軌道角運動量および結晶角運動量（フォノン角運動量）を合計した角運動量が保存量となり角運動量流が定義される．近年，軌道角運動量をもつ電子状態の流れである軌道流による Hall 効果が観測され [63]，角運動量を運ぶフォノンについても議論されている [64]．これらについては第6章で触れる．

4) 量子スピントロニクス

　スピントロニクスの応用上の特色は異なる物質の積層技術や微細加工技術を駆使することによって量子論的な効果を日常的な環境において利用できるようにする点にある．これをさらに進めて量子力学的な状態をそのコヒーレンスを失わずに制御しようとする研究が進展している．ダイアモンド中の格子欠陥にとらわれた孤立電子の量子操作 [33] や YIG のマグノンと量子 q-bit の結合 [65] の実験などがこの例となる．これらの現象は超高感度な量子センサとして既に実用化されており，さらに量子通信・量子計算などへの応用が期待されている．

　以上に見てきたようにスピントロニクスは磁性薄膜の物性研究として始まり磁気抵抗素子の実用化や固体中の電子スピン現象の解明とともに進展してきた．現在ではスピントロニクスの物理の解明には数学，素粒子論，宇宙論などの知識やテクニックが導入されるようになり，ますますその深さと広がりを見せて

いる．その結果，スピントロニクスは磁性体物理のみでなくエレクトロニクス，通信，分子磁性，量子通信と量子計算，化学，生物学などの諸分野においても必要な知識となりつつある．それでは，第2章からはスピントロニクスの実際について，具体的に学んでいこう．

28　第 1 章　スピンの発見からスピントロニクスまで

第1章　演習問題

演習問題 1.1

1.1.2 項の考えにもとづき Pauli 行列を導け.

演習問題 1.2

式 (1.8) の状態の密度行列を求め, スピン偏極度が 100% であることを確かめよ. さらに, 式 (1.8) の状態に対して $\hat{S}_y$ の測定を行った場合, $(1 + \sin\phi\sin\theta)/2$ の確率で $S_y = +\hbar/2$, $(1 - \sin\phi\sin\theta)/2$ の確率で $S_y = -\hbar/2$ という 2 通りの結果を得ることを示せ.

演習問題 1.3

電子スピンの密度行列の 4 つの成分をすべて決める測定法を提案せよ. ただし, 同じ統計性をもつスピン集団をいくらでも作ることができるとする. このような測定は量子トモグラフと呼ばれる.

演習問題 1.4

$e^{i\frac{1}{2}\hat{\sigma}_y\theta}$ は y 軸を軸としたスピンの θ [rad] の回転である. $e^{-i\frac{\pi}{4}\hat{\sigma}_y}|\uparrow\rangle$ が $+x$ 方向を向いたスピンとなることを示せ.

演習問題 1.5

交換相互作用のエネルギーについて簡単のために 1 次元の格子上で最近接原子間のみが交換相互作用する場合を考える. 強磁性状態からのエネルギーのずれが以下のように表されることを示せ.

$$U_{ex} = -\frac{2J_{ex}}{\hbar^2}\sum_i \left(S_i \cdot S_{i+1} - S^2\right) \cong -A_{ex}\frac{a^2}{M_s^2}\int dx \mathbf{M}(x)\frac{d^2}{dx^2}\mathbf{M}(x)$$

ただし, $A_{ex} = nJ_{ex}S^2/a\hbar^2$ [J/m] は交換スティフネス定数と呼ばれる. ここで a は原子間隔である. 1 次元では $n = 1$ である. 3 次元では,

$$U_{ex} = -A_{ex}\frac{1}{M_s^2}\int d^3x \mathbf{M}(x)\Delta\mathbf{M}(x)$$

と表現される. ここで, $\Delta \equiv \frac{\partial^2}{\partial x^2} + \frac{\partial^2}{\partial y^2} + \frac{\partial^2}{\partial z^2}$ はラプラシアンである. n は単純立方格子では 1, 体心立方格子では 2, 面心立方格子では 4 となる [15].

演習問題 1.6

式 (1.13) の交換相互作用は，より一般的には

$$\hat{H}_{\mathrm{ex}} = -2\frac{1}{\hbar^2} \sum_{i,j=x,y,z} \hat{S}_{1.i} J_{\mathrm{ex},ij} \hat{S}_{2,j}$$

と書ける．ここで，$\hat{J}_{\mathrm{ex}}$ は 3×3 の行列である．$\hat{J}_{\mathrm{ex}}$ は座標をうまく選ぶと，

$$\hat{J}_{\mathrm{ex}} = \hat{J}^{\mathrm{S}}_{\mathrm{ex}} + \hat{J}^{\mathrm{A}}_{\mathrm{ex}} = \begin{pmatrix} J_x & 0 & 0 \\ 0 & J_y & 0 \\ 0 & 0 & J_z \end{pmatrix} - \begin{pmatrix} 0 & d_z & -d_y \\ -d_z & 0 & d_x \\ d_y & -d_x & 0 \end{pmatrix}$$

と対角的な対称成分 $\hat{J}^{\mathrm{S}}_{\mathrm{ex}}$ と反対称成分 $\hat{J}^{\mathrm{A}}_{\mathrm{ex}}$ に分解できる．この結果，交換相互作用ハミルトニアンは以下のように書けることを示せ．

$$\begin{cases} \hat{H}_{\mathrm{ex}} = -2\frac{1}{\hbar^2} \hat{S}^t_1 \hat{J}^{\mathrm{S}}_{\mathrm{ex}} \hat{S}_2 + \mathbf{D} \cdot \left(\hat{S}_1 \times \hat{S}_2 \right) \\ \mathbf{D} \equiv 2\frac{1}{\hbar^2}\mathbf{d}, \quad \mathbf{d} \equiv (d_x, d_y, d_z) \end{cases}$$

第 2 項は反対称交換相互作用 (DMI: Dyzaloshinskii-Moriya Interaction) と呼ばれる [20]．

参考文献

[1] 朝永振一郎 著，江沢洋 注，『新版 スピンはめぐる』，みすず書房 (2008).

[2] H. Nagaoka, *Philosophical Magazine*, Series 6, 7, 445 (1904).

[3] N. Bohr, *Philosophical Magazine*, Series 6, 26, 476 (1913).

[4] A. Einstein and W. J. de Haas, *Verhandl. Deut. Phys. Ges.*, **17**, 152 (1915).

[5] S. J. Barnett, *Phys. Rev.*, **6** (4), 239 (1915).

[6] L. V. de Broglie, *Ann. de Phys.*, **3** (10), 22 (1925).

[7] A. Sommerfeld, *Ann. de Phys.*, **356**, 1 (1916).

[8] W. Gerlach, O. Stern, *Zeitschrift für Physik* **9**, 353 (1922).

[9] G. E. Uhlenbeck, S. Goudsmit, *Die Naturwissenschaften*, **13**, 953 (1925).

[10] W. Pauli, *Handbuch der Physik,* **23** (1926), **24** (1933).

[11] C. T. Chen, Y. U. Idzerda, H.-J. Lin, N. V. Smith, G. Meigs, E. Chaban,

G. H. Ho, E. Pellegrin, and F. Sette, *Phys. Rev. Lett.*, **75**, 152 (1995).

[12] W. Heisenberg, *Zeitschrift für Physik*, **33**, 879 (1925).

[13] E. Schrödinger, *Phys. Rev.*, **28**, 1049 (1926).

[14] P. A. M. Dirac, *Proc. R. Soc. A*, **117** (778), 610(1928).

[15] 近角聡信 著, 『強磁性体の物理 上・下（物理学選書 4・18）』, 裳華房 (1978, 1984).

[16] T. L. Gilbert, *IEEE Trans. Mag.*, **40**, 3443 (2004).

[17] J. M. D. Coey, *"Magnetism and Magnetic Materials"*, Cambridge University Press (2010).

[18] S. J. Ahmed, C. Boyer, M. Niewczas, *J. Alloy. Compd.*, **781**, 216 (2019).

[19] S. P. Pati, M. Al-Mahdawi, S. Ye, Y. Shiokawa, T. Nozaki, and M. Sahashi, *Phys. Rev. B*, **94**, 224417 (2016).

[20] 金森順次郎 著, 『磁性（新物理学シリーズ 7）』, 培風館 (1969), および, 井上順一郎, 伊藤博介 著, 『スピントロニクス —基礎編—（現代講座・磁気工学 3）』, 共立出版 (2010).

[21] D. A. Papaconstantopoulos, *"Handbook of the Band Structure of Elemental Solids"*, Plenum (1986).

[22] M. Julliere, *Phys. Lett.*, **54A**, 225 (1975).

[23] T. Shinjo, S. Hine, and T. Takada, *J. de Physique*, **40**, C2–86–87 (1979).

[24] 新庄輝也 著, 『人工格子入門—新材料創製のための—（材料学シリーズ）』 内田老鶴圃 (2002).

[25] M. Johnson and R. H. Silsbee, *Phys. Rev. Lett.*, **55**, 1790 (1985).

[26] P. Grünberg, R. Schreiber, Y. Pang, M. B. Brodsky, and H. Sowers, *Phys. Rev. Lett.*, **57**, 2442 (1986).

[27] M. N. Baibich, J. M. Broto, A. Fert, F. Nguyen Van Dau, F. Petroff, P. Etienne, G. Creuzet, A. Friederich, and J. Chazelas, *Phys. Rev. Lett.*, **61**, 2472 (1988).

[28] P. C. E. Stamp, E. M. Chudnovsky, and B. Barbara, *Int. J. Mod. Phys.*, **B6**, 1355 (1992).

[29] R. Wiesendanger, H.-J. Güntherodt, G. Güntherodt, R. J. Gambino, and

R. Ruf , *Phys. Rev. Lett.*, **65**, 247 (1990).

[30] H. Munekata, H. Ohno, R. R. Ruf, R. J. Gambino, L. L. Chang, *J. Cryst. Growth*, **111**, 1011 (1991).

[31] T. Miyazaki and N. Tezuka, *J. Magn. Magn. Mater.*, **129**, L231 (1995).

[32] J. S. Moodera, L. R. Kinder, T. M. Wong, and R. Meservey, *Phys. Rev. Lett.*, **74**, 3273 (1995).

[33] A. Gruber, A. Dräbenstedt, C. Tietz, L. Fleury, J. Wrachtrup, and C. von Borczyskowski, *Science*, **276**, 2012 (1997).

[34] E. B. Myers, D. C. Ralph, J. A. Katine, R. N. Louie, and R. A. Buhrman, *Science*, **285**, 867 (1999).

[35] Y. Ohno, D. K. Young, B. Beschoten, F. Matsukura, H. Ohno, and D. D. Awschalom, *Nature*, **402**, 790 (1999).

[36] F. J. Jedema, H. B. Heersche, A. T. Filip, J. J. A. Baselmans, and B. J. van Wees, *Nature*, **410** 345 (2001) and **416**, 713 (2002).

[37] S. Mizukami, Y. Ando, and T. Miyazaki, *Phys. Rev. B*, **66**, 104413 (2002).

[38] S. I. Kiselev, J. C. Sankey, I. N. Krivorotov, N. C. Emley, R. J. Schoelkopf, R. A. Buhrman, and D. C. Ralph, *Nature*, **425**, 380 (2003).

[39] A. Yamaguchi, T. Ono, S. Nasu, K. Miyake, K. Mibu, and T. Shinjo, *Phys. Rev. Lett.*, **92**, 077205 (2004).

[40] S. Yuasa, A. Fukushima, T. Nagahama, K. Ando, and Y. Suzuki, *Jpn. J. Appl. Phys.*, **43**, L588 (2004), and S. Yuasa, T. Nagahama, A. Fukushima, Y. Suzuki, and K. Ando, *Nat. Mater.*, **3**, 868 (2004).

[41] S. S. P. Parkin, C. Kaiser, A. Panchula, P. M. Rice, B. Hughes, M. Samant and S.-H. Yang, *Nat. Mater.* **3**, 862 (2004).

[42] Y. K. Kato, R. C. Myers, A. C. Gossard, and D. D. Awschalom, *Science*, **306**, 1910 (2004), and J. Wunderlich, B. Kaestner, J. Sinova, and T. Jungwirth, *Phys. Rev. Lett.*, **94**, 047204 (2005).

[43] A. A. Tulapurkar, Y. Suzuki, A. Fukushima, H. Kubota, H. Maehara, K. Tsunekawa, D. D. Djayaprawira, N. Watanabe, and S. Yuasa, *Nature*, **438**, 339 (2005).

32   第 1 章　スピンの発見からスピントロニクスまで

[44] H. Kubota, A. Fukushima, Y. Ootani, S. Yuasa, K. Ando, H. Maehara, K. Tsunekawa, D. D. Djayaprawira, N. Watanabe, and Y. Suzuki, *Jpn. J. of Appl. Phys.*, **44**, L1237 (2005).

[45] Z. Diao, D. Apalkov, M. Pakala, Y. Ding, A. Panchula, and Y. Huai, *Appl. Phys. Lett.*, **87**, 232502 (2005).

[46] E. Saitoh, M. Ueda, H. Miyajima, and G. Tatara, *Appl. Phys. Lett.*, **88**, 182509 (2006).

[47] T. Kimura, Y. Otani, and J. Hamrle, *Phys. Rev. Lett.*, **96**, 037201 (2006).

[48] M. Köenig, S. Wiedmann, C. Brüne, A. Roth, H. Buhmann, L. W. Molenkamp, X.-L. Qi, and S.-C. Zhang, *Science*, **318**, 766 (2007).

[49] K. Uchida, S. Takahashi, K. Harii, J. Ieda, W. Koshibae, K. Ando, S. Maekawa, and E. Saitoh, *Nature*, **455**, 778 (2008).

[50] A. Slachter, F. L. Bakker, J-P. Adam, and B. J. van Wees, *Nat. Phys.*, **6**, 879 (2010).

[51] I. M. Miron, G. Gaudin, S. Auffret, B. Rodmacq, A. Schuhl, S. Pizzini, J. Vogel, and P. Gambardella, *Nat. Mater.*, **9**, 230 (2010).

[52] L. Liu, C.-F. Pai, Y. Li, H. W. Tseng, D. C. Ralph, and R. A. Buhrman, *Science*, **336**, 555 (2012).

[53] T. Maruyama, Y. Shiota, T. Nozaki, K. Ohta, N. Toda, M. Mizuguchi, A. A. Tulapurkar, T. Shinjo, M. Shiraishi, S. Mizukami, Y. Ando, and Y. Suzuki, *Nat. Nanotech.*, **4**, 158 (2009), and D. Chiba, S. Fukami, K. Shimamura, N. Ishiwata, K. Kobayashi, and T. Ono, *Nat. Mater.*, **10**, 853 (2011).

[54] Y. Shiota, T. Nozaki, F. Bonell, S. Murakami, T. Shinjo, Y. Suzuki, *Nat. Mater.*, **11**, 39 (2012), and T. Nozaki, Y. Shiota, S. Miwa, S. Murakami, F. Bonell, S. Ishibashi, H. Kubota, K. Yakushiji, T. Saruya, A. Fukushima, S. Yuasa, T. Shinjo, and Y. Suzuki, *Nat. Phys.*, **8**, 491 (2012).

[55] S. Mühlbauer, B. Binz, F. Jonietz, C. Pfleiderer, A. Rosch, A. Neubauer, R. Georgii, and P. Böni, *Science*, **323**, 915 (2009).

[56] S. Heinze, K. von Bergmann, M. Menzel, J. Brede, A. Kubetzka, R.

Wiesendanger, G. Bihlmayer, and S. Blügel, *Nat. Phys.*, **7**, 713 (2011).

[57] A. Thiaville, S. Rohart, É. Jué, V. Cros, and A. Fert, *Euro. Phys. Lett.*, **100**, 57002 (2012).

[58] K.-J. Kim, S. K. Kim, Y. Hirata, S.-H. Oh, T. Tono, , D.-H. Kim, T. Okuno, W. S. Ham, S. Kim, G. Go, Y. Tserkovnyak, A. Tsukamoto, T. Moriyama, K.-J. Lee, and T. Ono, *Nat. Mater.*, **16**, 1187 (2017).

[59] S. S. P. Parkin, M. Hayashi, and L. Thomas., *Science*, **320**, 190 (2008).

[60] S.-Y. Xu, I. Belopolski, N. Alidoust, M. Neupane, G. Bian, C. Zhang, R. Sankar, G. Chang, Z. Yuan, C.-C. Lee, S.-M. Huang, H. Zheng, J. Ma, D. S. Sanchez, BK. Wang, A. Bansil, F. Chou, P. P. Shibayev, H. Lin, S. Jia, and M. Z. Hasan, *Science*, **349**, 613 (2015).

[61] 多々良源 著,『スピントロニクスの物理 —場の理論の立場から— (物質・材料テキストシリーズ)』, 内田老鶴圃, (2019).

[62] N. Nagaosa, *Jpn. J. Appl., Phys.*, **58**, 120909 (2019).

[63] D. Lee, D. Go, H.-J. Park, W. Jeong, H.-W. Ko, D. Yun, D. Jo, S. Lee, G. Go, J. H. Oh, K.-J. Kim, B.-G. Park, B.-C. Min, H. C. Koo, H.-W. Lee, O. Lee, and K.-J. Lee, *Nat. Comm.*, **12**, 6710 (2021), and S. Lee, M.-G. Kang, D. Go, D. Kim, J.-H. Kang, T. Lee, G.-H. Lee, J. Kang, N. J. Lee, Y. Mokrousov, S. Kim, K.-J. Kim, K.-J. Lee, and B.-G. Park, *Comm. Phys.*, **4**, 234 (2021).

[64] M. Hamada, E. Minamitani, M. Hirayama, and S. Murakami, *Phys. Rev. Lett.*, **121**, 175301 (2018).

[65] Y. Tabuchi, S. Ishino, A. Noguchi, T. Ishikawa, R. Yamazaki, K. Usami, and Y. Nakamura, *Science*, **349**, 405 (2015).

第2章

スピントロニクスの実験技術

この章ではスピントロニクスを研究し実現するための実験技術について解説する．原子層のオーダーで制御された超薄膜や人工格子を成膜する技術，サブミクロンサイズの磁気セルや磁気細線を切り出す微細加工技術，さらに，作製された素子の磁気的・電気的・光学的な性質を高感度に測定する技術が紹介される．

2.1 成膜技術

電子スピンの拡散長は，例えば非磁性[†6]金属である Cu の中では約 500 nm である．すなわち可視光の波長程度の距離を移動すると電子はそのスピンの記憶を失う．そこでスピントロニクス素子を実現するためには，これよりも薄く完全性の高い薄膜およびその積層界面の形成技術が要となる．結晶の成長には液相成長，電析法，気相成長，真空成膜法などがあるが，スピントロニクスでは非常に薄い膜の成長に適した真空成膜法が主に用いられる．そこでまず真空技術から学ぶ [1]．真空成膜法には理想的には界面の 1 原子層に至る制御が可能な分子線エピタキシー法，量産性に優れたスパッタ成膜法などがある．この他，化合物の成膜に適した CVD 法，屈曲した表面にも均一な膜厚の薄膜を成膜できる ALD 法といった気相成長法も用いられる．さらに van der Waals 力で結合する 2 次元物質については，いわゆるスコッチテープ法と呼ばれる簡便な方法で他の方法では得られない広い面積の原子テラスをもつ 2 次元層状物質の形成が可能である．

[†6]本書では常磁性体，反磁性体を合わせて非磁性体 (NM) と呼ぶ．式中では σ^{NM} などと表記する．

2.1.1 真空技術

　真空とは本来，空間に原子・分子がない状態を指すが実際には大気圧より気圧が低ければ真空と呼ばれる（掃除機は英語で vacuum cleaner）．気体中の分子は熱により音速 (340 [m/s]) の 1.5 倍程度の速度で運動し，他の分子と衝突を繰り返している．1 つの分子が他の分子にぶつかるまでに移動できる平均の距離 λ [m] は平均自由行程と呼ばれる．分子同士はその直径 d に対応する距離に近づくと衝突することから $\lambda \sim 1/(\pi d^2 n)$ [m] と見積もられる．ここで n [m^{-3}] は気体中の分子数密度で理想気体の場合，$n = p_r/(k_B T)$ である．$k_B T \sim 25$ [meV] $\sim 4.1 \times 10^{-21}$ [J] は室温の熱エネルギー，p_r [Pa] は圧力である．2 つの式を合わせて，

$$\lambda \cong \frac{k_B T}{\pi d^2 p_r} \ \text{[m]} \tag{2.1}$$

となる．1 気圧 = 1013.25 [hPa] $\sim 10^5$ [Pa] の場合，$d \sim 0.5$ [nm] として，$\lambda \sim 50$ [nm] となる．上式から，10^{-2} [Pa] のときの平均自由行程は約 50 [cm] となり，真空装置のサイズとなることが分かる．これより低い圧力になると装置内の分子同士の衝突が無視できるようになり高真空と呼ばれる（図 2.1 参照）．10^0 [Pa] 以上の圧力では分子同士の衝突が激しく起こり，気体には通常の粘性が発生する．この圧力を低真空と呼ぶ．$10^0 \sim 10^{-2}$ [Pa] の真空度は中間真空と呼ばれ，この領域では比較的長い平均自由行程とある程度の分子間の衝突がある．このため外部からの電界の印加によりグロー放電が生じやすく，プラズマを発生するのに適している．

　油回転ポンプを用いると大気圧から真空容器を排気することができ，低真空が得られる．油による装置の汚染を避けたい場合はスクロールポンプやダイアフラムポンプが用いられる．高真空になると分子がお互いにぶつかり合わず粘性を失うので特別なポンプが必要となる．ターボ分子ポンプはタービンに使うような羽を音速程度で回転することにより分子を一方向に透過し排気するポンプであり，10^{-8}[Pa] の超高真空 (UHV: Ultra-High Vacuum) が得られ，排気速度も大きい．しかし，分子速度の大きな水素の排気には適さない．一方，イオンポンプ，クライオポンプ，およびチタンゲッターポンプは内部に残留ガスを吸着・吸蔵するので「ため込み型」のポンプであり水素などのガスの排気も可能

図 2.1 真空度と真空ポンプおよび真空製膜成膜法の関係 [1, 2]. 写真提供：ULVAC・キャノンアネルバ.

である．これらのポンプにより，より高い到達真空度を得ることができる．しかし，ため込み型のポンプは希ガスなどの排気特性に難がある．そこでポンプの選択にあたっては排気が必要なガス種の排気速度と到達真空度が仕様を満たしていることが重要である．

高真空領域ではポンプの排気速度は排気口の断面積で制限される．なぜなら高真空領域では分子は独立に運動するため，熱運動により排気口に達する分子の数より多くの分子を排気することはできないからである．1秒間に排気できる体積の上限は圧力に依存せず排気口の断面積に比例し，以下の式で近似できる．

$$排気速度 \simeq \frac{1}{4}分子速度 \times 断面積 \ [\mathrm{m}^3/\mathrm{s}] \tag{2.2}$$

真空装置でよく用いられる ICF 規格の ICF203 フランジ（内径 153 [mmφ]）の場合の排気速度の上限は約 2000 [ℓ/s] となる（慣習としてこの単位が使われる）．直径 50 [cm] の真空装置の排気に用いられるポンプの排気速度は例えば 400〜2000 [ℓ/s] 程度である．

真空容器はガラスやステンレスを用いて作られる．真空容器に漏れがないことはもちろんだが壁面からのガスの蒸発（脱ガス）がないことも重要である．

38   第 2 章　スピントロニクスの実験技術

真空容器を大気開放すると空気中の水分子が壁面に吸着し，真空に排気したの
ちにゆっくりと蒸発する．このため真空度を高める障害となる．そこで，真空
装置を真空に排気したのちに 200 [℃] 程度に加熱して（ベーキング）吸着水を蒸
発させることが効果的である．ベーキングのためには真空装置に用いられてい
る部品（例えば真空バルブに用いられるバイトンゴムなど）の耐熱温度を把握
しておくことが重要である．装置の内面が油で汚染すると 200 [℃] 以下のベー
キングでは除去が難しく真空度を高める障害となるばかりでなく，成膜される
薄膜の汚染の原因にもなる．装置の漏れや汚染を監視するために四重極質量分
析計を装備すると便利である．N, O が残留ガスの主成分の場合は真空漏れなの
で装置の外部から He ガスを吹きかけて漏れの位置を特定する．H_2O, HO など
が主成分の場合はベーキング不足，分子量 14〜16（CH_2 など）の周期でピーク
が出る場合は油脂による汚染が考えられる．

2.1.2　真空蒸着と分子線エピタキシー法（MBE 法）[2]

高真空の容器の中で金属などの原材料を加熱すると蒸発する．蒸発した原子・
分子は残留ガスと衝突することなく容器内に置かれた基板上に堆積する．堆積
した原子・分子は基板上で急冷されて固化する．これが真空蒸発法の原理であ
る（図 2.2 参照）．

成膜中の基板には残留ガスも飛来し，膜中に取り込まれる可能性がある．こ
のとき，飛来するすべての残留ガス分子が基板表面に吸着すると考えると，10^{-8}
[Pa] の超高真空では約 20 時間で表面に 1ML（分子層）の吸着が生じることにな
る．これは 10 秒で 1 原子層の速度で成膜している際に約 0.01％の割合で残留ガ
スが取り込まれることに対応する．実際には残留ガスの吸着確率は小さく 10^{-7}
[Pa] 以下の超高真空で成膜すれば十分な純度の膜が得られる場合が多い．成膜
時に基板近くに水晶振動子を置き，ここにも膜が堆積するようにすると，振動
子の振動周波数の変化から堆積した膜の質量を知ることができる．このように
して高純度で正確な膜厚の薄膜が作られる．

基板を単結晶とし，さらにその温度を制御することにより結晶上での吸着原
子の拡散と反応を促進し，エピタキシャル成長（単結晶の成長）を行うことが
できる．GaAs などの化合物の成長を行う場合は，さらに Ga 蒸発源と As 蒸

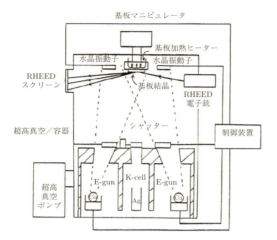

図 2.2 分子線エピタキシー装置の例. K-cell は抵抗加熱蒸発源 (Knudsen cell). E-gun は電子線加熱蒸発源.

発源の温度を独立かつ精密に制御することによりストイキオメトリーを制御した成長が可能となる. このように超高真空の中で基板および蒸発源の精密な温度制御を行う結晶薄膜成長法を分子線エピタキシー法 (MBE: Molecular Beam Epitaxy) と呼ぶ. MBE は超高真空を用いるので後述する反射高速電子線回折 (RHEED: Reflective High Energy Electron Diffraction) などのその場観察と組み合わせることが可能であり良質なエピタキシャル薄膜を成長する強力な手法となる.

図 2.3 は Fe(001) 面上に Fe をエピタキシャル成長した際の走査型トンネル顕微鏡 (STM: Scanning Tunneling Microscope) と RHEED による成長の様子のその場観察の例である [3]. STM 像において同一の階調は同一レベルの原子テラスに対応する. 隣り合う階調の部分では一原子層だけ高さが変わっている. RHEED については (0,0) スポット（鏡面反射）の強度を成膜中にその場観察したものである. 結晶成長前の平坦な面の反射率は高いが成長が始まると表面への成長核形成のために表面が凸凹になり反射率が下がる. 一原子層の成長が終了すると表面の平坦性が回復して反射率が再び高くなる. すなわち, 一周期の

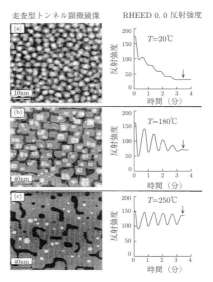

図 2.3 Fe(001) 面上への Fe のエピタキシャル成長の STM（左）と RHEED（右）による観察例 [3].

振動が一原子層の成長に対応している．20 [℃] の成長では一原子層の成長が終了する前に次の原子層の成長が始まってしまうために表面の凹凸は成長とともに増加する．一方，250 [℃] ではほぼ layer-by-layer の成長をしていることが分かる．MBE においては良質な下地表面の形成と成長温度の制御は特に重要である．RHEED により原子層制御する成長法は位相制御エピタキシーと呼ばれ [4]．この方法により人工的に規則合金を作ることも可能である [5]．

　MBE 法は比較的熱平衡に近い条件における成長法であるために堆積物質と下地となる物質の表面張力（表面エネルギー）の差の影響を受けやすい．Fe, Co などの表面張力の大きな物質の上に Au, Ag などの表面張力の小さな物質は層状に成長しやすいが（濡れ性が良い），その逆の場合は島状に成長しやすくなる．

　また，エピタキシャル成長を行うためには下地となる結晶と成長する結晶の対称性や格子定数も合わせる必要がある．例えば 6 回回転対称性をもつグラファイトの c 面上に 3 回回転対称性をもつ面心立方格子 (fcc) の (111) 面を成長する

と一般的には Twin（双子結晶）が発生し，単結晶とならない．

MBE 法では蒸発ガスが直進するために基板直下にメタルマスクを置くことにより微細なパターンを形成することが可能である．あるいは基板直下に移動式シャッターを設けると試料位置によって膜厚の異なるいわゆる「ウェッジ膜」の作製が可能になる．電気伝導度や磁気光学効果などの膜厚依存性を 1 つの試料で測定できるので高効率に実験が行える．

2.1.3 スパッタ成膜技術 [2]

スパッタ法では原材料物質でできた円板状の固体ターゲットの片面を希ガスのプラズマにさらすことにより表面の原子をたたき出して (sputtering)，対向する基板表面に堆積する．プラズマ放電の形式により，DC（直流）スパッタ，RF（高周波）スパッタに分けられる．RF スパッタは絶縁体薄膜の成膜に適している．膜の酸化や汚染を避けるためには装置内の残留ガスを減らす必要がある．そのために超高真空チャンバーを用いた装置は超高真空 (UHV) スパッタと呼ばれる．ターゲットの裏に磁石を配置し，磁界により高密度なプラズマを形成して比較的高真空まで放電を安定させる方式をマグネトロンスパッタという．この方法を強磁性体に適用する場合，磁石からの磁束がターゲットでシールドされるため，プラズマに印加される磁界が小さくなり，プラズマを収束する効率が低下することがあるので注意が必要である．

図 2.4 は RF マグネトロンスパッタの模式図である．チャンバーを超高真空に排気後，希ガス（Ar など）を 0.1〜数 Pa 程度導入する．ターゲットには，高周波電源（通常 13.26 [MHz]）から高周波電力（数十〜数キロワット）を整合器を通して供給する．すると，希ガスが電離してプラズマ状態になる．プラズマが発生すると，電子とイオンの移動度の違いによりターゲットの電位が負になり（自己バイアス），正イオンが高速に加速されてターゲットの表面に衝突する．その衝突のエネルギーがターゲット原子の束縛エネルギーよりも大きいと，原子がはじき出される．ターゲット表面の漏れ磁束が濃い場所にはイオンが集中するためによく削れる．すなわちエロージョンが発生する．ターゲットに対向して基板を配置しておけば，ターゲットからはじき出された原子が基板表面に堆積し，薄膜を形成することができる．基板の直下に移動式のシャッターを

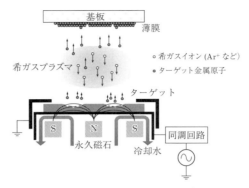

図 2.4 スパッタ成膜装置の概略図.

設ければウェッジ状の薄膜の作製も可能である．研究用の装置の場合は超高真空チェンバー，基板の高温加熱（800 [℃] 以上）機構，および移動式シャッターを備えていることが望ましい．

スパッタ法による薄膜の成長には，真空度，ガス圧，高周波電力，基板温度が重要な因子として関与している．一般にスパッタ成膜は真空蒸着に比べて基板に到達するターゲット原子のエネルギーが高いため原子の配置が安定状態になりにくく，アモルファス薄膜などが得られやすい．しかし，ガス圧，電力，基板温度などを制御すると原子が規則的に配列した単結晶 [6] や超格子などの準安定状態を作ることもできる．基板温度を高くし，かつ，比較的高い真空度で成長すると結晶化が促進される．

図 2.5 はスピネル型の CFAS($Co_2FeAl_{0.5}Si_{0.5}$)(001) 面上に bcc-CoFe(001)/CFAS/fcc-MgO(001) を成長した積層構造の断面透過電子顕微鏡像（TEM 像）である [7]．CFAS(001) と MgO(001) はほぼ完全に格子整合しエピタキシャル成長が実現している．しかし MgO 層には欠陥（主に刃状転移）が散在することが分かる．

一方，低温で低い真空度の場合はコラム状の成長が見られる．またスパッタ法ではプラズマガスの膜への取り込みやコラム状成長のために膜の密度が低くなったり電気抵抗が高くなることがある．一方，スパッタ成膜法には真空蒸着に比べて，成膜速度が速い，膜の基板への密着性が良い，大口径ウエハー上に

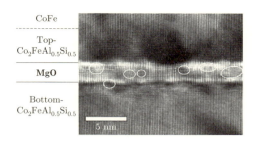

図 2.5 超高真空マグネトロンスパッタ法により成長した bcc-CoFe(001)/Co$_2$FeAl$_{0.5}$Si$_{0.5}$(001)/fcc-MgO(001)/ Co$_2$FeAl$_{0.5}$Si$_{0.5}$(001) の成長断面 [100] の透過電子顕微鏡像 [7]．○は刃状転移の位置を示している．

膜厚の均一な薄膜を得やすい，原材料の収率が高い，高融点材料や化合物の成膜も容易，チャンバー内部の膜はがれが少なく量産に向いているなどの特徴があり，生産現場では広く受け入れられている．

2.1.4 その他の成膜技術 [2]

化合物や酸化物の試料を作製する場合，化学的要素を含んだ成膜技術を用いることがある．本項では，CVD (Chemical Vapor Deposition) 法，ALD (Atomic Layer Deposition) 法，PLD (Pulse Laser Deposition) 法，およびスコッチテープ法を紹介する．

1) CVD 法

CVD 法は，原料ガスを分解し基板上に薄膜として堆積する手法である．原料の分解には，熱分解反応，酸化還元反応などの化学反応が用いられる．図 2.6(a) には，熱分解反応を用いる場合の模式図を示す．原料ガスとしてモノシラン (SiH$_4$) を用いると，熱により Si と H$_2$ に分解し基板上に Si が堆積する．原料ガス，反応の種類を種々変えることにより，半導体，酸化物，窒化物などの薄膜が作製できる．原料ガスをプラズマにさらして活性化すると，低い基板温度でも薄膜を作製することができる（プラズマ CVD）．CVD は，蒸着法に比べ低い温度で薄膜形成ができる，組成の制御性が高いなどの利点をもち，半導体分野で広く

44　第 2 章　スピントロニクスの実験技術

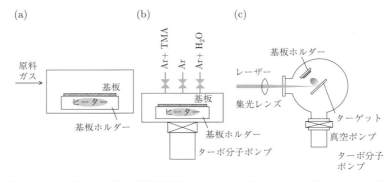

図 2.6　その他の代表的な薄膜作製法．(a) CVD 法．(b) ALD 法．(c) PLD 法．

普及している．原料ガスには毒性・爆発性の高いものがあるので注意を要する．スピントロニクス材料としてはダイアモンドや WTe_2 などの成長例がある．

2) ALD 法 [8]

ALD 法は，CVD 法同様に原料にガスを用い，化学反応を利用する．CVD 法と異なる点は，基板上で生じる化学反応を利用し，単原子層ごとに成膜を繰り返す点である．ここでは，ALD 法の成膜原理を代表的な Al_2O_3 薄膜を例に説明する．図 2.6(b) に装置の構成を模式的に示す．手順としては，① 加熱した基板表面（150〜350 [℃]）に Ar ガスをキャリアとして水分子を導入し，基板表面を OH 基で覆う．② Ar ガスを流し，水分子を追い出す．③ Ar ガスで希釈した $Al(CH_3)_3$(TMA: trimethylaluminum) を導入すると基板表面の OH 基と反応し，CH_4 が遊離し O-Al-$(CH_3)_2$ が形成される．表面の OH 基がなくなると反応が自動的に終了する．④ Ar ガスで TMA を追い出す．⑤ 再び水分子を導入すると最表面の CH_3 基が OH 基で置き換わり，CH_4 が遊離する．最表面の CH_3 基がなくなると反応が自動的に終了する．⑥ この後は，②–⑤ を必要な回数繰り返し，Al_2O_3 を成長させる．1 サイクルに約 20 秒要し，約 0.8 [nm] の Al-O 薄膜が形成される．このため，成膜レートは例えば約 2.5 [nm/min] 程度であり比較的遅い [9]．同様な手法で，TiO_2, ZrO_2 などの金属酸化物薄膜を作製することができる．また，プラズマを用いて反応性を高めることにより単

金属を成膜した例も報告されている [10]．ALD 法の特徴は，① 単原子層ずつ薄膜成長が進むため欠陥が少なく，② 薄膜の膜厚分布が小さい，③ 基板表面の凹凸に対して被覆性が高いことである．実際，膜厚 20 [nm] の Al_2O_3 薄膜の表面ラフネスが 0.2 [nm] と非常に小さく，静電破壊電圧も 10 [MV/cm] と非常に高い．また，約 1 [μm] の段差を一様に被覆することができる [9]．ALD 法はこれまで主に半導体プロセスに適用されてきたが，スピントロニクスでも磁性半導体薄膜上のゲート絶縁膜 [11]，MTJ 素子のトンネル障壁の作製 [12] への適用が始まっている．

3) PLD 法

PLD 法は，図 2.6(c) に示すように真空チャンバー内にあるターゲットに透明な窓を通してパルスレーザーを外部から照射し，放出された原子分子を基板上に堆積する手法である．レーザーから高いエネルギーを受けとったターゲット原子が励起し（プルーム），ターゲットから離脱し，高い運動エネルギーをもって基板に到達する．真空チャンバー内に酸素や窒素などのガスをあらかじめ入れておくと，酸化物，窒化物薄膜を作製することができる．PLD の特徴は，成膜中の不純物ガス放出などの影響が少なく超高真空の清浄な環境で成膜できる，ターゲット組成に近い組成の薄膜が作製できることである．また，ターゲット表面の励起過程にほとんど影響を与えずに雰囲気ガスを制御できるため，スパッタ，MBE に比べ広い圧力範囲の雰囲気下で薄膜作製ができることも特徴である．PLD はこれまで種々の薄膜の作製に適用され [13]，磁性薄膜においては，鉄の酸化物 [14]，窒化物 [15]，多層薄膜 [16] への適用例などがある．

4) スコッチテープ法

グラファイトなどの層状物質は劈開性が良く，表面が化学的に安定なため，空気中で劈開して基板上に単原子層を固定することが可能である（図 2.7）．この方法はスコッチテープ法と呼ばれ，MBE 法などより格段に広い原子テラスをもつ構造を容易に作製可能である．ヘテロ構造や結晶軸を回転した構造の積層も可能でありスピントロニクスを含む基礎研究への応用が進んでいる [17]．

図 2.7 スコッチテープ法の模式図．(a) グラファイトなどの層状物質に粘着テープを張り劈開する．(b) 清浄で平坦な基板表面に押し付ける．(b) テープを剥がす．再び劈開が起こり基板上に層状物質が残る．例えばグラフィンの場合は単原子層が残ればグラフィンである．このことを繰り返すと積層構造も作製可能．

2.2 微細加工技術

　微細加工技術は半導体デバイスプロセスの分野で進展し，その集積化を支えてきた．スピントロニクスデバイスの開発においては，この技術を磁性デバイスの作製プロセスに適合させ，高機能化と集積化を達成する．スピンを膜面内方向に拡散させる素子では面内の構造をスピン拡散長 (~ 500 [nm]) より小さく作る必要がある．トンネル磁気抵抗素子の場合，接合面積が 100 [μm]×100[μm] 以上になると障壁層にピンホールなどの欠陥が入る確率が高くなり作製が困難となる．このようにスピントロニクス素子には小さくすることにより機能を発するものが多い．大学などの実験室ではおよそ 5 [μm] より大きな構造の加工にはフォトリソグラフィー法が，それより小さな構造の加工には電子線リソグラフィー装置が用いられる．工業的にはステッパーと呼ばれるフォトリソグラフィー装置により 10 [nm] 以下の微細な構造まで量産が可能である．実験的に特別な 3 次元構造を作製するには集束イオンビーム (FIB) による加工を併用することもある．スピントロニクスでは Fe や Pt などの金属を用いることが多く，これらのエッチングにはイオンミリングが用いられるが，削られた金属の再付着などが問題となっており，金属の加工技術の改良が課題となっている．以下では，微細加工技術の基本となる要素技術について述べる．

2.2.1 微細加工法の種類

　微細加工には大きく分けて図 2.8 に示した 3 つの方法がある．最初にパター

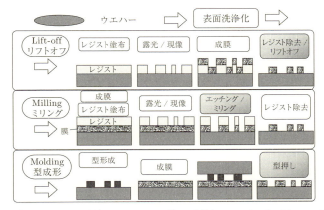

図 2.8 微細加工の 3 つの方法．リフトオフ法では最初にレジストパターンが作られる．ミリング法（エッチング法）では膜の上にレジストパターンを形成する．型による成型法では型を膜に押し付けて微細構造を作る．

ンニングしたレジスト（感光性の有機薄膜）を作製し，その上に膜を成膜したのちに，余分な膜をレジストとともに取り去る方法をリフトオフ法と呼ぶ．簡便であり研究用によく用いられる．しかし，取り去った膜の断片が異物として表面に残り不良品の原因となるため LSI プロセスでは用いられない．

　一方，先に成膜を行い，この上にレジストパターンを作製して全体をエッチング液やイオンシャワーで削ることにより膜の微細化を行うものが標準的な微細加工法である．酸などで溶かすエッチング法，反応性ガスとイオンを用いるRIE (Reactive Ion Etching) 法，イオン衝撃を用いるイオンミリング法などがある．RIE では除去された膜物質が気体として取り除かれるために表面に残ることがない．このため半導体では RIE が主流となっている．一方，磁性金属については加工に適した反応ガスがないためにイオンミリング法を用いる場合が多い．ミリングされた原子はレジストの側壁などに再付着するため厚い膜の加工には適さない．

　最後に示したのは，型による成型法であり大量生産に適している．この他に近年では高度な印刷技術を用いて材料物質を微細なパターンとして直接印刷することも行われている．

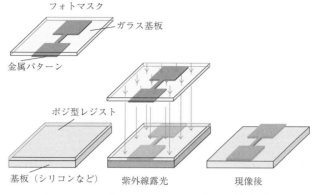

図 2.9 フォトリソグラフィーの行程の模式図.

2.2.2 フォトリソグラフィー

前述した加工に用いるレジストのパターンニングのためには光や電子の照射によるレジスト内部の化学結合の変化を用いる．光を用いる場合はフォトリソグラフィー，電子線を用いる場合は電子線リソグラフィーと呼ばれる．

フォトリソグラフィー技術は，フィルム型カメラの撮影・現像と基本的には同じ技術といえる．ただし，写真フィルムではなく基板上のレジスト膜を使うこと，自然光ではなく単色化された光を使うことが大きな違いである．図 2.9 には，フォトリソグラフィーの行程を模式的に示している．まず，加工したい素子の形状を決め，それに即したフォトマスクのパターンを CAD または作図ソフトを用いて設計する．この図面をもとにマスクを作製する．フォトマスクは，厚さ 2～3 [mm] のガラス板上に目的の素子形状と同じ形状のパターンを金属薄膜で形成したものである．マスクには素子形状の他にめあわせ（アライメント）用のパターンも作り込むことが必要である．次に，レジスト膜を準備する．微細形状を作製するための基板の上に，数百ナノメートル～数十ミクロンの厚さのレジスト膜をスピンコーターで塗布する．

次に，露光装置を用いてフォトマスクのパターンを基板上に塗布したレジスト膜に転写する．露光装置内で g 線，i 線などに単色化された紫外線またはレーザー光を発生し，フォトマスクを通して基板上のレジストに照射する．レジス

トには感光材が含まれており，紫外線が当たった場所では，レジスト内の感光剤の働きにより化学反応が起こる．照射後，基板を現像液に浸して，レジストを溶解させる．光が当たった場所のレジストは，容易に溶解する．一方，フォトマスクの金属層に遮られて光が当たらなかった場所のレジストは残存する．このようなレジストをポジ型レジストと呼ぶ．現像後，基板を純水で洗浄し乾燥させる．逆に，光が当たった場所のレジストが現像後に残る場合，ネガ型レジストと呼ぶ．再現性を高めるためにはレジストの温度管理と無塵環境が必要となる．必要に応じて精密なホットプレートを用いてレジストのベークを行う．これらの詳細についてはレジストの供給会社が標準的なレシピを提供している．

　様々な露光装置があるが，大学などの研究機関で容易に利用できるのはコンタクトマスクアライナーおよびマスクレス露光装置である．前者は，基板上に塗布したレジストにフォトマスクを密着させるため，フォトマスクと等倍のサイズのパターンが形成される．光源には水銀ランプが用いられ波長範囲の広い紫外線が照射される．レジストパターンの最小寸法は，数ミクロン程度である．後者は半導体の短波長レーザーを光源とし，ビームのスキャンによりマスクなしにパターンを形成する．最小寸法は，数ミクロン程度である．

　さらに微細なレジストパターンの形成には，単色化された紫外線（g 線：波長 436 [nm]，i 線：波長 365 [nm]）やレーザー発光（KrF エキシマーレーザー：波長 248 [m]，ArF レーザー：波長 193 [nm]）を使った縮小投影露光が用いられる．縮小投影露光では，レンズによりパターンを数分の一に縮小して露光する．このとき，光学系を固定し，ウエハーのみを動かす装置をステッパー露光装置，フォトマスクとウエハーを同期させて動かす装置をスキャナー露光装置という．スキャナー露光装置を用いることにより数十ナノメートルのレジストパターンを形成することができる．ステッパー，スキャナー露光装置は高額であり，主に半導体デバイスの生産工場で使われている．

　通常，素子の微細加工プロセスでは，複数回のフォトリソグラフィー行程が行われる．各フォトリソグラフィー工程では，必要に応じてアライメント（めあわせ）マークを作製し，次回のマスクのアライメントに用いる．

　図 2.10 に MBE で作製した単結晶トンネル磁気抵抗膜をフォトリソグラフィーにより約 1 [mm] 角のデバイスに加工する工程を示した．トンネル接合部の大

50 第 2 章 スピントロニクスの実験技術

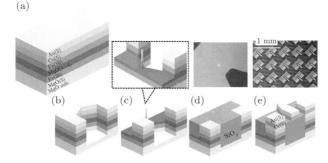

図 2.10 単結晶 Fe/MgO/Fe トンネル磁気抵抗素子のフォトリソグラフィーによる微細加工の例. (a) 膜の積層構造. (b) 第 1 のマスクを用いたミリングによるデバイスのアイソレーション. (c) 第 2 のマスクを用いたミリングによるトンネル磁気抵抗素子ピラーの削り出し. (d) SiO₂ による埋め戻しとリフトオフ ((c) のレジストパターンをそのまま使うのでセルフアライメントと呼ばれる). (e) 第 3 のマスクを用いた上部電極の製膜とリフトオフによる作製. 図中の膜厚の単位は nm.

きさは $4\times 3\,[\mu\mathrm{m}]$ である（図 2.10(d) 上に SiO₂ による埋め戻し後の顕微鏡写真がある）. この工程では 3 枚のマスクとミリング法およびリフトオフ法を併用している.

2.2.3 電子線リソグラフィー [18, 19]

　高エネルギーの電子線の衝撃によりレジスト内部に化学的な変化を生じさせてパターンを形成する装置を電子線リソグラフィー装置と呼ぶ. 基本的に電子線を試料上で走査することにより描画するために時間がかかり量産には適さない. しかし, 原理的には 1 [nm] に至る微細な描画が可能でありマスクを必要としないためにパターン形状を自由に変更できるという利点がある. このため, 研究開発の現場ではよく用いられている. また, ステッパー, スキャナー露光装置のフォトマスクの作製にも用いられる. 電子線の加速電圧は 10 [kV] から 100 [kV] 程度であり高電圧になるほど, ビーム径が小さくなり微細なパターンが形成できるが装置が高価になる. 市販の SEM (2 次電子顕微鏡) に付属装置として取り付け可能な簡易型の電子線描画装置もある.

2.2 微細加工技術　51

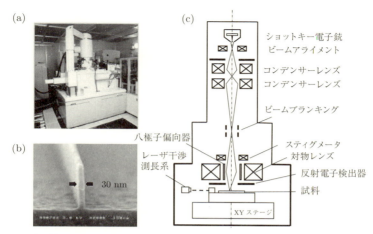

図 2.11　電子線リソグラフィー装置の外観図（写真：JEOL JBX–9300FS）および装置構成模式図 [20, 21].

図 2.11 に電子線リソグラフィー装置の外観図（写真：JEOL JBX–9300FS 100 [kV]）および装置構成模式図を示す [20, 21]. 装置は, 主に電子線銃, 電子光学系, 試料ステージ機構, 真空排気系から構成される.

電子線銃には, 熱電子型, 冷電界放出型, および熱電界放出がある. それぞれ寿命と安定度に特徴がある. 電子光学系は電界型, 磁界型の電子レンズからなり電子線源から発生した電子線を収束し試料表面で数ナノメートルに結像させる. これらのレンズは露光の開始前に調整する. ビーム電流調整, ガンアライメント, アパーチャー調整, スティグマ調整, および, フォーカス調整が必要である. ビームブランキングは, 時間的に連続な電子線を用いて不連続な図形を描くために必要である.

まず, 描画するパターンのデータを, CAD ソフトにより作成し電子線リソグラフィー装置に入力する. 描画開始前には, ウエハー上の位置決めのため, 試料上にフォトリソグラフィーなどで事前に作製しておいたアライメントマークの検出を行う.

レジストには, フォトリソグラフィーの場合と同様にポジ型とネガ型がある. ポジ型は電子線が照射されたところが溶けるため, 広い面積に小さな穴があい

52　第 2 章　スピントロニクスの実験技術

たパターンを作製するのに向いている．逆に，ネガ型は小さな島状のパターン
を作製するのに向いている．広い面積の電子線描画は長時間を要するのでポジ
とネガの使い分けは重要となる．レジストの厚さは，最小の露光寸法を決める
要因でもあるため，小さなパターンを作製する場合は薄い方が良い．しかし，
薄すぎると，後工程のリフトオフが困難になる，エッチングに耐えられないな
どの問題が生じる．露光後，現像し，乾燥させてプロセスは完了である．スピ
ントロニクスでは，100 [nm] 以下の非常に小さいサイズのトンネル磁気抵抗素
子や強磁性細線が電子線リソグラフィーを用いて作製され，磁気的・電気的特
性が研究されている．

2.2.4　集束イオンビーム加工（FIB 加工）

集束したイオンビームにより試料の表面を微細に切削することができる．任
意のパターンを深く切削できるので出来上がったデバイスの断面を切り出すた
めや側面接合などの 3D デバイスの加工のために用いられるが量産には適さな
い．イオンビームの加速電圧を下げることにより切削を避けると局所的にイオ
ンの注入ができるため磁気特性の局所制御が可能となる [22]．

2.3　計測技術

スピントロニクス素子の機能を調べるためには通常の磁性研究に必要な磁化
測定 [23, 24] などとは別にナノサイズのスピントロニクス素子を超高感度かつ
高速に測定する方法が必要になる．

この節ではまず，磁性体の磁気特性とその測定法の基本について簡単に学ぶ．
その後，スピントロニクスにとって重要な測定法を学んでいく．測定法は主に
静的な特性を評価する低周波測定とスピンダイナミクス（スピンの高速運動）
を評価する高周波測定に分けて説明される．スピントロニクスではスピンと電
荷および光との相互作用を用いるが，この相互作用自身が非常に高感度な測定
法を提供することを見ていく．ここでは測定に用いる公式を導出なしで紹介す
る．導出は第 4 章および付録 A で行う．

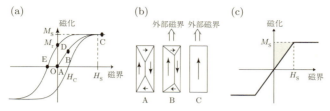

図 2.12 (a) 磁化の外部磁界依存性．(b) 磁化過程に伴う磁区構造の変化の例．(c) 磁気異方性エネルギーの求め方．

2.3.1 低周波数域での測定法
1) 磁化過程と磁気異方性の測定法

電磁石に鉄釘を近づけると引き寄せられる．これは，鉄釘が電磁石の作る磁界によって「磁化され」て磁石となったためである．このように外部から印加された磁界によって磁化（A.1 節参照）を生じる過程を磁化過程と呼ぶ（図 2.12 参照）[23, 24]．通常，鉄釘は初期状態では磁石になっていない．これは，釘の内部に磁化の向きの異なる領域（磁区）ができており，互いの磁化が打ち消し合っているためである（A 点）．ここに磁界を加えると磁界と同じ向きの磁化をもつ磁区が大きくなり，全体として磁界と同じ向きに磁化を生じる（B 点）．磁界が十分に大きくなると，磁界と同じ向きの磁区だけが残り磁化は飽和する（C 点）．図の M_s は飽和磁化，H_s は飽和磁界と呼ばれる．この後磁界をゼロに戻しても磁化は完全に打ち消し合わず多少の残留磁化 M_r を示す（D 点）．残留磁化を消すためには，始めとは逆向きに H_c の大きさの磁界を加える必要がある（E 点）．H_c は保磁力と呼ばれる．このように強磁性体の磁化状態は外部から加えられた磁界の履歴に依存する．図 2.12(a) のループを磁気ヒステリシス，曲線 A–C を初磁化曲線と呼ぶ．強磁性体の磁化過程は試料内の磁化の向きが揃う過程であり，この過程で局所的な磁化の大きさは変化しない[†7]．

平板状の強磁性体が板の面に垂直（z 方向）に磁化しているとする．式 (A.4b) から $div\mathbf{H}(\mathbf{x}) = -div\mathbf{M}(\mathbf{x})$ なので，板の表面には磁荷が現れ板の内部では膜面に垂直に $H_d = -M_z$ なる反磁界が発生する．これに抗して磁化を垂直に保つには M_s に等しい大きさの外部磁界を印加する必要がある（後述する結晶磁

[†7] もちろん非常に大きな磁界を印加すると原子の磁化の大きさも変化する．

54   第 2 章 スピントロニクスの実験技術

気異方性がないとした). すなわち飽和磁界は $H_\mathrm{s} = M_\mathrm{s}$ となる. 平板面が無限に大きければ, 磁化を面内に向けた場合は反磁界は生じない. したがって原理的には $H_\mathrm{s} = 0$ となる. その形状のために磁化する方向によって飽和磁界が異なることを形状磁気異方性という. 反磁界を $H_\mathrm{d} = -N_z M_z$ などと書き, N_j を反磁界係数と呼ぶ. 楕円体の場合は 3 軸方向の反磁界係数の和が 1 となる.

$$N_x + N_y + N_z = 1 \tag{2.3}$$

したがって球の反磁界係数は 1/3, 円柱の半径方向については 1/2 となる.

反磁界 H_d は $-div\mathbf{M}(\mathbf{x})$ をチャージ（磁荷）として発生した磁界なので

$$\mathbf{H}_\mathrm{d}(\mathbf{x}) = \int_{-\infty}^{+\infty} d^3 x_1 \frac{\mathbf{x} - \mathbf{x}_1}{4\pi |\mathbf{x} - \mathbf{x}_1|^3} \left(-div\mathbf{M}(\mathbf{x}_1)\right) \tag{2.4}$$

と書ける. 上式を部分積分すれば反磁界が $\mathbf{M}(\mathbf{x})$ の作る双極子磁界の集まりであることが分かる（演習問題 2.3）.

磁性イオンが結晶格子の中に置かれるとその対称性に従って磁気異方性が現れる. これを結晶磁気異方性と呼ぶ. 結晶が一様な磁化 $\mathbf{M}$ をもったときの系のエネルギー密度を $u_\mathrm{crystal}(\mathbf{M})$ とするならば結晶磁気異方性磁界は,

$$\mathbf{H}_\mathrm{crystal} = -\frac{1}{\mu_0} \boldsymbol{\nabla}_\mathbf{M} u_\mathrm{crystal}(\mathbf{M}) \equiv -\frac{1}{\mu_0} \left(\frac{\partial}{\partial M_x}, \frac{\partial}{\partial M_y}, \frac{\partial}{\partial M_z}\right) u_\mathrm{crystal}(\mathbf{M}) \tag{2.5}$$

によって与えられる [†8]. 例えば面内には等方的な結晶構造をもつ薄膜が面直（z軸）から $\theta\,[\mathrm{rad}]$ だけ傾いた角度に一様に磁化されているとする. この場合, 磁気異方性磁界は $\mathbf{M}$ 方向の磁界の任意性を利用して以下のように書ける.

$$\mathbf{H}_\mathrm{ani} = -\frac{1}{\mu_0} \boldsymbol{\nabla}_\mathbf{M} \left(\frac{N_z}{2} \mu_0 M_\mathrm{s}^2 - K_\mathrm{u}\right) \cos^2\theta \equiv \frac{2 K_\mathrm{u,eff}}{\mu_0 M_\mathrm{s}^2} M_\mathrm{s} \cos\theta\, \mathbf{e}_z \tag{2.6}$$

ここで第 1 項は形状磁気異方性であり, 薄膜では $N_z = 1$ である. $K_\mathrm{u}\,[\mathrm{J/m^3}]$ は一軸性の結晶磁気異方性エネルギー密度である. 例えば六方晶や正方晶の c 軸が面直に揃っている場合に生じる. 表面あるいは多層膜の界面に起源をもつ

[†8]式 (A.3) から Zeeman エネルギー密度は $u_\mathrm{Zeeman} = -\mu_0 \mathbf{M} \cdot \mathbf{H}$ となる. このことから u の $\mathbf{M}$ による微分が有効的に磁界として働くことが理解できる. M が位置の関数の場合は汎関数微分となる.

界面磁気異方性エネルギーも K_u に寄与する。$K_u > \mu_0 M_s^2/2$ ならば，ゼロ磁界において磁化は膜の面直方向を向く。このような膜を垂直磁化膜と呼ぶ。

$K_{u,eff} \equiv K_u - \frac{N_z}{2}\mu_0 M_s^2$ は形状異方性を考慮した有効な一軸性の結晶磁気異方性エネルギー密度である。膜面に垂直に外部磁界を加えたときの磁化過程が図 2.12(c) のようになるなら異方性エネルギーが $K_{u,eff} = \mu_0 M_s H_s/2$ と求まる。磁化曲線が直線でない場合は磁化曲線の左上（灰色の部分）の面積を求めればよい。ヒステリシスがある場合，$K_{u,eff}$ は正確には求まらない。ヒステリシスの面積はヒステリシス損と呼ばれ，磁化過程により磁性体内部で消費されるエネルギーを表す。

以上の磁化過程はバルクの試料であれば振動試料型磁力計 (VSM) や超伝導量子干渉素子 (SQUID) を用いた磁力計 [23, 24] により測定されるが，スピントロニクスに用いる微小な試料の場合は後述する磁気光学効果や異方性磁気抵抗効果・異常 Hall 効果によって M_s に比例する量を外部磁界の関数として測定する場合が多い。

2) 磁気抵抗効果と Hall 効果の測定法

物質内部における磁気的な状態と電気的な特性との関係を最初に示したのは温度の単位で知られる Kelvin 卿（または W. Thomson）である。彼は鉄やニッケルに磁界を加えると，その方向によって電気抵抗が変化する異方性磁気抵抗効果 (AMR: Anisotropic Magneto-Resistance Effect) を発見した。

図 2.13 に磁気抵抗効果の測定のための端子の配置を図示した。素子の抵抗値 R [Ω] は電流 J^C [A] を素子の長手方向に流したときに同方向に生じた電圧降下 V [V] を用いて

$$R = \frac{V}{J^C} \tag{2.7}$$

と表される（Ohm の法則）。通常の拡散的な電気伝導において抵抗値は素子の長さ ℓ に比例し，断面積 (wd) に反比例するので抵抗率 ρ [Ωm] を用いて $R = \rho\ell/(wd)$ と表すことができる。一般に非磁性の金属や半導体に磁界を印加すると電子の軌道が曲げられてしまう。このため電気抵抗は磁界の 2 乗に比例して増大する（図 2.14(a), 2.15(a)）。一方，強磁性体に磁界を印加した場合はその磁化過

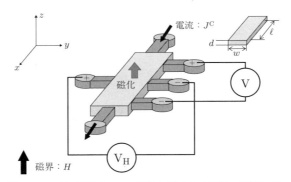

図 2.13　磁気抵抗と Hall 効果を測定する端子の配置の例.

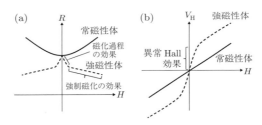

図 2.14　(a) 常磁性体における磁気抵抗効果（実線）と強磁性体における磁気抵抗効果（点線：異方性磁気抵抗効果を含む）の例. (b) 常磁性体における Hall 効果（実線）と強磁性体における異常 Hall 効果（点線）の例.

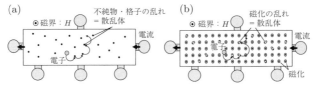

図 2.15　磁気抵抗と Hall 効果の原理. (a) 非磁性体の場合. (b) 強磁性体の場合.

程と磁化の方向に依存した抵抗変化，すなわち AMR 効果が現れる．さらに飽和磁界を上回る強い磁界を加えると，磁化の熱揺らぎとそれに伴う電子散乱が抑えられて抵抗率が低下する（図 2.14(a) 点線，図 2.15(b)）．磁気抵抗比 (MR: Magneto-resistance ratio) は無磁界下の抵抗値 $R(0)$ と磁界がかかったときの抵抗値 $R(H)$ を用いて，

$$\text{MR} = \frac{R\,(H) - R\,(0)}{R\,(0)} \times 100 \ [\%] \tag{2.8}$$

と表される.

常磁性体に磁界を印加した場合, 電子軌道は Lorentz 力 (A.1c$'$) により一方向に曲げられるので電流と磁界の双方に垂直な方向に Hall 電圧 V_{H} [V] を生じる (図 2.13, 図 2.14(b), 図 2.15(a)). Hall 電圧はキャリアが正孔のときに正になるように極性を決めて測る. Hall 抵抗 R_{H}[Ω] は,

$$R_{\text{H}} = \frac{V_{\text{H}}}{J^{\text{C}}} \tag{2.9}$$

と定義される. Hall 電圧が Lorentz 力により発生している場合, Hall 電圧は, $V_{\text{H}} = w(q\langle v\rangle \mu_0 H)/q$ となる. また, 電流密度は $J^{\text{C}}/(wd) = q\langle v\rangle n$ と表される. ここで n はキャリア密度, q はキャリアの電荷, $\langle v\rangle$ はキャリアの平均速度である. 以上の式から $\langle v\rangle$ を消去すると $R_0 \equiv R_{\text{H}} d/\left(\mu_0 H\right) = 1/qn$ という関係を得る. R_0 は Hall 係数と呼ばれ, R_0 からキャリア濃度とその符号が分かる.

これに対して, 強磁性体に磁界を印加した場合はその磁化過程に依存した Hall 電圧が現れ, 異常 Hall 効果と呼ばれている. 異常 Hall 効果と AMR 効果は微小な強磁性細線中の磁壁の運動などの高感度な観察法としても用いられている.

伝導率テンソルを使うと Ohm の法則 (2.7) と Hall 効果 (2.9) を 1 つの式にまとめることができる.

$$\mathbf{j}^{\text{C}} = \begin{pmatrix} j_x \\ j_y \\ j_z \end{pmatrix} = \hat{\sigma}\mathbf{E} = \begin{pmatrix} \sigma_{xx} & \sigma_{xy} & 0 \\ -\sigma_{xy} & \sigma_{xx} & 0 \\ 0 & 0 & \sigma_{zz} \end{pmatrix} \begin{pmatrix} E_x \\ E_y \\ E_z \end{pmatrix} \tag{2.10}$$

ここで, $\mathbf{j}^{\text{C}}$ [A/m^2] は電流密度, $\hat{\sigma}$ [1/(Ωm)] は伝導率テンソル, $\mathbf{E}$ [V/m] は電界である. ただし, 磁界の方向を z 軸にとり, x-y 平面に垂直に 3 回転以上の対称性があるとした. Onsager の相反定理から $\sigma_{yx}\,(\mathbf{B}) = \sigma_{xy}\,(-\mathbf{B})$. さらに, 非対角要素のうち $\mathbf{B}$ に依存する部分は $\mathbf{B}$ の奇関数なので式 (2.10) を得る [†9].

図 2.13 の測定系では $j_y = j_z = 0$ なので, $\theta_{\text{H}} \equiv E_y/E_x = \sigma_{xy}/\sigma_{xx}$ となることが分かる. θ_{H} を Hall 角と呼ぶ. 抵抗率と Hall 抵抗は, それぞれ

[†9] 時間反転に対して電荷と電界は符号を変えないが, 電流と磁束密度は符号を変える.

$$\rho = \frac{\sigma_{xx}}{\sigma_{xx}^2 + \sigma_{xy}^2}, \quad R_{\mathrm{H}}d = \frac{\sigma_{xy}}{\sigma_{xx}^2 + \sigma_{xy}^2} \tag{2.11}$$

と表される.

　磁界の印加のためには電磁石や超伝導磁石が用いられるが容易に磁界の方向を変えられることが望ましい. 電気抵抗測定には, 4 端子測定法 (図 2.13) を用いることで, 接触抵抗・配線抵抗・電極抵抗の影響を取り除くことができる. スピントロニクスで用いる小さな素子の場合には完全な 4 端子測定が困難な場合があるが電流路と電圧測定の経路ができるだけ共通にならないようにすることが望ましい. 微細加工で作られた端子には, ワイヤボンディングや微動機構に取り付けられた探針 (プローブ) で接続する. 探針の材質としては Pt–Ir 合金, Cu–Be 合金, W, W–C 合金などがあり, 目的に応じて使い分ける [24].

　電流源には定電流電源を用いてもよいが, 電圧源と直列抵抗を用いると試料を破壊しにくくなる. 電圧計にはデジタルマルチメータを用いる. また, これらが一体となったソースメータと呼ばれる装置も市販されている. 電源自体あるいは熱起電力のために比較的大きなオフセット電圧／電流が発生する場合があるのでオフセットを測定して補正する必要がある. 抵抗値が R である測定抵抗が自ら発生する熱ノイズの電圧は $\sqrt{4k_{\mathrm{B}}T\Delta fR}$ であり, バンド幅 Δf が 1 [Hz] で抵抗が 1 [kΩ] のとき, 室温で約 4 [nV] となる. 測定系のノイズがこの熱ノイズより大きく, 測定に支障がある場合は接触不良によるノイズ, 電流源のノイズやその他の外来ノイズを減らす必要がある. 電流源が比較的大きなノイズを含む場合は電流源と試料の間にローパスフィルターを挿入するとよい. また, ノイズの影響を減らすためにロックインアンプを用いた抵抗測定もよく用いられる. 通常, 測定の対象となる磁気抵抗効果の大きさは 0.1% から数 100% であり 3 桁の精度があれば測定できる. より小さな磁気抵抗効果を測定したい場合はブリッジ回路を用いるとよい. 市販の抵抗ブリッジとデバイス温度の安定化により原理的には 5 から 8 桁程度の精度での測定が可能になる.

　物性の分野では磁気抵抗効果の大きさを式 (2.8) で表現するのが一般的だが, 磁気抵抗素子の研究開発の分野では以下に示す定義を用いることが習わしとなっている.

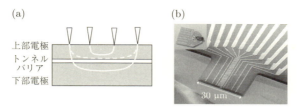

図 2.16 (a) CIPT 測定の概略図．トンネル接合膜の上部に探針を接触して抵抗測定を行う．探針間距離を変えると短絡電流とトンネル電流の割合が変わる．(b) CIPT 測定用探針 [27]．

$$\mathrm{MR} \equiv \frac{R_{\mathrm{AP}} - R_{\mathrm{P}}}{R_{\mathrm{P}}} \times 100\% \tag{2.12}$$

ここで P（平行）・AP（反平行）は磁気抵抗素子内の隣接する 2 つの磁化の配列を指す．通常はゼロ磁界で反平行，大きな磁界の印加で平行となるので，この定義は半導体などの分野における定義と逆符号であり，さらに分母も異なることに注意していただきたい．磁気抵抗効果の定義は分野や実験の目的によって異なることがあるので論文を読むときは注意が必要である．

一般的にトンネル伝導の電流–電圧 (I–V) 特性は非線形な挙動を示すため MR にバイアス依存性がある．バイアス依存性には電極や障壁の電子状態，電極内におけるフォノンやマグノンの励起に関する情報が含まれる．1 階および 2 階の微分コンダクタンスのバイアス依存性を測定することにより，このような微視的な情報を得ることができる [25]．バイアス依存性には正負の非対称性があるので測定電圧はその符号を含めて測定時の重要なパラメーターである．

微細加工を要さずにトンネル MR を簡便に評価する方法として CIPT (Current in-Plane Tunneling) 測定がある [26]．図 2.16(a) に示すように探針間の距離を変えて電流を流すとトンネル障壁を超えて流れる電流の割合が変化する．探針間距離と電気抵抗のグラフを作り理論曲線と比べることにより，磁気抵抗比 MR と面積抵抗 (RA: Resistance Area Product) を推定できる．図 2.16(b) は CAPRES 社により製造された CIPT 測定用探針である [27]．12 本の探針があり，探針を選ぶことにより距離を変えた測定ができる．この測定法を用いるには，上部電極および下部電極のシート抵抗をそれぞれ R_T および R_B とする

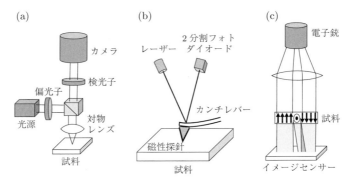

図 2.17 微小磁区の観察法．(a) 磁気光学 (MOKE) 顕微鏡 [24]．(b) 磁気力顕微鏡 (MFM)．(c) Lorentz 透過電子顕微鏡 (Lorentz TEM)．

と，$R_T/R_B > 0.1$ を満たすよう，上部強磁性層の上に余分に薄膜を積層させるなどの工夫が必要である．

3) 微小磁区の観察法

スピントロニクスでは，磁気スカーミオンのような微小な磁区構造や微小な素子の磁化状態を知る必要がある．そのために図 2.17 に示すような磁区の観察法を用いる．

図 2.17(a) は磁気光学顕微鏡の構成図である．磁気光学効果とは，強磁性体の中を光が伝搬するときに光の偏光が磁化の影響を受ける現象である．光の透過における偏光面の回転を Faraday 効果，反射における偏光の変化を磁気 Kerr 効果 (MOKE) （A.4 節）と呼ぶ．この現象は，強磁性体の伝導率テンソルが式 (2.10) と同じように光学的周波数において非対角成分をもつためとして現象論的に理解できる．光学周波数では電気伝導による電流と変位電流が同じ働きをするので $\hat{\sigma} \Leftrightarrow -i\omega(\hat{\varepsilon} - \varepsilon_0)$ という対応関係がある．したがって誘電テンソルが非対角成分をもつと言ってもよい．Faraday 効果は光を一方向のみに通す光アイソレーターに，磁気 Kerr 効果は強磁性薄膜の磁化状態の高感度観察に用いられる．磁気光学効果は小さな磁化にとても敏感である．最もよく用いられる極磁気 Kerr 効果の配置（表面に垂直な磁化をもつ磁性体に対して膜面に垂直に直

線偏光を入射）で膜厚 d の超薄膜を観察した場合の複素 Kerr 回転角は以下の式で表される（A.4 節）[28].

$$\phi_{\mathrm{K}} + i\eta_{\mathrm{K}} \cong -\frac{4\pi i d}{\lambda} \frac{\varepsilon_{xy}^{\mathrm{r}}}{1 - \varepsilon_{xx}^{\mathrm{r,(S)}}} \tag{2.13}$$

ここで，ϕ_{K}, η_{K} はそれぞれ Kerr 回転角および楕円率と呼ばれ，磁性体での反射による偏光面の回転角と楕円偏光となった反射光の短軸の長軸に対する比を表している．$\varepsilon_{xx}^{\mathrm{r,(S)}} \equiv \varepsilon_{xx}^{(\mathrm{S})}/\varepsilon_0$, $\varepsilon_{xy}^{\mathrm{r}} \equiv \varepsilon_{xy}/\varepsilon_0$ は下地と磁性体の比誘電率テンソルである．λ は光の波長である．波長や基板の種類に依存するが Co 一原子層に対する Kerr 回転角は 10^{-2} [deg] 程度であり比較的簡単に検出できる．MOKE 顕微鏡などで用いられる簡便な検出方法は以下の通りである．カメラの前に偏光板（検光子）を設け直交ニコルからわずか $(\delta\theta)$ にずらして漏れ光を出しておく．ここで試料による反射により偏光面が回転すると検光子を透過する光の強度が変化する．検光子の消光比が例えば 10^{-5} であるなら $\delta\theta = \sqrt{10^{-5}}$ [rad] $= 0.18$ [deg] とするのがよい．この場合，上向き磁化と下向き磁化のコントラストは $(\delta\theta + \phi_{\mathrm{K}})/(\delta\theta - \phi_{\mathrm{K}})$ であり一原子層の Co に対して理論上約 10%のコントラストが得られる．光の経路の途中にピンホールを入れて光が試料に対して斜めに入射するようにすると縦磁気 MOKE により面内磁化に対してコントラストが得られる．

レーザービームを用いた MOKE は磁気ヒステリシスの測定に，MOKE 顕微鏡は磁区の観察に用いられる．1〜2 [μm] 程度の空間分解能が得られる．面内磁化の検出などに関する公式を A.4 節にまとめた．THz に至る高速観察も可能である．

磁気力顕微鏡 (MFM: Magnetic Force Microscope)（図 2.17(b)）[24] は磁性体でコートした探針を試料に近づけたときに受ける磁気力を探針を取り付けたカンチレバーのたわみとして検出する．検出には光てこ法が用いられる場合が多い．試料上で磁気力を検知しながら探針を走査することにより磁区の画像を得る．探針の走査のためには，まず原子間力顕微鏡 (AFM) のモードで試料の表面形状を測定し，その後，一定の高さだけ探針を試料から離して走査をすることにより磁気力と原子間力の分離を行う．10 [nm] 程度の空間分解能が得られる．走査に時間がかかるため動的な観察には適さない．

Lorentz 透過電子顕微鏡像 [24] は非磁性の対物レンズをもつ透過電子顕微鏡

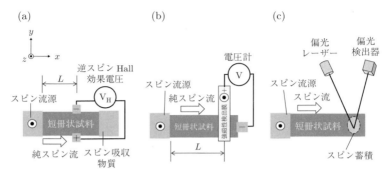

図 2.18 スピン流の検出方法. (a) 逆スピン Hall 効果 (ISHE) によりスピン流を検出する素子. (b) スピン流が試料の端に発生するスピン蓄積による電気化学ポテンシャルのスピン分裂を強磁性電極で検出する方法. (c) スピン流によるスピン蓄積を磁気光学効果で検出する方法. ◉は紙面手前を向いたスピン（磁化とは逆向き）.

(TEM: Transmission Electron Microscope) を用いて観察できる. 図 2.17(c) にあるように磁性薄膜試料を電子顕微鏡で観察すると磁化が面内を向いているところでは電子線が Lorentz 力により屈曲するので磁気的なコントラストを得ることができる. 分解能は 1～2 [nm] 程度であり低周波域ではあるが動的な観察もできる. 試料を薄片に加工する必要がある.

4) スピン流[†10]とスピン蓄積の測定法

図 2.18 には短冊状の非磁性試料に注入されたスピン流やスピン蓄積を検出する方法を示した. (a) の方法ではスピン流を逆スピン Hall 効果 (ISHE) [29] により検出する（A.10 節参照）. 具体的には図 2.18(a) に示したように短冊状の試料にスピン流を流し込むと短冊の両縁に取り付けた電極間に逆スピン Hall 電圧 V_{ISHE}[V] が発生する [30]. 発生する逆スピン Hall 電圧は（符号は文献 [31] A.12 節に準拠, Pt の $\theta_{\mathrm{SH}} > 0$）,

$$V_{\mathrm{ISHE}} = \frac{e}{\hbar/2} J^{\mathrm{S}} \frac{\theta_{\mathrm{SH}}}{\sigma d} e^{-L/\lambda_{\mathrm{sf}}} \tag{2.14}$$

[†10] スピン軌道相互作用が大きな物質中ではスピン流の定義に注意を要する. 実際に観測されるトルクやスピン蓄積の定義は明確である [32].

表 2.1 逆スピン Hall 効果 (ISHE) より見積もられた室温でのスピン Hall 角（日比野有岐氏作成）. スピン Hall 磁気抵抗効果 (SMR) を用いて評価したものも載せてある. SMR はスピン Hall 効果によって生じたスピン流が反射して自身に再注入された際に生じる ISHE を計測したものである [35].

構造	スピントルク効率（DL 成分）またはスピン Hall 角	スピン Hall 材料の抵抗率 $\times 10^{-8}(\Omega \mathrm{m})$	磁化配置	測定手法	文献
YIG/Ti	−0.00036	300	面内	ISHE	[34]
YIG/V	−0.01	290	面内	ISHE	[34]
YIG/Cr	−0.051	830	面内	ISHE	[34]
YIG/Mn	−0.0019	980	面内	ISHE	[34]
YIG/Cu/Py	0.02		面内	ISHE	[34]
YIG/Cu/Ni	0.049		面内	ISHE	[34]
YIG/Cu	0.003	6.3	面内	ISHE	[34]
YIG/Pt	0.04	86	面内	SMR	[35]
W/CoFeB/MgO	−0.21	370	面直	SMR	[36]
W/CoFeB/MgO	−0.23	125	面直	SMR	[37]
W–Hf multilayer/CoFeB/MgO	−0.2	180	面内	SMR	[38]
Ta–B/CoFeB/MgO	−0.2	197	面内	SMR	[39]

となり，スピン流 $J^{\mathrm{S}}[\mathrm{J}]$ に比例する．物質の電気伝導率 σ [1/Ωm]，スピン Hall 角 θ_{SH} [rad]（表 2.1 参照），スピン拡散長 λ_{sf} [m]（表 2.2 参照），スピン源から Hall 端子までの距離 L [m] および膜厚 d [m] が分かれば，V_{ISHE} [V] の測定からスピン流を検出する膜に流れ込んだスピン流の大きさが求まる．スピン流を発生した側のスピン流に関する知見を得るにはさらに界面におけるスピン流の透過率を知る必要がある．スピン流の発生源が鉄ガーネット膜 (YIG: Yttrium-Iron Garnet) などの絶縁膜の場合は，膜の直上に検出用の非磁性金属膜を積層し，この膜の面内方向に発生する電圧をスピン流のスピンの方向と直交する方向に電極を付けて測定することにより試料面から垂直に流れ出すスピン流を検出できる [29].

図 2.18(b) は伝導電子による拡散的なスピン流（第 4 章参照）があるときに試料中に発生している電気化学ポテンシャル (4.6c) のスピン分裂を強磁性電極によって電圧として検出するものである [33]. 検出される電圧 V_{NL} [V] は以下

64　第 2 章　スピントロニクスの実験技術

表 2.2　スピン拡散長の典型的な値（室温）．拡散長の正確な定義については第 4 章で説明する．

物質	抵抗率 $10^{-8}(\Omega\mathrm{m})$	スピン拡散長 (nm)	測定法	文献
n-Si 2×10^{18} (cm^{-3})	16000	1660	Hanle	T. Sasaki, et al., *PR Appl.*, **2** 034005 (2014)
Cu	2	500	非局所 MR	T. Kimura, et al., *Phys. Rev. B.* **72** 014461 (2005)
Ag	3	300	非局所 MR	H. Idzuchi, et al., *Appl. Phys. Lett.*, **101** 022415 (2012)

の式で表される．

$$
\begin{cases}
V_{\mathrm{NL}} = \dfrac{1}{2}\beta^{\mathrm{asym}} \dfrac{\bar{\mu}_\uparrow - \bar{\mu}_\downarrow}{-e} e^{-\frac{L}{\lambda_{\mathrm{sf}}}} & (2.15\mathrm{a}) \\[2mm]
\beta^{\mathrm{asym}} \equiv \dfrac{\sigma_\uparrow - \sigma_\downarrow}{\sigma_\uparrow + \sigma_\downarrow} & (2.15\mathrm{b})
\end{cases}
$$

ここで $\bar{\mu}_\uparrow - \bar{\mu}_\downarrow$ [J] と λ_{sf} [m] は非磁性金属内に発生している電気化学ポテンシャルのスピン分裂の大きさとスピン拡散長，β^{asym} は検出に用いる強磁性電極の電気伝導率のスピン非対称度である（第 4 章参照）．

図 2.18(c) はスピン流が試料端に作るスピン蓄積を前述した磁気光学効果 (MOKE: Magneto-Optical Kerr Effect) によって検出する方法である [40]．磁気光学効果は感度が高いのでこのような非平衡スピンの検出も可能である．

拡散しているスピンの量子化軸の方向と垂直に外部磁界を印加するとスピン流を運ぶ伝導電子が歳差運動する．この結果，出力電圧は磁界強度 H に対して減衰振動を示す．この Hanle 効果 [33] を用いることによりスピン緩和時間 τ_{sf} を求めることができる．

$$
V_{\mathrm{NL}}(B) \propto \int_0^\infty dt \frac{1}{\sqrt{4\pi Dt}} e^{-\frac{L^2}{4Dt}} \cos(\omega_{\mathrm{L}}t) e^{-\frac{t}{\tau_{\mathrm{sf}}}} \tag{2.16}
$$

具体的には出力電圧の外部磁界に対する振動波形を上式でフィッティングすることにより非磁性試料のスピン緩和時間が定まる．ここで D [m^2/s] は非磁性試料中の電子の拡散係数であり電気伝導度と Einstein の関係式で結び付いている（第 4 章参照）．$\omega_{\mathrm{L}} = -\mu_0\gamma'_{\mathrm{S}}H$ [rad/s] は拡散している電子の Larmor 周波数

である（A.3 節参照）．

5) スピントルクの測定法

試料に静的な電流・電圧を加えると磁化の平衡状態での向きが変化する．これは試料の磁化にスピントルクが働いたためである．スピントルクとは電流・電圧などが原因となるトルクの総称であり，スピントランスファートルクやスピン軌道トルクがこれにあたる．詳細は第 4 章で説明される．さて，磁化に対する歳差トルクは $\gamma \mathbf{M} \times \mathbf{H}_{\mathrm{eff}}$ と表されることを第 1 章で学んだ（式 (1.14) 右辺第 1 項）．そこでスピントルクを $\gamma \mathbf{M} \times \Delta \mathbf{H} \xi = \gamma \boldsymbol{\tau}/\mu_0$ [A/ms] と書く．ここで $\Delta \mathbf{H} \xi$[A/m] はスピントルクを磁界で表したもの，ξ は外部から加える電流などの強度である．また，$\boldsymbol{\tau}$ [J/m^3] は第 4 章で議論される角運動量に対するトルク密度である．磁化が安定となる方向は LLG 方程式 (1.14) にスピントルクの項を加えた上で時間微分がゼロになる条件から以下の式で決まる．

$$\mathbf{M}(\xi) \times (\mathbf{H}_{\mathrm{eff}}(\mathbf{M}(\xi)) + \Delta \mathbf{H}(\mathbf{M}(\xi))\xi) = 0 \tag{2.17}$$

ただし，磁化は一様であるとする．また，$\xi = 0$ のとき，系は安定状態にあるので $\mathbf{M}(\xi = 0) \times \mathbf{H}_{\mathrm{eff}}(\mathbf{M}(\xi = 0)) = 0$ である．ここで，有効磁界 $\mathbf{H}_{\mathrm{eff}}$ も $\Delta \mathbf{H}$ も磁化の向きの関数であることに注意する必要がある．さて，スピントルクの測定にはプレーナー Hall 効果や磁気光学効果などの信号を利用する．この信号 V は一般に以下のように書ける．

$$V = R(\mathbf{M}(\xi))\xi \tag{2.18}$$

ここで，R は例えば異常 Hall 抵抗やプレーナー Hall 抵抗であり磁化の向きに依存している（A.5 節）．ここで式 (2.17) のつり合いを保ったまま ξ を $\xi = \xi_0 \sin \omega t$ と低周波で振動させる．式 (2.18) を ξ の 2 次まで展開すると，

$$V = R(\mathbf{M}(0))\xi_0 \sin \omega t + \frac{dR}{d\mathbf{M}} \cdot \frac{d\mathbf{M}}{d\xi} \frac{\xi_0^2}{2}(1 - \cos 2\omega t) \tag{2.19}$$

となり入力の倍の周波数の信号成分には磁化のスピントルクによる変化 $d\mathbf{M}/d\xi$ の情報が含まれることが分かる．磁化は経度と緯度の 2 方向に変化するので，この測定を独立な磁化配置（例えば異なる外部磁界）について 2 度行えば原理

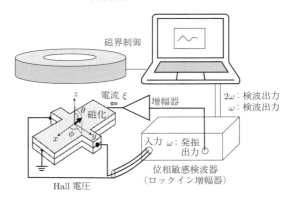

図 **2.19** $\omega - 2\omega$ 法の測定回路例.

的に式 (2.17) と式 (2.19) を同時に満たす解としてスピントルク $\mathbf{M} \times \Delta \mathbf{H}_\xi$ を決定することができる．具体的な計算は多少複雑になり実験データの解析にも注意を要する（演習問題 2.7 参照）．この方法は $\omega - 2\omega$ 法または 2ω 法と呼ばれている（図 2.19 参照）[41]．入力信号の振動周波数は磁化のダイナミクスを誘起しないように低く抑える．

6) スピントルク磁化反転の磁気抵抗効果による直流測定

　直流電流を用いても GMR 素子や TMR 素子ではスピントルク磁化反転を観測できる．通常は外部磁界を固定して電流値をスイープしながら電圧をモニターする．磁化反転が生じると抵抗値が変わるために電圧が突然変化する．このときの電流が与えられた磁界のもとでの反転電流となる [42]．この測定値を外部磁界を変えて繰り返すことにより電流 J–磁界 H 平面内での磁化配置の相図を作ることができる．

微小磁石の磁化状態の検出

　磁気抵抗効果はセンサとして外部の磁界を検出したり固体磁気メモリの磁化状態の読み出しに用いられる．実は磁気抵抗効果は微小な磁化に非常に敏感であり微小な磁化の状態の検出に適している．例えば

2.3 計測技術 67

直径 30 [nm], 膜厚 2 [nm] の MRAM セルには約 10^6 個の強磁性原子が含まれているが，すべて Fe 原子だとしてもその磁気モーメントは 2×10^{-17} [Am^2] にしかならない．磁気抵抗素子を作ればこの小さな磁化の状態が簡単に電気測定により測れるのだ．ところで，この値は市販の SQUID 磁力計の検出限界である 10^{-11} [Am^2] のなんと百万分の一である．磁気抵抗効果の素晴らしさが伝わっただろうか?

2.3.2 スピンダイナミクスの測定法

1) スピンの歳差運動と強磁性磁気共鳴

一様に磁化した強磁性体に異方性磁界より大きな z 軸方向の外部磁界を印加すると図 2.20 のように磁化は歳差運動しながら次第に磁界の方向を向く（式 (1.14) 参照）．歳差運動の周波数は

$$f_0 = \frac{-\gamma}{2\pi} \sqrt{H_x^{\mathrm{ani}} H_y^{\mathrm{ani}}} \tag{2.20}$$

となる．ここで H_x^{ani}, H_y^{ani} は z 方向を向いた磁化を x および y 方向に傾けたときに発生する有効磁界である（演習問題 2.6 参照）．異方性がない場合は H_x^{ani}, H_y^{ani} は外部磁界に等しい．異方性がある場合は異方性に関する磁界がこれに加わる．反強磁性体やフェリ磁性体および磁区構造がある場合は隣の原子の磁化の方向との間に角度ができるために交換磁界がさらに加わる．歳差運動の周波数に一致した周波数の高周波トルクを与えると歳差運動は共鳴的に励起される．

γ は 1.2.2 項 4) で定義された磁気共鳴で観察される磁気ジャイロ定数である．自由電子の磁気ジャイロ定数を用いると 10^5 [A/m] = 0.126 [T] の磁界のもとでは電子スピンの歳差運動の周波数は $f_0 = 3.52$ [GHz] となる．例えば，Fe の g' 値は 2.10 であり [23]，物質によってもその環境（表面の場合など）によっても g' 値は多少変化するが共鳴周波数に大きな変化は与えない．共鳴周波数は主に磁気異方性と外部磁界によって変化し，通常の強磁性共鳴の周波数はおよそ 100 [MHz] から 100 [GHz] の範囲にある．したがって，市販の高周波の測定器により電気的に検出が可能である．一方，垂直磁化をもつ強磁性体やフェリ磁性体，反強磁性体では歳差運動の周波数が 100 [GHz] を超えて THz の領域に入ること

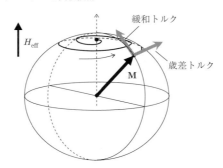

図 2.20　一様な磁化をもつ強磁性体が磁気異方性より大きな外部磁界の中に置かれた場合の磁化の運動．歳差運動が次第に減衰し磁界の方向を向く．

がある．この場合は，電気的な測定が困難となるので，ポンプ・プローブ法と呼ばれる光による測定法が用いられる [43, 44]．

2) スピンダイナミクスの電気的測定
2-1) 強磁性共鳴 (FMR)

　スピンダイナミクスの電気的な測定では，高周波磁界の印加，スピン注入，電圧パルスの印加などによりスピンのダイナミクスを誘起し，この結果生じた磁化の向きの変化を磁気抵抗効果や電磁誘導によって電気信号として検出する．

　測定には空洞共振器を用いる方法とマイクロ波のプローバなどを用いた広帯域測定がある．空洞共振器を用いる場合は周波数を固定して磁界を掃引することにより磁気共鳴を得る [24]．市販の磁気共鳴 (ESR) 測定装置を利用できる．一方，広帯域測定では磁界掃引・周波数掃引・実時間測定が可能である．スピントロニクス素子では電気的にダイナミクスを励起し電気的に検出することが可能なので広帯域測定を容易に行うことができる．ここでは広帯域測定について述べる．

　図 2.21(a) に高周波プローバの例を示す．任意の方向の磁界を発生できる電磁石上に試料ステージがあり，非磁性の高周波探針（プローブ）2 個と dc 探針 2 個がそれぞれ微動機構に取り付けられている（図 2.21(b)）．装置には探針と素子の電極パッドの位置合わせのために用いる光学顕微鏡とそのディスプレイ

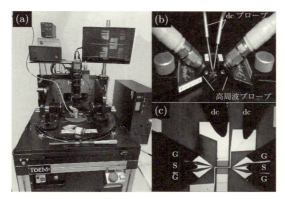

図 2.21 (a) 任意の方向に磁界の印加が可能な RF プローバ（東栄科学産業の厚意により (a) を更新して掲載）．(b) 非磁性高周波プローブと dc プローブ．(c) プローブ先端の拡大写真 [24]．

も設置されている．図 2.21(c) は素子の左右から高周波プローブが上側から dc プローブが接触している様子を示す顕微鏡写真である．高周波プローブは，接地探針 2 本と信号探針 1 本からなるいわゆる G–S–G (S: signal, G: ground) プローブでありコプレーナー線路に接触している．探針のピッチは通常 100 [µm] から 200 [µm] のものを使うがさらに間隔の広いものもある．プローブを試料に接触するためには G–S–G の端子に均等に圧力をかける必要がある．このために微動機構にはプローブを傾ける機構が付いている．素子側では電極からピッチを絞ってサブミクロンサイズの試料に高周波を給電する．伝送線路にはこの他にストリップラインやスロットラインも用いられる．写真ではプローブに高周波コネクタを介して同軸ケーブルが取り付けられている．同軸ケーブルは細いほど使用可能な上限の周波数が高くなる [24]．

図 2.22 にコプレーナー線路を用いた強磁性共鳴測定用の微小磁性体試料の例を示す [45]．コプレーナー線路の特性インピーダンスは信号線の幅と S–G 間のギャップ幅との比，および基板材料の誘電率で決まる．Web 上の計算サイトなどを利用して，使用する高周波プローブやケーブルの特性インピーダンス（Z_0：通常 50 [Ω]）と一致するように設計・作製する．この例では線路を絞り込んだ先端に微小な強磁性体の試料が取り付けられている．ネットワークアナライザー

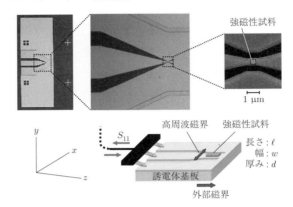

図 2.22 コプレーナー線路の例．線路を絞り込んだ先端に微小な強磁性体の試料が取り付けられている [24]．

を用いた高周波の複素振幅反射率 (S_{11})（A.6 節）の測定により微小磁性体の強磁性共鳴を周波数掃引でも磁界掃引でも測定することが可能である．

　定量的なスペクトルを得るためには，試料の測定の前に同じセットアップで校正基板と呼ばれる標準素子の測定を行い，ケーブルとプローブによる位相のずれと減衰の補正を行う．標準素子には解放端，短絡端，50 [Ω] の負担抵抗，および透過測定のための電極パターンが含まれている．高周波プローブ先端までの高周波特性を校正したのち，プローブから先に接続される試料を DUT (Device under Test) と呼ぶ．すなわち，試料は素子基板上の電極パッドと高周波線路，およびデバイスからなるが，これら全体が DUT となりその特性を評価することになる．

　Z_0 の特性インピーダンスをもつ線路の先端にインピーダンス Z の DUT を接続したときの S_{11} は以下のように表される．

$$S_{11} = \frac{Z - Z_0}{Z + Z_0} \tag{2.21}$$

ベクトルネットワークアナライザー (VNA) を用いると S_{11} を位相を含めて測定できるので，式 (2.21) から DUT の Z を求めることができる．強磁性体デバイスのみのインピーダンスを知るにはさらに素子基板上のパッドと線路の特性を

知る必要がある．このためにはデバイスのないパッドと線路のみの試料により校正する方法，線路をできるだけ短くしてその影響を無視できるようにする方法，あるいは強い磁界を印加した状態を基準とする方法などが用いられる．伝導性の Si 基板などを用いると電極パッドとの間に大きなキャパシタンスをもつので正しい測定が困難になる．トンネル磁気抵抗素子の場合は上部電極と下部電極の接続線路がクロスする部分の面積をできる限り小さくしてキャパシタンスを下げることが望ましい．

導波路の先端を短絡するとそこが電流の腹となり大きな磁界が発生する．そこで短絡端に試料を置くことにより強磁性体中に磁気共鳴が誘起され DUT にインピーダンスの変化 (ΔZ) が現れる．（本書の Fourier 変換の定義は電気回路の場合とは異なるので注意．付録 D を参照．）

$$
\begin{cases}
\Delta Z \cong -i2\pi f \dfrac{\ell\, d}{4w}\mu_0\chi_{xx} & \text{(2.22a)} \\[2mm]
\chi_{xx} = \dfrac{\gamma^2 M_s H_y^{\mathrm{ani}}}{(2\pi)^2}\dfrac{f^2 - f_0^2 - i\,f\Delta f}{\left(f^2 - f_0^2\right)^2 + f^2\left(\Delta f\right)^2} & \text{(2.22b)} \\[2mm]
\Delta f = \alpha\dfrac{-\gamma}{2\pi}\left(H_x^{\mathrm{ani}} + H_y^{\mathrm{ani}}\right) & \text{(2.22c)}
\end{cases}
$$

ここで，f は測定周波数，f_0 は共鳴周波数 (2.20)，Δf は共鳴の線幅，M_s は飽和磁化，ℓ, d, w は強磁性体の長さと膜厚と幅である．信号線の幅 w を小さくすると測定感度が上がることが分かる [45]．ただし，強磁性体の長さと幅は線路の信号線の長さと幅と同じであるとした．さらに，線路は十分に短い（$\ell \ll$ マイクロ波の波長）として近似した．試料面内磁化膜であり長手方向に外部バイアス磁界 H が，面内の導波路と垂直な方向には高周波磁界が加わると仮定している（図 2.22 参照）．χ_{xx} は高周波磁界の方向への帯磁率である．ℓ が大きいと信号に導波路内部での位相変化や信号減衰の影響が載るので補正が必要になる [24]．

一定の磁界 H のもとで試料の S_{11} の周波数スペクトルを測定することで χ_{xx} の周波数スペクトル，すなわち周波数領域での強磁性共鳴スペクトルを得ることができる．各磁界でスペクトルを測定することにより分散関係（f_0 の H 依存性）を得ることができる．分散関係からは磁化や磁気異方性に関する情報が得られる．ベクトルネットワークアナライザーを用いる場合は周波数掃引が容

易だが回路上の寄生インピーダンスの周波数特性がスペクトルに重畳してしまう．そこで，周波数を固定して磁界掃引をいろいろな周波数について繰り返すことにより S/N の良いスペクトルを得ることができる．

強磁性体の上部に重金属などを積層すると強磁性共鳴の線幅，すなわちダンピングが増大する [46]．ダンピングの増大 $\Delta\alpha$ はスピンポンピングによるスピン流の吸収に対応しており，以下の式から注入されたスピン流密度の大きさを見積もることができる．

$$\tilde{\mathbf{j}}^{\mathrm{S}} = \frac{\mu_0}{-\gamma}\Delta\alpha M_{\mathrm{s}}d\omega_0 \sin\theta_x \sin\theta_y \mathbf{e}_y\mathbf{e}_\zeta \tag{2.23}$$

ここで，θ_x, θ_y は x および y 方向への歳差運動の開き角である．$\mathbf{e}_\zeta$ はスピンの量子化軸の方向であり，図 2.22 では $+z$ 方向となる．より正確な評価のためには α の磁界角度依存性を測定することにより 2 マグノン過程によるダンピングや異方性分散による線幅などを分離する必要がある [46]．

2-2) スピン波の伝搬測定

ネットワークアナライザーを用いるとスピン波の伝搬を測定できる．図 2.23 の例では FeCo 薄膜上に SiO_2 絶縁層を介して 2 個のコプレーナー型アンテナが 10 [μm] の間隔で取り付けられている．一方のアンテナに高周波電流を加えることにより G–S–G の電極の周期に対応した波長のスピン波が励起される．励起されたスピン波は磁性膜内を伝搬し，もう一つのアンテナにより S_{21} 信号として検出される．S_{21} の変化を磁界あるいは周波数の関数として測定することによりスピン波共鳴スペクトルを得ることができる．S_{21} の周波数に対する振動の周期を Δf_{sw}，2 つのアンテナの距離を d_{sw} とすると，スピン波の群速度 v_{g} が以下のように簡単に求まる．

$$v_{\mathrm{g}} = \frac{d\omega}{dk} \cong d_{\mathrm{sw}}\Delta f_{\mathrm{sw}} \tag{2.24}$$

さらに，S_{21} のアンテナ間隔依存性を測定することによりスピン波の減衰距離を求めることができる．波数の選択性を上げるためにはアンテナを折り返して G–S–G の繰り返し回数を増やす [47]．

2.3 計測技術　73

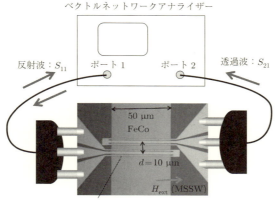

図 2.23 ネットワークアナライザーを用いたスピン波の発生および伝搬の測定回路の例 [24].

2-3) スピントルク磁化反転の高速測定

　高周波線路の信号線 (S) とアース線 (G) の間に GMR 素子や TMR 素子を電気的に接続し高周波プローブを用いて高周波オシロスコープなどと接続すればスピン注入や電圧誘起の磁気ダイナミクスの高速測定が可能となる．素子をワイヤボンディングで接続することもできるがその場合はワイヤの長さを極力短くしたり，断面積の大きなワイヤを用いたりするなどの工夫が必要である．それでも，バンド幅は 2 [GHz] から 8 [GHz] くらいが上限となる．周波数特性の悪い接続を含む素子の評価を行うためには，ネットワークアナライザーにより素子の高周波特性を測定して，実際に素子に入出力されている高周波電力と位相を正しく評価する必要がある．

　図 2.24(a) は，パルス発生器を用いてパルス電圧を試料に印加し，その結果生じたダイナミクスを高周波オシロスコープで観察する回路である [48]．試料に磁化ダイナミクスが生じると式 (2.21) からパルスの反射率が変化するので反射波の波形をパワーデバイダやデノレクショナルカプラーにより接続したオシロスコープによって実時間観察することにより運動の様子を知ることができる．図にはパワーデバイダを用いた例を示している．パルス発生器から出たパルス

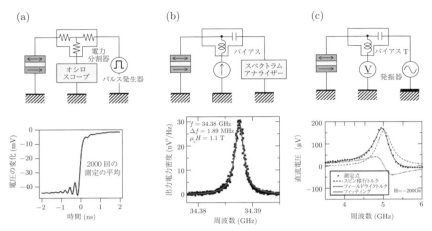

図 2.24 (a) スピントルク磁化反転, (b) スピントルク発振, (c) スピントルク FMR. 測定回路（上）と測定結果例（下）[24].

はパワーデバイダにより分割され，一方はオシロスコープで観察され，もう一方は試料に到達する．試料で反射したパルスは再びパワーデバイダを通り，オシロスコープで観察される．試料とパワーデバイダをつなぐケーブルを十分に長くすると，オシロスコープに入射する 2 つのパルスには時間差が生じるため別々に観察することができる．大きな信号を得るには素子の抵抗値を 50 [Ω] 程度にしておく必要がある．図 2.24(a) 下には実際に観察された過渡信号の例を示した．2000 回の試行の平均をとったものである [49]．平行状態にある素子にパルスを印加し，フリー層の磁化反転を誘起後，反平行状態に落ち着くまでの磁化反転と歳差運動の様子が分かる．

2-4) スピントルク発振およびノイズの測定

図 2.24(b) には周波数領域で素子のダイナミクスを測定する回路を示す．バイアス T を用いて直流のバイアス電流を印加した磁気抵抗素子の磁化が熱や自励発振により振動すると磁気抵抗効果により高周波電圧が発生する．この信号を観察することにより磁化の運動に対する周波数スペクトルが得られる．測定にはスペクトラムアナライザーを用いる．スペクトラムアナライザーと試料の

間に NF (Noise Figure) の小さなプリアンプを挿入することにより，高感度な
測定が可能である．図 2.24(b) 下の測定結果例は CoFe/Cu/NiFe から構成され
る GMR 素子において外部磁界を膜面内から 30° 傾けたときのスピントルク発
振スペクトルであり，18,000 を超える Q 値が得られている [50]．熱による磁化
の揺らぎによる信号など小さな信号を測定するためにはバイアス電流の On–Off
を高速で繰り返し，これに同期する信号のみをロックインアンプで検出すると
よい．最近ではデジタルオシロスコープのメモリ容量が大きくなっているので，
オシロスコープで波形を記録してから Fourier 変換により周波数スペクトルを
得ることも可能である．スペクトルの時間変化を追うウェーブレット解析など
に適している．

2-5) スピントルクの強磁性共鳴による測定法

　図 2.24(c) には，TMR 素子などに高周波電流を印加したときに生じるホモダ
イン検波作用（スピントルクダイオード効果 [51]）を利用したスピントルク磁
気共鳴 (STT-FMR) の測定回路を示す．高周波発振器により素子に高周波電流
や高周波電圧を加えるとスピントルクが発生し，素子内の磁化が同じ周波数で
振動する．この結果，素子の抵抗値も同じ周波数で振動するため，印加されて
いる交流電流との間でホモダイン検波が生じ，直流電圧が発生する．発生する
電圧は歳差運動の大きさと位相を反映する．同じ素子内で検波されるために位
相遅れがなく正確な位相測定が可能となる．この方法は Hall 電圧などにも適用
でき，発振器と直流の電圧計のみでスピントルクの大きさを定量的に評価でき
るため比較的簡便な評価法として普及している [52–54]．

　解析に用いられる式は以下のように導かれる．まず，LLG 方程式 (1.14) にス
ピントルク $\gamma \mathbf{M} \times \Delta \mathbf{H} \xi$ を導入する．

$$\frac{d\mathbf{M}}{dt} = \gamma \mathbf{M} \times (\mathbf{H}_{\text{eff}}(\mathbf{M}) + \Delta \mathbf{H}(\mathbf{M})\xi) + \alpha \frac{\mathbf{M}}{M_{\text{s}}} \times \frac{d\mathbf{M}}{dt} \tag{2.25}$$

ここで，$\xi = \text{Re}[\xi_0 e^{-i\omega t}]$ は高周波電流などのパラメーターである．簡単のた
めに直流バイアスはないとする．スピントルクがないときの磁化を $\mathbf{M}_0$，スピ
ントルクによる磁化のずれを $\text{Re}[\delta \mathbf{M} e^{-i\omega t}]$ とする．膜面を x–y 平面にとり，系
が直方対称性をもつとすれば磁化のずれを極座標で $\delta \mathbf{M} = \delta M_\phi \mathbf{e}_\phi + \delta M_\theta \mathbf{e}_\theta$ と

76　第 2 章　スピントロニクスの実験技術

したとき $-\gamma \mathbf{H}_{\mathrm{eff}} = \omega_\phi \delta M_\phi \mathbf{e}_\phi / M_{\mathrm{s}} + \omega_\theta \delta M_\theta \mathbf{e}_\theta / M_{\mathrm{s}}$ と書ける．このことを利用し，$\delta \mathbf{M}$ についての一次近似を行うと以下の解を得る．

$$
\begin{pmatrix} \delta M_\phi \\ \delta M_\theta \end{pmatrix} = \frac{-\gamma M_{\mathrm{s}}}{\omega_\phi \omega_\theta - \omega^2 - i\alpha\omega\left(\omega_\phi + \omega_\theta\right)} \begin{pmatrix} i\omega & -\omega_\theta \\ \omega_\phi & i\omega \end{pmatrix} \begin{pmatrix} \Delta H_\theta \\ -\Delta H_\phi \end{pmatrix} \xi_0
$$
(2.26)

上式では α が小さいとする近似を用いている．ここで $\Delta H_j \equiv \mathbf{e}_j \cdot \Delta \mathbf{H}$ である．GMR, TMR 素子の抵抗 R は磁化状態の関数なので発生する直流電圧は以下のように書ける．ただし，$\xi = \mathrm{Re}\left[J_0^{\mathrm{C}} e^{-i\omega t}\right]$ とおく．

$$
V_{\mathrm{dc}} = \left\langle R\left(\mathbf{M}\right) J^{\mathrm{C}} \right\rangle = \frac{1}{2}\mathrm{Re}\left[\delta \mathbf{M}\right] \cdot \frac{\partial R}{\partial \mathbf{M}}\left(J_0^{\mathrm{C}}\right)^2
$$
(2.27)

すなわち，発振器の周波数を変えながら素子に現れる直流電圧を測ることにより $\mathrm{Re}\left[\delta \mathbf{M}\right]$ のスペクトルを測定できる．

$$
\begin{cases} V_{\mathrm{dc}} = \dfrac{1}{2}\dfrac{\partial R}{\partial \mathbf{M}} \cdot \dfrac{-\gamma M_{\mathrm{s}}}{\left(\omega_0^2 - \omega^2\right)^2 + \omega^2(\Delta\omega)^2} \begin{pmatrix} \omega_\theta\left(\omega_0^2 - \omega^2\right) & -\omega^2\Delta\omega \\ \omega^2\Delta\omega & \omega_\phi\left(\omega_0^2 - \omega^2\right) \end{pmatrix} \begin{pmatrix} \Delta H_\phi \\ \Delta H_\theta \end{pmatrix} J_0^{\mathrm{C}2} \\[4mm] \omega_0 = \sqrt{\omega_\phi \omega_\theta}, \ \Delta\omega = \alpha\left(\omega_\phi + \omega_\theta\right) \end{cases}
$$

(2.28a)

(2.28b)

上式から分かるようにスペクトルはベル型および分散型のスペクトルの合成になっている．例えば面内の TMR 素子では $\partial R / \partial \mathbf{M}$ は面内の磁化の変位 δM_ϕ に対して敏感であるためベル型のスペクトル強度は ΔH_θ に，分散型のスペクトルは ΔH_ϕ の強度に対応する．したがって測定したスペクトルをベル型と分散型に分解することより 2 方向のトルクを分解して測定することができる．直流バイアス下で測定したデータを解析するには直流バイアスによる磁化の平衡点の移動の効果の考慮などの注意が必要である [53]．

　図 2.24(c) 下は CoFeB/MgO/CoFeB からなる面内 TMR 素子におけるスピントルクダイオード測定の結果例である．横軸には素子に印加した交流電流の周波数を，縦軸には素子から発生した直流電圧を示している．測定結果はベル型と分散型のスペクトルの和としてよくフィットできる [51]．

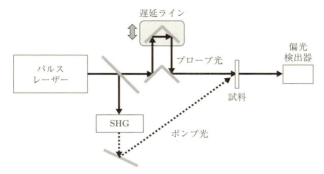

図 2.25 パルスレーザーを用いたポンプ・プローブ測定系の構成例.SHG は倍波の生成をする結晶である.

3) ポンプ・プローブ法

100 [GHz] 以上では電気的な検出方法は困難となるため短パルスレーザーを用いたポンプ・プローブ法が用いられる.図 2.25 にフェムト秒レーザーを用いたポンプ・プローブ測定系の構成例を示す.フェムト秒レーザーから出たパルス光は,磁性体試料の歳差運動を誘起するポンプ光と,歳差運動を検出するプローブ光に分けられる.ポンプ光が磁性体試料に到達すると,試料が瞬時に加熱され,その磁化や磁気異方性が変化する.このことにより歳差運動が誘起される.

一方,プローブ光は Faraday 効果または磁気 Kerr 効果により磁化状態を検出する.遅延ラインによりポンプ光照射からプローブ光到達までの遅延時間を変化させながら繰り返し磁化状態を測定することで,磁化のダイナミクス測定を行うことが可能である.この方法によって,例えば反強磁性体である $DyFeO_3$ の歳差運動が観察されている [43].内部の Fe イオンはほぼ反強磁性秩序を示すが,Dzyaloshinskii-Moriya 相互作用のためにキャントして小さな自発磁化を示す.実験ではこの小さな自発磁化の歳差運動を誘起することで,反強磁性体の 400 [GHz] を超える光学モードの振動を観察している.

図 2.26 に,この方法を THz 波の発生の観察に応用した例を示す.試料は Co/Bi の 2 層膜でありフェムト秒パルスレーザーの照射によりスピン流の発生を介して THz 波が発生する.THz 波を電気光学デバイスに照射し,その応答を

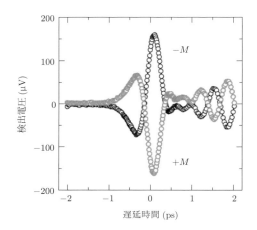

図 **2.26** フェムト秒パルスレーザーを用いたポンプ・プローブ測定の例 [44]. Co/Bi 試料にパルスレーザーを照射したときに発生する THz 波の電界の振動が実時間で測定されている. $+M$, $-M$ は磁化の方向.

プローブ光で測定することにより THz 波の強度の時間依存性が得られる. THz 領域の振動が実時間で観測されている.

4) スピンダイナミクスの XMCD 測定

軌道放射光（X 線）をゾーンプレートで用いることにより集光して顕微像を得ることができる. このとき, 左右円偏光に対する X 線の吸収像を作りその差をとることにより磁気イメージングを行うことができる. 磁性体が左右円偏光に対して異なる吸収を示すことを X 線磁気円二色性 (X-ray Magneto-Circular Dichroism) という. したがって, この装置は XMCD 顕微鏡と呼ばれる. さらに, シンクロトロンで加速されている電子（陽電子）のバンチが発生するパルス光のタイミングとスピン注入パルスや磁界パルスを与える時間との差を変化させながら測定を繰り返すことにより磁化のダイナミクスを顕微的に観察することができる. この方法はパルスレーザーを用いたポンプ・プローブ法と同様にストロボ法と呼ばれる方法であり, 得られる像は多数回の測定の平均となる. したがって繰り返し可能な現象が測定対象となる. 図 2.27 に測定系の概念図を

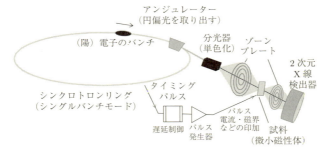

図 2.27 XMCD 顕微鏡による磁気ダイナミクスの測定 [24].

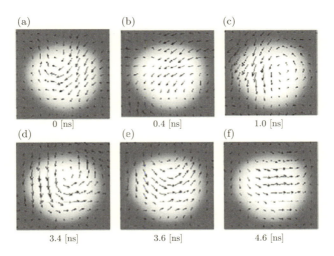

図 2.28 XMCD 顕微鏡による GMR ナノピラーの磁気ダイナミクス測定の例 [55]. フリー層は膜面内磁化をもつ $Co_{0.86}Fe_{0.14}$ である. 反平行状態 (a) から電流パルス (10^8 [A/cm^2]) を加えることにより平行状態 (f) に至る過程を示している.

示した.

図 2.28 には面内磁化 GMR ナノピラーに電流パルスを注入した際に生じるスピントルク磁化反転過程の高速顕微測定の例を示す. 素子の断面は 110 [nm]×180 [nm] 楕円である. このように比較的大きな試料では磁化反転過程でボルテックスが侵入することが明瞭に分かる. この測定の空間分解能は 30 [nm], 時間分解能は 70 [ps] である.

80   第 2 章 スピントロニクスの実験技術

第2章　演習問題

演習問題 2.1

分子線エピタキシー法とスパッタ法のそれぞれ優れている点を述べよ.

演習問題 2.2

フォトリソグラフィーと電子線リソグラフィーのそれぞれ優れている点を述べよ.

演習問題 2.3

式 (1.7) を部分積分することにより, 磁荷が作る磁界が以下のように各所における磁化が作る双極子磁界の重ね合わせとして表現できることを確認せよ.

$$
\begin{cases}
\mathbf{H}_d\left(\mathbf{x}\right) = -\int_{-\infty}^{+\infty} d^3 x_1 \hat{D}\left(\mathbf{x}, \mathbf{x}_1\right) \mathbf{M}\left(\mathbf{x}_1\right) \\
\hat{D}\left(\mathbf{x}_1, \mathbf{x}_2\right) \equiv \left(d_{ij}\right) = \frac{1}{4\pi}\left(\frac{\delta_{ij}}{|\mathbf{x}_1-\mathbf{x}_2|^3} - 3\frac{(\mathbf{x}_1-\mathbf{x}_2)_i (\mathbf{x}_1-\mathbf{x}_2)_j}{|\mathbf{x}_1-\mathbf{x}_2|^5}\right)
\end{cases}
$$

演習問題 2.4

式 (1.12) の伝導率テンソルの逆行列を作り, 以下の抵抗率テンソルの成分を電気伝導率で表せ.

$$
\begin{pmatrix} E_x \\ E_y \\ E_z \end{pmatrix} = \begin{pmatrix} \rho_{xx} & -\rho_{yx} & 0 \\ \rho_{yx} & \rho_{xx} & 0 \\ 0 & 0 & \rho_{zz} \end{pmatrix} \begin{pmatrix} j_x \\ j_y \\ j_z \end{pmatrix}
$$

上式において $j_y = j_z = 0$ とおくことにより式 (2.11) を導け.

演習問題 2.5

以下の文章において括弧で示されている部分について正しいと思う文章を選択し完成せよ.

電気抵抗の 4 端子測定において用いる電圧計の内部抵抗は（a. 低いほうが良い, b. 高いほうが良い, c. どちらでも原理的に問題ない）. また, 電流源の内部抵抗は（a. 低いほうが良い, b. 高いほうが良い, c. どちらでも原理的に問題はない）. 高周波測定に用いるケーブルは（a. 太いものほど, b. 細いものほど）高い周波数まで使用可能である. 高周波素子の測定では測定装置の

校正が重要となる. その理由は（a. 高周波の測定装置が不安定であるためである. b. 測定対象 (DUT) との間にごくわずかな配線などが追加されただけでも高周波特性が変わってしまうためである. c. 測定装置が高価なためその劣化をできるだけ防ぐためである）XMCD などの大型研究施設は（a. 高価で精密なものなので一般の研究者は利用できない. b. 共同利用施設となっている場合は国の内外を問わず審査を通れば利用できる場合がある.）

演習問題 2.6

磁化が安定する方向を z 軸にとり，安定方向の周りの微小な運動を考える. 磁化の z 方向からの微小な変位 $\delta\mathbf{M} = \mathbf{M} - M_s\mathbf{e}_z$ による磁気的なエネルギーの変化が x, y 方向には 2 次形式で書かれるとする. ここで x, y 軸を 2 次形式の主軸の方向にとれば 2 次形式は対角化され磁気的なエネルギーと有効磁界は以下のように書ける.

$$U = \frac{\mu_0}{2M_s} \delta\mathbf{M}^t \begin{pmatrix} H_x^{\mathrm{ani}} & 0 & 0 \\ 0 & H_y^{\mathrm{ani}} & 0 \\ 0 & 0 & 0 \end{pmatrix} \delta\mathbf{M}$$

$$\mathbf{H}_{\mathrm{eff}} = -\frac{1}{\mu_0}\frac{\partial U}{\partial \mathbf{M}} = -\begin{pmatrix} H_x^{\mathrm{ani}} & 0 & 0 \\ 0 & H_y^{\mathrm{ani}} & 0 \\ 0 & 0 & 0 \end{pmatrix} \frac{\delta\mathbf{M}}{M_s}$$

上記の有効磁界と LLG 方程式 (1.14) を用いて安定点の周り微小な運動を考える.

(1) ダンピング定数がゼロ ($\alpha = 0$) のときの LLG 方程式の解が歳差運動となりその周波数が式 (2.20) で表されることを示せ.

(2) ダンピング定数がゼロでない場合は LLG 方程式の解が減衰する歳差運動となり減衰の時定数 τ が以下の式で表されることを示せ.

$$\tau^{-1} = \frac{\alpha}{1+\alpha^2}(-\gamma)\frac{H_x^{\mathrm{ani}} + H_y^{\mathrm{ani}}}{2}$$

(3) この系にさらに x 軸方向の高周波磁界が加わったときの応答を求めよ.

演習問題 2.7

スピントルクがないときの磁化 $\mathbf{M}_0$ は極座標で (θ_0, ϕ_0) 方向を向いているとする．ここで，磁化が $\delta\mathbf{M} = \mathbf{M} - \mathbf{M}_0 = \delta M_\theta \mathbf{e}_\theta + \delta M_\phi \mathbf{e}_\phi$ だけずれた場合を考える．$\mathbf{e}_\theta, \mathbf{e}_\phi$ は $\mathbf{e}_\theta, \mathbf{e}_\phi$ 方向の単位ベクトルである（図）．磁化のずれに対して磁気的なエネルギーは 2 次形式で書かれ，対角的であるとする．

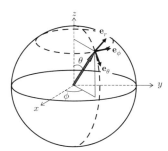

図　極座標における方向ベクトル．

(1) H_θ, H_ϕ をそれぞれの方向の異方性磁界とし，磁化のずれ $\delta\mathbf{M}$ によって発生する有効磁界を $H_\theta, H_\phi, \mathbf{e}_\phi, \mathbf{e}_\theta, \delta M_\phi, \delta M_\theta$ などを用いて表す式を書け．

(2) 磁化のずれの原因が電流 J^C に起因するスピントルクであるとする．$\mathbf{M}_0, \mathbf{e}_\theta, \mathbf{e}_\phi$ は互いに直交するため本文の式 (2.17) は $\delta\mathbf{M}$ の一次近似の範囲で以下のように書ける．（以下の式では ξ を電流 J^C で置き換えた．）

$$\begin{cases} \mathbf{e}_\theta \cdot \left(\mathbf{H}_{\mathrm{eff}}(\mathbf{M}) + \Delta\mathbf{H}(\mathbf{M}_0) J^\mathrm{C} \right) = 0 \\ \mathbf{e}_\phi \cdot \left(\mathbf{H}_{\mathrm{eff}}(\mathbf{M}) + \Delta\mathbf{H}(\mathbf{M}_0) J^\mathrm{C} \right) = 0 \end{cases}$$

上式および

$$\delta M_\theta = M_s \delta\theta, \quad \delta M_\phi = M_s \sin\theta \delta\phi$$

を用いて $\partial\theta/\partial J^\mathrm{C}, \sin\theta \partial\phi/\partial J^\mathrm{C}$ を $\Delta\mathbf{H}$ と H_θ, H_ϕ で表せ．

(3) 膜面を x–y 平面とする．x 軸方向に電流を流したときの異常 Hall 効果およびプレーナー Hall 効果の表式は以下の通りである（A.6 節参照）．

ここで，R_H, R_P はそれぞれ異常 Hall 抵抗とプレーナー Hall 抵抗である．

$$V = R_{XY} J^\mathrm{C} = \left(R_\mathrm{H} \cos\theta + \frac{1}{2} R_\mathrm{P} \sin^2\theta \sin 2\phi \right) J^\mathrm{C}$$

交流電流 $J^\mathrm{C} = J_0^\mathrm{C} \sin\omega t$ により発生する Hall 電圧の 2ω 成分を $\mathbf{\Delta H}$, H_θ, H_ϕ, θ, ϕ, J_0^C で表せ．この式が ω–2ω 法を異常 Hall 効果を用いて行う場合の基本式となる [41]．H_θ, H_ϕ, θ, ϕ, J_0^C が既知なら 2 つの独立な測定でスピントルク $\mathbf{\Delta H}$ を決定できる．

演習問題 2.8

スピントルク共鳴を表す式 (2.26) に $J = J_0^\mathrm{C} \cos\omega t = \mathrm{Re}\left[J_0^\mathrm{C} e^{-i\omega t}\right]$ と $\mathbf{M} = \mathrm{Re}[\mathbf{M}_0 + \delta\mathbf{M} e^{-i\omega t}]$ を代入し，式 (2.28) を求めよ．さらに，垂直磁化をもつ円形の TMR 素子に斜めに磁界を印加したときに現れるスピントルクダイオード効果のスペクトルの公式を作れ．

参考文献

[1] 真空技術基礎講習会運営委員会 編,『わかりやすい真空技術』, 日刊工業新聞社 (2010).

[2] 日本学術振興会薄膜 131 委員会 編,『薄膜ハンドブック』第 2 版, オーム社 (2008).

[3] J. A. Stroscio, D. T. Pierce, and R. A. Dragoset, *Phys. Rev. Lett.*, **70**, 3615 (1993).

[4] Y. Suzuki, H. Kikuchi, M. Taninaka, T. Katayama, S. Yoshida, *Appl. Surf. Sci.*, **60–61**, 820 (1992).

[5] K. Takanashi, S. Mitani, M. Sano, H. Fujimori, H. Nakajima, and A. Osawa, *Appl. Phys. Lett.*, **67**, 1016 (1995).

[6] T. Scheike, Z. Wen, H. Sukegawa, and S. Mitani, *Appl. Phys. Lett.*, **122**, 112404 (2023).

[7] H. Sukegawa, W. Wang, R. Shan, T. Nakatani, K. Inomata, and K. Hono, *Phys. Rev. B*, **79**, 184418 (2009).

84　第 2 章　スピントロニクスの実験技術

- [8] S. M. George, *Chem. Rev.*, **110**, 111 (2010).

- [9] A. Paranjpe, S. Gopinath, T. Omstead, and R. Bubber, *J. Electrochem. Soc.*, **148**, G465 (2001).

- [10] B. S. Lim, A. Rahtu, and R. G. Gordon, *Nat. Mater.*, **2**, 749 (2003).

- [11] D. Chiba, M. Sawicki, Y. Nishitani, Y. Nakatani, F. Matsukura, and H. Ohno, *Nature*, **455**, 515 (2008).

- [12] M.-B. Martin, B. Dlubak, R. S. Weatherup, H. Yang, C. Deranlot, K. Bouzehouane, F. Petroff, A. Anane, S. Hofmann, J. Robertson, A. Fert, and P. Seneor, *Acs Nano*, **8**, 8, 7890 (2014).

- [13] H.-U. Krebs, M. Weisheit, J. Faupel, E. Süske, T. Scharf, C. Fuhse, M. Störmer, K. Sturm, M. Seibt, H. Kijewski, D. Nelke, E. Panchenko, and M. Buback, *Advances in Solid State Physics*, **43**, 505 (2003).

- [14] S. B. Ogale, V. N. Koinkar, S. Joshi, V. P. Godbole, S. K. Date, A. Mitra, T. Venkatesan, and X. D. Wu, *Appl. Phys. Lett.*, **53**, 1320 (1988).

- [15] 吉武剛，谷本尚之，大越正敏，対馬國郎，日本応用磁気学会誌，**18**, 309 (1994).

- [16] J. Faupel, H.-U. Krebs, A. Käufler, Y. Luo, K. Samwer, and S. Vitta, *J. Appl. Phys.*, **92**, 1171 (2002).

- [17] Y. Deng, Y. Yu, Y. Song, J. Zhang, N. Z. Wang, Z. Sun, Y. Yi, Y. Z. Wu, S. Wu, J. Zhu, J. Wang, X. H. Chen and Y. Zhang, *Nature*, **563**, 94 (2018).

- [18] 横山浩 監修，秋永広幸 編『電子線リソグラフィ教本』，オーム社，(2007).

- [19] 『走査型電子顕微鏡 基本用語集』Available from: http://www.jeol.co.jp/.

- [20] H. Ohki and H. Takemura, *JEOL News.* **35**, 26 (2000).

- [21] Y. Ochiai, T. Ogura, M. Narihiro, and K. Arai, *JEOL News.* **36E**, 22 (2001).

- [22] S. Miki, K. Hashimoto; J. Cho, J. Jung, C. Y. You, R. Ishikawa, E. Tamura; H. Nomura, M. Goto, and Y. Suzuki, *Appl. Phys. Lett.*, **122**, 202401 (2023).

- [23] 近角聰信 著，『強磁性体の物理 上・下（物理学選書 4, 18)』，裳華房，(1978,

1984).

[24] 日本磁気学会 編，『磁気便覧』．丸善出版 (2016).

[25] R. Matsumoto, Y. Hamada, M. Mizuguchi, M. Shiraishi, H. Maehara, K. Tsunekawa, D. D. Djayaprawira, N. Watanabe, Y. Kurosaki, T. Nagahama, A. Fukushima, H. Kubota, S. Yuasa, and Y. Suzuki, *Solid State Commun.*, **136**, 611 (2005).

[26] D. C. Worledge and P. L. Trouilloud, *Appl. Phys. Lett.*, **83**, 84 (2003).

[27] L. Gammelgaard, P. Bøggild, J. W. Wells, K. Handrup, Ph. Hofmann, M. B. Balslev, J. E. Hansen, and P. R. E. Petersen, *Appl. Phys. Lett.*, **93**, 093104 (2008).

[28] C.-Y. You and S.-C. Shin, *Appl. Phys. Lett.*, **70**, 2595 (1997).

[29] E. Saitoh, M. Ueda, H. Miyajima, and G. Tatara, *Appl. Phys. Lett.*, **88** 182509 (2006).

[30] S. O. Valenzuela and M. Tinkham, *Nature*, **442**, 176 (2006).

[31] S. Maekawa, S. O. Valenzuela, E. Saitoh, and T. Kimura, *"Spin current", 2nd Eds.* Oxford Science Publications (2016).

[32] A. Shitade and G. Tatara, *Phys. Rev. B*, **105**, L201202 (2022).

[33] F. J. Jedema, A. T. Filip, and B. J.van Wees, *Nature*, **410**, 345 (2001) and F. J. Jedema, H. B. Heersche, A. T. Filip, J. J. A. Baselmans, and B. J. van Wees, *Nature*, **416**, 713 (2002).

[34] C. Du, H. Wang, F. Yang, and P. C. Hammel, *Phys. Rev. B* **90**, 140407(R) (2014).

[35] H. Nakayama, M. Althammer, Y.-T. Chen, K. Uchida, Y. Kajiwara, D. Kikuchi, T. Ohtani, S. Geprägs, M. Opel, S. Takahashi, R. Gross, G. E. W. Bauer, S. T. B. Goennenwein, and E. Saitoh, *Phys. Rev. Lett.*, **110**, 206601 (2013).

[36] S. Cho, S. C. Baek, K.-D. Lee, Y. Jo, and B.-G. Park, *Sci. Rep.* **5**, 14668 (2015).

[37] J. Kim, P. Sheng, S. Takahashi, S. Mitani, and M. Hayashi, *Phys. Rev. Lett.*, **116**, 097201 (2016).

86   第 2 章　スピントロニクスの実験技術

[38] Y. Saito, N. Tezuka, S. Ikeda, T. Endoh, *Appl. Phys. Lett.*, **116**, 132401 (2020).

[39] Y. Kato, Y. Saito, H. Yoda, T. Inokuchi, S. Shirotori, N. Shimomura, S. Oikawa, A. Tiwari, M. Ishikawa, M. Shimizu, B. Altansargai, H. Sugiyama, K. Koi, Y. Ohsawa, and A. Kurobe, *Phys. Rev. Appl.* **10**, 044011 (2018).

[40] Y. K. Kato, R. C. Myers, A. C. Gossard, and D. D. Awschalom, Science, **306**, 1910 (2004) and J. Wunderlich, B. Kaestner, J. Sinova, and T. Jungwirth, *Phys. Rev. Lett.*, **94**, 047204 (2005).

[41] M. Hayashi, J. Kim, M. Yamanouchi, and H. Ohno, *Phys. Rev. B*, **89**, 144425 (2014).

[42] K. Yagami, A. A. Tulapurkar, A. Fukushima, Y. Suzuki, *Appl. Phys. Lett.*, **85**, 5634 (2004).

[43] A. V. Kimel, A. Kirilyuk, P. A. Usachev, R. V. Pisarev, A. M. Balbashov, and Th. Rasing, *Nature*, **435**, 655 (2005).

[44] K. Ishibashi, S. Iihama, and S. Mizukami, *Phys. Rev. B*, **107**, 144413 (2023).

[45] 戸田順之，斎藤和広，太田健太，前川裕昭，水口将輝，白石誠司，鈴木義茂，*J. Magn. Soc. Jpn.*, **31**, 6, 435 (2007).

[46] S. Mizukami, Y. Ando, and T. Miyazaki, *Phys. Rev. B*, **66**, 104413 (2002).

[47] V. Vlaminck and M. Bailleul, *Science*, **322**, 410 (2008).

[48] H. Tomita, K. Konishi, T. Nozaki, H. Kubota, A. Fukushima, K. Yakushiji, S. Yuasa, Y. Nakatani, T. Shinjo, M. Shiraishi, and Y. Suzuki, *Appl. Phys. Express*, **1**, 061303 (2008).

[49] Y.-T Cui, G. Finocchio, C. Wang, J. A. Katine, R. A. Buhrman, and D. C. Ralph, *Phys. Rev. Lett.*, **104**, 097201 (2010).

[50] W. H. Rippard, M. R. Pufall, S. Kaka, T. J. Silva and S. E. Russek, *Phys. Rev. B*, **70**, 100406(R) (2004).

[51] A. A. Tulapurkar, Y. Suzuki, A. Fukushima, H. Kubota, H. Maehara, K.

Tsunekawa, D. D. Djayaprawira, N. Watanabe, and S. Yuasa, *Nature*, **438**, 339 (2005).

[52] H. Kubota, A. Fukushima, K. Yakushiji, T. Nagahama, S. Yuasa, K. Ando, H. Maehara, Y. Nagamine, K. Tsunekawa, D. D. Djayaprawira, N. Watanabe, and Y. Suzuki, *Nat. Phys.*, **4**, 37 (2008).

[53] J. C. Sankey, Y.-T. Cui, J. Z. Sun, J. C. Slonczewski, R. A. Buhrman, and D. C. Ralph, *Nat. Phys.*, **4**, 67 (2008).

[54] Y. Suzuki, A. A. Tulapurkar, and C. Chappert, "Spin-injection phenomena and Applications", in *"Nanomagnetism and Spintronics"*, edited by T. Shinjo, Elsevier, Amsterdam, Chap. 3. (2009).

[55] J. P. Strachan, V. Chembrolu, Y. Acremann, X. W. Yu, A. A. Tulapurkar, T. Tyliszczak, J. A. Katine, M. J. Carey, M. R. Scheinfein, H. C. Siegmann, and J. Stöhr, *Phys. Rev. Lett.*, **100**, 247201 (2008).

第3章

スピントロニクス物質・素子の磁気構造

強磁性体は磁気構造（磁区）を作るが，その構造は磁性体の形状，結晶磁気異方性，対称・非対称交換相互作用の影響で変化する．また，多層膜を作ることにより結晶磁気異方性や交換相互作用を制御することも可能である．この章ではスピントロニクスで重要となる磁気構造の制御法とその原理について述べる．

3.1 マイクロマグネティクスと磁気構造

3.1.1 静磁的マイクロマグネティクス

第1章で述べたように強磁性体の巨視的な磁気（磁区）構造は磁化分布 $\mathbf{M}(\mathbf{x})$ として記述される．ここで，$\mathbf{M}(\mathbf{x})$ は各原子の電子軌道の形や原子間隔，あるいは各原子の熱による磁化の揺らぎなどを，近接する多数の原子にまたがる平均をとることによって粗視化したものである．このように粗視化した磁化分布の安定状態と運動を論じるのがマイクロマグネティクスである．第1, 2章で述べたように磁化の間には双極子相互作用 (演習問題 2.3) と交換相互作用（演習問題 1.5) がある．また，磁化の向きに依存して結晶磁気異方性エネルギー (2.5) が変化する．外部磁界 $\mathbf{H}_{\text{ext}}(\mathbf{x})$ がある場合はこれに Zeeman エネルギー (A.3) が加わる．さらに，反転対称性のない物質や界面では反対称交換相互作用 (DMI: Dzyaloshinskii-Moriya Interaction)（演習問題 1.6) が磁化の間に働く．以上の磁気的なエネルギーをまとめると以下のようになる．

$$U = U_{\text{dipole}} + U_{\text{exchange}} + U_{\text{crystal}} + U_{\text{Zeeman}} + U_{\text{DMI,b}} + U_{\text{DMI,i}}$$

$$= \frac{\mu_0}{2} \int_{-\infty}^{+\infty} d^3 x_1 \int_{-\infty}^{+\infty} d^3 x_2 \mathbf{M}(\mathbf{x}_1)^t \hat{D} \mathbf{M}(\mathbf{x}_2)$$

90 第 3 章 スピントロニクス物質・素子の磁気構造

$$
+ \int_{-\infty}^{+\infty} d^3x \left(
\begin{array}{l}
-\dfrac{A_{\mathrm{ex}}}{M_{\mathrm{s}}^2} \mathbf{M}(\mathbf{x})^t \, \Delta \mathbf{M}(\mathbf{x}) + u_{\mathrm{crystal}}(\mathbf{M}(\mathbf{x})) - \mu_0 \mathbf{H}_{\mathrm{ext}}(\mathbf{x}) \cdot \mathbf{M}(\mathbf{x}) \\
+ \dfrac{1}{M_{\mathrm{s}}^2} D_{\mathrm{b}} \mathbf{M}(\mathbf{x}) \cdot (\boldsymbol{\nabla} \times \mathbf{M}(\mathbf{x})) + \dfrac{1}{M_{\mathrm{s}}^2} D_{\mathrm{i}} \left(M_z(\mathbf{x}) (\boldsymbol{\nabla} \cdot \mathbf{M}(\mathbf{x})) - (\mathbf{M}(\mathbf{x}) \cdot \boldsymbol{\nabla}) M_z(\mathbf{x}) \right)
\end{array}
\right)
$$

$$(3.1)$$

ここで，双極子相互作用のみが非局所的（空間の 2 点間の相互作用であり 2 重積分になる）であることに注意してほしい．交換相互作用も本来は非局所的であるが短距離力なので粗視化により上式では局所的に書かれている．DMI の項も同様である（演習問題 3.1）．上式を極小とするような $\mathbf{M}(\mathbf{x})$ が（準）安定な磁化構造を与える．

このエネルギーを磁化で微分（汎関数微分）することにより局所的な磁化に加わる実効的な磁界を求めることができる．

$$
\begin{aligned}
\mathbf{H}_{\mathrm{eff}}(\mathbf{x}) = & -\int_{-\infty}^{+\infty} d^3 x_1 \hat{D}(\mathbf{x}, \mathbf{x}_1) \mathbf{M}(\mathbf{x}_1) \\
& + \frac{2 A_{\mathrm{ex}}}{\mu_0 M_{\mathrm{s}}^2} \Delta \mathbf{M}(\mathbf{x}) - \frac{1}{\mu_0} \frac{\delta u_{\mathrm{crystal}}(\mathbf{M}(\mathbf{x}))}{\delta \mathbf{M}(\mathbf{x})} + \mathbf{H}_{\mathrm{ext}}(\mathbf{x}) \\
& - \frac{2 D_{\mathrm{b}}}{\mu_0 M_{\mathrm{s}}^2} (\boldsymbol{\nabla} \times \mathbf{M}(\mathbf{x})) - \frac{2 D_{\mathrm{i}}}{\mu_0 M_{\mathrm{s}}^2} (\boldsymbol{\nabla} \cdot \mathbf{M}(\mathbf{x}) \, \mathbf{e}_z - \boldsymbol{\nabla} M_z(\mathbf{x}))
\end{aligned}
$$

$$(3.2)$$

第 1 項は双極子磁界（反磁界），第 2 項は交換磁界，第 3 項は結晶磁気異方性磁界，第 4 項は外部磁界である．第 5 項はバルク DMI の作る有効磁界，最後の項は界面 DMI により発生する有効磁界である．

磁化の安定条件は LLG 方程式 (1.14) において時間微分の項をゼロとして

$$
\mathbf{M}(\mathbf{x}) \times \mathbf{H}_{\mathrm{eff}}(\mathbf{x}) = 0
$$

$$(3.3)$$

と表現される．すなわち空間のいたるところで有効磁界と磁化が平行になり磁化に対するトルクがゼロになる必要がある．上式をセルフコンシステントに解くことにより安定な磁化分布が求まる．

交換磁界は磁化をすべて一様に平行にしようとする．一方，有限な大きさをもつ磁性体では磁化が平行な状態は大きな双極子相互作用（反磁界）のエネルギーを発生する．そこで，磁気ドメインを作ることによって反磁界エネルギーを下げることが望ましい．しかし，磁気ドメインは交換エネルギーを増加させ

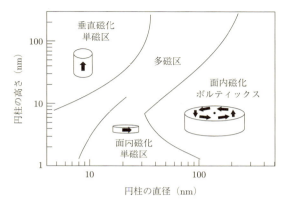

図 3.1 円板状または円柱状に加工した磁気異方性のない強磁性体の磁気構造. $Fe_{20}Ni_{80}$ についてのマイクロマグネティックシミュレーションの結果 [1].

る.そこで磁気ドメインの大きさは反磁界エネルギーと交換エネルギーのつり合いによって決まる.このようにして決まる特徴的な長さ λ_{ex} を交換長と呼び以下の式で表される.

$$\lambda_{ex} \equiv \sqrt{\frac{2A_{ex}}{\mu_0 M_s^2}} \tag{3.4}$$

Fe の場合, $A_{ex} = 8.3$ [pJ/m], $\mu_0 M_s = 2.15$ [T] とすれば,この長さは 4.5 [nm] 程度となる.磁気異方性のない磁性体内部では交換長を最小単位とするような磁気構造が発生する.

3.1.2 強磁性微小ディスクと細線の磁気構造
1) 強磁性微小ディスクの磁気構造

図 3.1 に結晶磁気異方性も DMI もない強磁性体から円板または円柱を作った場合の磁気構造をその大きさとアスペクト比によって分類する図を示した [1].図は $Fe_{20}Ni_{80}$ についての計算機シミュレーションによって得られたものである.底面が小さい円柱状の場合は軸方向に沿った磁化をもつ単磁区構造となる.厚みの薄い円板状の形をしている場合は面内に磁化を向けた単磁区構造となるが,厚みが大きくなると反磁界のエネルギーを避けるために磁化が面内で回転

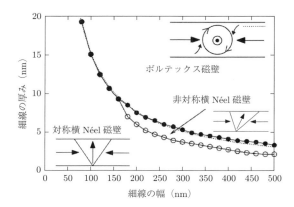

図 3.2 磁気異方性のない強磁性薄膜を短冊状に加工して作った強磁性細線の磁壁の構造 [2].

するボルテックス構造が安定となる.

2) 薄膜細線の磁壁

結晶磁気異方性も DMI もない強磁性薄膜を短冊状に加工して作った強磁性細線の磁壁の構造を図 3.2 に示す [2]. この図も $Fe_{20}Ni_{80}$ についての計算機シミュレーションの結果である.

$Fe_{20}Ni_{80}$ は磁気異方性が非常に小さい物質なので細線部分では磁化は細線面内の長手方向に向く. 細線の左右の端の磁化の向きが逆であれば必ず途中に磁化の向きが遷移する磁壁が作られる. 線幅が小さかったり膜厚が薄い場合は磁壁は磁化の面内における単純な回転によって作られ, 横 Néel 磁壁または単 Néel 磁壁と呼ばれる. 膜厚が厚くなったり線幅が大きくなると, 反磁界のエネルギーを下げるためにボルテックス磁壁が形成される.

3.1.3 垂直磁気異方性 (PMA) と垂直磁化膜

前項の例は結晶磁気異方性も DMI もない場合であった. スピントロニクスでは強磁性の超薄膜を対象とすることが多い. Fe や Co などとの強磁性金属の真空表面や貴金属との界面に位置する原子には, 多くの場合, 対称性の低下に

表 3.1 種々の表面／界面における表面／界面垂直磁気異方性の大きさ.

構造	$K_{i,0}$ (mJ/m^2)	文献
Fe/Ag	0.81	[3]
Fe/Au	0.47	[3]
Fe/Pt	0.47	[4]
Fe/Ag	0.55	[4]
Co/Pd	0.92	[5]
Co/Au	0.58	[6]
Co/Ir	0.8	[6]
Ta/CoFeB/MgO	1.30	[7]
TaN/CoFeB/MgO	1.80	[8]
Cr/Fe/MgO	2.00	[9]
W/CoFeB/MgO	1.98	[10]
Mo/CoFeB/MgO	2.05	[11]
Hf/CoFeB/MgO	2.30	[12]
Cr/FeIr/MgO	3.70	[13]

伴う垂直磁気異方性 (PMA: Perpendicular Magnetic Anisotropy) が現れる. 表面／界面に起因する結晶磁気異方性なので，表面あるいは界面磁気異方性と呼ばれる．界面磁気異方性のこれまでの観測結果を表 3.1 にまとめた．界面磁気異方性 $K_{i,0}$ とバルクの一軸性結晶磁気エネルギー定数 K_u とは，$K_u d = K_{i,0}$ という関係がある．ここで d は膜厚である．したがって $K_{i,0}$ が正であるなら原理的には臨界膜厚 $d_c = 2K_{i,0}/\left(\mu_0 M_s^2\right)$ 以下で強磁性層は垂直磁化膜となる．垂直磁化膜には磁壁が薄い，小さな磁区を作るなどの特徴があり，高密度磁気記憶などの応用において特に重要となる．垂直磁化型の MRAM では界面垂直磁気異方性やバルクの垂直磁気異方性の利用により厚みが薄いディスク状のセルの場合でも垂直磁化を実現している．

3.1.4　Néel 磁壁・Bloch 磁壁とカイラリティー

1) 薄膜細線の Néel 磁壁と Bloch 磁壁

　磁壁内で磁化は回転するが，その回転軸が磁壁面内にある場合を Néel 磁壁，磁壁面に垂直な場合を Bloch 磁壁という（図 3.3）．それぞれの場合について，その回転方向には 2 通りある．結晶磁気異方性と DMI がない場合は反磁界エ

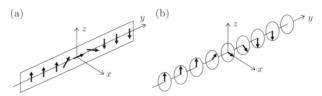

図 3.3 (a) Néel 磁壁と (b) Bloch 磁壁．左手前が up spin の磁区，右奥が down spin の磁区．その間が磁壁．磁壁は x–z 平面に平行．

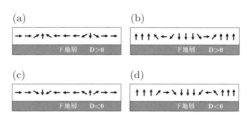

図 3.4 カイラル磁壁の構造を膜の側面から見た図．(a), (b) は左から右に進むと磁化が時計回りするカイラル Néel 磁壁．(c), (d) はその逆．界面 DMI があると一方のカイラリティーが選ばれる．

ネルギーを小さくするために面内磁化膜では一般に Néel 磁壁が，垂直磁化膜では Bloch 磁壁が安定化する．DMI の影響ですべての磁壁について回転方向が一方向に決まっている場合をカイラル磁壁（DMI 磁壁）と呼ぶ（図 3.4）[14]．

DMI は中心対称性がない系に発生し，交換相互作用行列が反対称であることを特徴とする．反対称交換相互作用行列の成分から D ベクトル（演習問題 3.1 参照）が作られ，この方向と相互作用する原子対の方向の関係からバルク型の DMI と界面型の DMI が得られる．

強磁性体薄膜と重金属との接合界面においては対称中心がなく，かつスピン軌道相互作用が大きいために大きな界面 DMI が発生する．表 3.2 に，これまでに観察された界面における DMI の値をまとめた [15–24]．界面 DMI が強い場合は磁性薄膜内にはカイラルな Néel 磁壁が安定化する．一方，バルク型の DMI が強い場合はカイラルな Bloch 磁壁が安定化する．

例として膜厚 d の一軸性の垂直磁化膜の x 方向に 1 次元的な磁壁が 1 つある場合を考える．外部磁界はなく，膜厚が小さいので面内の反磁界は無視でき，

3.1 マイクロマグネティクスと磁気構造 **95**

表 **3.2** 種々の界面における界面 DMI の大きさ. (Jaehun Cho 氏作成.)

下地層	カバー層	強磁性層 d_{FM} [nm]	D_i [mJ/m^2]	$D_i \times d_{FM}$ [pJ/m]	測定法	文献
Pt	Ir	Co 0–2		−1.6	ヒステリシス	[15]
Pt	W	Co 0.9	−1.3	−1.1	DW+BLS	[16]
Pt	Ta	Co 0.9	−1.0	−0.9	DW+BLS	[16]
Pt	Ta	Co 2	−0.9	−1.8	BLS	[17]
Pt	Ta	Co$_{40}$Fe$_{40}$B$_{20}$ 2	−0.5	−1.0	BLS	[17]
Pt	Cu	Co 1–2	−1.0	−1.4	BLS	[18]
Pt	Ti	Co 0.9	−1.4	−1.3	DW+BLS	[16]
Pt	Al	Co 0.9	−0.9	−0.8	DW+BLS	[16]
Pt	AlO$_x$	Co 0–2	−1.2	−1.2	BLS	[19]
Pt	MgO	CoFe 1–1.6		−1.3	BLS	[20]
Ir	Ti	Co$_2$FeAl 2	−0.2	−0.4	BLS	[21]
Ir	AlO$_x$	Co 1–3	−0.7	−0.8	BLS	[22]
Hf	MgO	CoFeB 1	−0.3	−0.3	DW	[23]
W	MgO	CoFeB 1	0.3	0.3	BLS	[24]
Ta	Pt	Co 2	0.7	1.4	BLS	[17]
Ta	Pt	Co$_{40}$Fe$_{40}$B$_{20}$ 2	0.4	0.9	BLS	[17]
AlO$_x$	Pt	Co 0–2		1.2	ヒステリシス	[15]
MgO	Pt	CoFe 1–1.6		1.3	BLS	[20]

面直の局所的な反磁界のみを考慮する. この場合, $(\theta(y),\phi)^{\dagger 11}$ を磁化の方位角として磁壁のエネルギー U_{DW} は式 (3.1) から $\partial_y \equiv \partial/\partial_y$ として以下のようになる.

$$\begin{cases} U_{DW} = d \int_{-\infty}^{+\infty} dxdy \left(K_{u,eff} \sin^2\theta + A_{ex}(\partial_y\theta)^2 + D_\theta(\partial_y\theta) \right) & \text{(3.5a)} \\[2mm] K_{u,eff} \equiv K_u - \dfrac{\mu_0 M_s^2}{2} N_z, \ D_\theta \equiv -D_b\cos\phi + D_i\sin\phi & \text{(3.5b)} \end{cases}$$

エネルギー極小の条件は $A_{ex}\partial_y^2\theta = K_{u,eff}\sin\theta\cos\theta$ だが, 簡単に分かるようにこれは $\Delta_{DW}\partial_y\theta = \pm\sin\theta$, $\Delta_{DW} \equiv \sqrt{A_{ex}/K_{u,eff}}$ とすれば満たされる. この微分方程式の解は積分定数と境界条件を適当にとれば

$$\begin{cases} \theta = 2\tan^{-1}\left[\exp\left[y/\Delta_{DW}\right]\right] & \text{(3.6a)} \\[2mm] \Delta_{DW} \equiv \sqrt{A_{ex}/K_{u,eff}} & \text{(3.6b)} \end{cases}$$

$\dagger 11$ ϕ は膜全体にわたり定数とする.

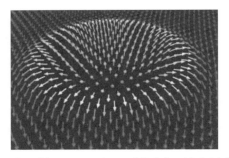

図 3.5 2次元的な磁気スカーミオンの磁化分布の例(三木颯馬氏作図).

となる.すなわち Δ_{DW} は磁壁幅であり $y \to -\infty$ で磁化が上向き,$y \to +\infty$ で磁化が下向きの解を得た.また,エネルギー最小の条件から ϕ は DMI で決まり,バルク DMI の場合は $\phi = (1 - \mathrm{sgn}[D_{\mathrm{b}}])\pi/2$ となりカイラリティーの決まった Bloch 磁壁,界面 DMI の場合は $\phi = -\mathrm{sgn}[D_{\mathrm{i}}]\pi/2$ となりカイラリティーの決まった Néel 磁壁となることが分かる.

3.1.5 磁気スカーミオン

DMI が存在すると磁化が互いに角度をもって結合する状態が安定となる.このように,DMI があるとカイラルな磁化状態が発生しやすくなる.その典型例が磁気スカーミオンである.球面上にハリネズミのように放射状に外に向かう磁化ベクトルを配置し,その南極に穴を空けて平面上に伸ばした構造が磁性体薄膜に発生する磁気スカーミオンの一例となる [25](図 3.5).この構造では以下のスカーミオン数(ワインディングナンバーとも呼ばれる)が +1 または −1 となる [26].

$$\text{スカーミオン数} \equiv \frac{1}{4\pi} \int_{-\infty}^{+\infty} dx dy\, \mathbf{n}(x,y) \cdot \left(\frac{\partial \mathbf{n}(x,y)}{\partial x} \times \frac{\partial \mathbf{n}(x,y)}{\partial y} \right) \quad (3.7)$$

ここで,$\mathbf{n}$ は x–y 平面上の磁化の向きを示す大きさ 1 の方向ベクトルである.スカーミオン数はスカーミオンの大きさや,内部に渦をもつかなどの構造の連続的な変化に対しては変化せず,そのトポロジーのみで決まる.したがって,大きな磁気バブルもブロッホラインなどの特異な構造をもたずスカーミオン数

が整数となるならスカーミオンである．MnSi [27] などの結晶ではバルク中に磁気スカーミオンが発生する．この場合，その構造は 2 次元のスカーミオンの構造を保ったまま面に垂直方向に伸びた円筒形となる．hex–Fe/W などの超薄膜にはディスク状のスカーミオンが発生する [28].

3.2 磁性多層膜に働く磁気的結合

GMR 素子では外部磁界の印加により磁化が平行に揃うために抵抗値が下がる．このためにはゼロ磁界で隣り合う強磁性層の磁化を反平行に揃えておく必要がある．このことを実現したのが ① 強磁性層間の交換結合である．さらに高感度なセンサを実現するには，一方の強磁性層の磁化は外部磁場に対して磁化の方向を容易に変えるが，もう一方の磁性層の磁化の方向は変化しないことが望ましい．強磁性層の磁化が外部磁界に応答しないようにするためには ② 強磁性層の磁化を反強磁性層の表面磁化で固定する方法（交換バイアス）と ③ 2枚の強磁性層の磁化を反平行になるように積層し，見かけの磁化をゼロにすること（積層フェリ構造）が考えられる．これらの制御はスピントロニクス素子を作る上での重要技術である．強磁性多層膜にはこの他にも素子の縁や膜の凹凸による静磁結合があるので注意を要する．以下ではこれらの磁気的結合について概説する．

3.2.1 強磁性多層膜における層間交換結合 (IEC)

第 1 章の図 1.12(b) に示したように，強磁性金属（Fe, Co など）と非磁性金属（Cu, Ru など）を交互に積み重ねた多層膜（人工格子）では，強磁性層間に電子的な機構により磁気的な結合が働く [29]．これを層間交換結合 (IEC: Interlayer Exchange Coupling) と呼ぶ．図 3.6(a) には原子レベルで平坦な Fe ウイスカー結晶の (001) 面上に成長した Au/Fe 薄膜の構造の模式図を示した．上部の Fe層は Au のウェッジ膜（位置によって膜厚が傾斜的に変化した膜）を通して下部の Fe ウイスカーと結合している．上部 Fe 層の表面の磁化の向きをスピン分解 2 次電子顕微鏡 (SEMPA: Secondary Electron Microscopy with Polarization Analysis) によって観察すると図 3.6(b) に示したように白黒の縞模様が見える

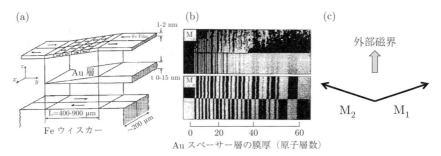

図 3.6 (a) 原子レベルで平坦な Fe ウイスカー結晶上に成長した Au/Fe 薄膜の構造の模式図. (b) 表面磁化のスピン分解 2 次電子顕微鏡 (SEMPA) による観察 [30]. (c) 膜厚の等しい強磁性層が反強磁性的に結合した場合，磁界を加えると磁化は磁界と垂直方向を向いた上で磁界の増大とともに磁界方向に飽和する.

[30]．これらは下地の Fe と同じ方向に磁化した部分と逆方向に磁化した部分に対応している．この実験結果は，Au 層を介した Fe の層間交換結合の符号が Au の膜厚に対して正負と振動していることを示している．

貴金属などを介した層間交換結合の振動は Ruderman-Kittel-Kasuya-Yosida (RKKY) 相互作用の一種とみなすことができる [32]．第 1 章で述べたように，s–d 系では s 電子の作る Fermi の海に d 電子が浮いており，d 電子の周りには d 電子により散乱された s 電子がスピン密度の波を作る．s 電子の散乱過程は静的でありエネルギーの供給がないため Fermi 面直下の占有状態から Fermi 面直上の空状態への遷移（散乱）となる．このような散乱ベクトルは多数あるが，長さが $2k_F$ になるものは始点・終点のずれに対して停留値をとる（長さが変わらない）ため散乱に強く寄与する（図 3.7(a)）．この結果，球面波的に散乱された s 電子のスピン密度は波数 $2k_F$ で振動して伝わり，d 電子同士の交換相互作用を媒介する．

磁性多層膜では強磁性体表面の原子で散乱された中間層の電子がスピン偏極して対向する強磁性層との間の交換結合を媒介する．この場合は膜面に垂直であり，かつ停留値をとる Fermi 面上のベクトル q が振動の周期 Λ を決める [33].

$$\Lambda = \frac{2\pi}{q} \tag{3.8}$$

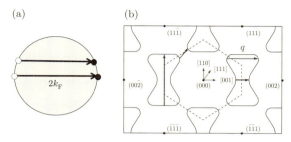

図 3.7 (a) 単純金属の Fermi 面の模式図と Fermi 面上の散乱ベクトルの例．長さが $2k_F$ のとき停留となる．(b) Cu の Fermi 面の $(1\bar{1}0)$ 断面（拡張ゾーン形式）．Cu(001) の場合，2 つの Fermi 球の間にある dog bone と呼ばれるホールポケットを張る [001] 方向の停留なベクトルが振動の周期を与える [33].

図 3.7(b) には Cu の Fermi 面の $(1\bar{1}0)$ 断面を示した．停留なベクトルが複数ある場合は複数の振動が同時に発生する．これと同様なことが図 3.6 に示した Fe/Au/Fe でも生じており，複雑な磁化配置の振動パターンが見られる原因となっている．

結合の振動周期は貴金属を合金化することにより電子数を変え，ホールポケットの大きさを変えることによって制御可能である [34]．結合の強度は Ir, Ru, Rh などを中間層とすると大きくなることが知られている [35]．IEC はスピン軌道相互作用とは関係がないため垂直磁化膜においても同様に現れる．

強磁性金属の顔

自由空間にある電子の固有状態は運動量 ($\mathbf{p} = \hbar \mathbf{k}, p = h/\lambda$) が定まった平面波であり空間に拡がっている．$k_x, k_y, k_z$ を座標軸とする空間 (k 空間) の一点で量子状態を代表させると，量子状態は k 空間内に密に均一に存在する．多数の電子がある場合 $\varepsilon = p^2/2m = \hbar^2(k_x^2 + k_y^2 + k_z^2)/2m$ なのでエネルギーの小さな状態から電子に占有されていくと占有状態の集合は球の内部となる．この球を Fermi 球と呼ぶ．結晶においても量子状態は $\mathbf{k}$ で指定されるが，原子核および他の電子との相互作用がエネルギーに加わるので Fermi 球の形は変形する．

電子が外場に応答するためには球の中から外への遷移が必要になる．

低エネルギーの外場に対してはFermi面近傍の電子のみが応答することになりFermi面の形状が直接物性に反映される．このため，Fermi面は金属の顔であるといわれる．強磁性金属はup spinとdown spinがそれぞれ異なるFermi面を作る．この意味でFeは2つの顔をもつが，その1つずつがさらにsp電子とd電子のFermi面からなるためとても複雑になる[31]．

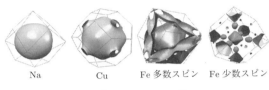

図　金属のフェルミ面．

3.2.2　強磁性／反強磁性界面における交換バイアス

強磁性体と反強磁性体の界面においては，一方向異方性という特異な磁気異方性（通常，交換バイアスと呼ぶ）が生じる[36]．この結合は面内磁化をもつ磁気抵抗素子の磁化参照層の磁化の向きを固定するために利用されている．

図3.8(a)はNi/NiO二層膜の模式図，(b)はその磁化曲線である．磁化曲線にはNiの磁化過程を反映したヒステリシスループが見られるが，通常とは異なりループの中心が負磁界側へシフトしている．これは，Niに正方向の実効的な磁界が働いているためと考えられる．つまり，強磁性体と反強磁性体の界面で生じる交換結合に起因する磁界が外部磁界とは別にNiの磁化に作用している．ヒステリシスループのシフト量を交換結合磁界 H_{EB} と定義する．

交換結合磁界 H_{EB} は以下のように表すことができる．

$$H_{\mathrm{EB}} = \frac{J_{\mathrm{EB}}}{M_{\mathrm{FM}} d_{\mathrm{FM}}} \tag{3.9}$$

ここで，J_{EB} は界面の交換結合エネルギー，$M_{\mathrm{FM}}, d_{\mathrm{FM}}$ は強磁性体の磁化と膜厚である．一方向異方性の発生メカニズムは複雑であり強磁性層と反強磁性層それぞれの磁化，磁気異方性，厚さ，反強磁性層表面の磁化と界面のスピン間

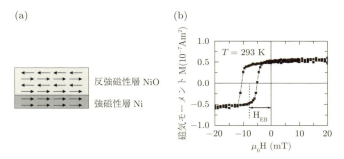

図 3.8 (a) Ni/NiO 二層膜の断面模式図. (b) Ni/NiO 二層膜の磁化曲線 [36].

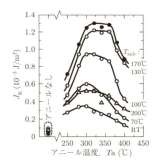

図 3.9 $Mn_{73}Ir_{27}$ (10 nm)/$Co_{70}Fe_{30}$ (4 nm) 2 層膜における,交換磁界のアニール温度依存性 [37].

の交換結合エネルギーおよび界面の乱雑さなどが重要なパラメーターとなる.

反強磁性体の表面に磁化が現れる面方位では一方向異方性が現れるが,磁化が打ち消し合いゼロになる面方位では隣接する強磁性体のヒステリシスの増大のみが見られる.

実験的には,反強磁性層と強磁性層の二層膜を作製後,真空かつ磁界中で試料を加熱し,磁界をかけたまま冷却することにより結合を誘導することができる(図 3.9).磁界を取り去った後も,強磁性層の磁化の方向は印加していた磁界方向に向いたまま残るため,弱磁界下で磁化を一方向に飽和させた状態に保つことができる.デバイスに組み込んだ場合,ある程度の大きさの正の外乱磁界が働いた場合でも,外乱磁界が消失すれば,また磁化状態が元の状態に復帰

102 第3章 スピントロニクス物質・素子の磁気構造

するため,デバイスを安定に動作させることができる.これが交換結合の最も
重要な機能である.

交換結合2層膜に用いられる反強磁性体の主な物質は,NiO, Fe–Mn, Ir–Mn,
および Pt–Mn などである.NiO は絶縁体で,それ以外は金属である.Pt–Mn
は規則合金の場合に大きな交換結合を示すため,規則化するためのアニール処
理が必須である.Fe–Mn, Ir–Mn は不規則合金である場合にも交換結合を示す
ため,磁界中で成膜すると一方向異方性が誘導され交換結合が生じる.より大
きな交換結合磁界を得るには磁界中アニールを行うことが有効である.図 3.9
に交換結合エネルギー J_{EB} のアニール温度依存性を示す [37].試料は $Mn_{73}Ir_{27}$
(10 [nm])/$Co_{70}Fe_{30}$ (4 [nm]) 2 層膜である.基板温度 170 [℃] で試料を作製後,
真空中で 100 [mT]/μ_0 の磁界を印加しながらアニールし,室温で測定した結果
である.アニール温度 250〜300 [℃] の間では急激に J_{EB} が増大し 320 [℃] で
極大を示している.これは,主にアニールにより Ir–Mn の規則化が進んだため
である.360 [℃] 以上の高温での減少は,主に強磁性／反強磁性の界面におけ
る Mn の拡散によるものである.

反強磁性体が薄いと高温動作において反強磁性体の磁化が熱的に揺らぐため
に一方向異方性が失われる.この温度は反強磁性体のブロッキング温度に対応
している.高温動作のためには高い Néel 温度を示す反強磁性体をある程度の膜
厚にする必要がある.交換結合が得られる下限の膜厚を臨界膜厚という.例え
ば Pt-Mn などは,大きな交換結合を得やすいが臨界膜厚が 20 [nm] 程度と厚い
ため使いづらい.一方,Ir–Mn 規則合金では臨界膜厚が 5 [nm] 程度と薄く,空
間的に高分解が必要な再生磁気ヘッド用途としては極めて良好である.

3.2.3 積層フェリ構造

層間交換結合を用いて2枚の強磁性層を反平行に結合し,見かけの磁化を小
さくすることにより外部磁化への応答を抑え,さらに,外部への漏れ磁束を小さ
くする構造を人工反強磁性 (SAF: Synthetic Antiferromagnet) 構造あるいは積
層フェリ構造と呼ぶ.これらの構造を反強磁性体と積層することにより反強磁
性バイアスを加えると磁化の方向を堅固に固定することができる.積層フェリ
構造を模式的に図 3.10(a) に示す.強磁性層は層間交換結合により強く反平行

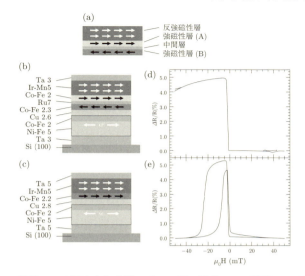

図 3.10 (a) 積層フェリ層を含む交換バイアス層の構造. (b) 積層フェリ層を含む交換バイアス層を用いた GMR センサの積層構造の例. (c) 積層フェリ層を含まない交換バイアス層を用いた GMR センサの積層構造の例. (d) 素子 (b) の磁気抵抗曲線. (e) 素子 (c) の磁気抵抗曲線 [38].

配置をとるため,磁化反転に必要な磁界が増大する.その結果,強磁性／反強磁性層間の交換結合により磁化を一方向に強く固着することができる.別の見方として,磁化が反平行配置をとっているため見かけ上の磁化がとても小さく,結果的に Zeeman エネルギーが小さくなり磁化反転を起こしにくくなるともいえる.図 3.10 では積層フェリ構造 (b, d) と通常の交換結合 (c, e) をもつ磁気抵抗素子の構造模式図と磁気抵抗曲線を比較している.通常の交換結合では負の弱磁界で固定層の磁化が反転しているのに対し,積層フェリ構造では高磁界でもわずかに磁化が減少するに留まっている.積層フェリ構造におけるループシフト磁界を H'_{EB} とすると,

$$H'_{\mathrm{EB}} = \frac{d_{\mathrm{A}} M_{\mathrm{A}}}{d_{\mathrm{A}} M_{\mathrm{A}} - d_{\mathrm{B}} M_{\mathrm{B}}} H_{\mathrm{EB}} \tag{3.10}$$

と表せる.ここで,A, B は図 3.10(a) に示す強磁性層 A, B に対応し,d, M は膜厚と磁化を,H_{EB} は通常の構造における交換結合磁界を表す.式から明らか

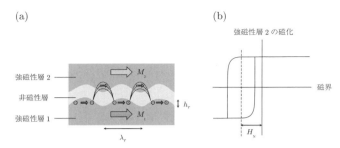

図 3.11 (a) ラフネスのある強磁性／非磁性／強磁性三層膜の断面模式図 (b) ラフネスを介した静磁結合による磁気ヒステリシスのシフト．

なように，A, B 層の磁化と膜厚の積をバランスさせると積層フェリ構造のループシフト磁界は通常の場合の交換結合磁化に比べ非常に大きくなる．このように積層フェリ構造により見かけ上の交換結合磁界，すなわち，磁化を平行に揃えるために必要な磁界を大きく増大させることができる．GMR ヘッド，TMR ヘッドではこの構造が用いられている．

垂直磁化膜の場合も層間の交換結合を用いて積層フェリ構造を作ることができる．この場合は反強磁性体との交換結合を用いなくとも積層フェリ膜の膜厚比の制御によりスイッチングに適した磁気ヒステリシスを実現できる．

3.2.4 静磁気的結合

スピントロニクス素子では複数の磁性薄膜が積層された構造をもつため，前述の層間交換結合のような電子的な結合以外にも層間に静磁気的な結合が生じることがある．本項では面内磁化をもつスピントロニクス素子で生じる静磁結合のうちよく観察される 2 つの結合について述べる．

1) 界面ラフネスに起因する静磁結合（Néel 結合）

図 3.11(a) に強磁性／非磁性／強磁性三層膜の断面模式図を示す．強磁性層 1 の表面にラフネスがあり，その上に積層される非磁性層および強磁性層 2 も強磁性層 1 の形状をなぞるような表面形状をしている．この場合，強磁性層 1 の表面には磁極が現れ，それに伴い実線で示すような漏れ磁界が強磁性層 2 に働

く．強磁性層 2 の表面の磁化はそのもれ磁界を感じて，漏れ磁界の方向に揃ってしまう．結果的に，強磁性層 1 と強磁性層 2 の磁化が平行に結合する．このような静磁気的結合を Néel 結合と呼ぶ．強磁性層 2 の磁化の磁化曲線は，図 3.11(b) のようにループの中心がシフトする．

　強磁性層 1 を磁化固定層，強磁性層 2 を磁化フリー層と仮定すると Néel 結合磁界の強さは，ラフネスの周期 λ_r，ラフネスの高さ h_r を用いて次式のように表せる [39].

$$H_\mathrm{N} = \frac{\pi^2}{\sqrt{2}} \left(\frac{h_r^2}{\lambda_r d_\mathrm{FM2}} \right) M_1 \exp \left[-2\pi\sqrt{2} \frac{d_\mathrm{NM}}{\lambda_r} \right] \tag{3.11}$$

ここで，d_FM, d_NM は強磁性層 2，非磁性層の膜厚を表す．M_1 は磁化固定層の飽和磁化を表す．つまり，結合磁界はラフネス高さと磁化固定層の飽和磁化が大きいほど大きく，磁化フリー層，非磁性層の膜厚が厚いほど小さい．実際のデバイスでは，非磁性層は Cu あるいは MgO であることが多く，一般的に非常に薄い．また，フリー層の厚さも薄い場合が多く，Néel 結合は 10 [mT] を超えるほどに大きい場合もある．Néel 結合が強すぎると自由層の磁化が残留磁化状態で固定層の磁化と平行になってしまい，記録・消去状態での 2 値が実現されなくなる．Néel 結合を低減したい場合は，ラフネスを極力小さく抑えることが重要となる．

2) 微小素子中における素子端部の漏れ磁界による静磁結合

　微細加工などにより微小素子を形成すると，強磁性層が有限のサイズで切り出され，素子端部から漏れ磁界が発生する．2 つの強磁性層が近傍に配置される場合，その漏れ磁界によって静磁気結合が生じる．図 3.12(a) はその様子を模式的に表している．このような場合，強磁性層 1 と強磁性層 2 の磁化が反平行に結合する．このような静磁気的結合をここでは素子端部におけるダイポール結合と呼ぶことにする．強磁性層 2 の磁化は図 3.12(b) のようにループの中心が Néel 結合の場合とは逆方向にシフトする．強磁性層 1 を磁化固定層，強磁性層 2 を磁化フリー層と仮定すると，フリー層に働く素子端部におけるダイポール結合の大きさ H_dipole は次式で表せる [40].

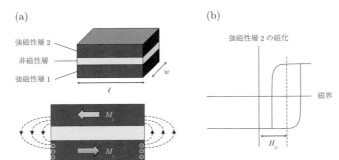

図 3.12 (a) 素子端面の漏れ磁界，(b) 素子端面を介した静磁結合による磁気ヒステリシスのシフト．

$$H_{\text{dipole}} = \frac{2M_1 d_1 w}{(\ell^2 + 4d_s^2)\sqrt{1 + \frac{(w^2 + 4d_s^2)}{\ell^2}}} \tag{3.12}$$

ここで，w, ℓ は微小素子の幅と長さ，d_1, M_1 は磁性層 1 の膜厚と磁化，d_s は非磁性層の膜厚を表す．この式によると素子長さ ℓ が長いほど H_{dipole} は小さくなる．これは，強磁性層 1 の両端部に発生する磁極の間隔が長くなり，発生するダイポール磁界が弱くなると考えれば理解しやすい．素子端部におけるダイポール結合は，素子の端部付近で強く，素子の中心部で弱いため，素子内部の磁界を不均一にする作用がある．そのため，磁化過程を複雑にする要因となる．微小磁性体の磁気構造，磁化反転を理解する上で非常に重要な役割を果たす．

微小素子では，上述の Néel 結合と素子端部におけるダイポール結合が共存し，素子の形状，強磁性体の磁化の大きさに依存してどちらかの結合が強く反映される．しかし，ほとんどの場合必ず両者が存在し，競合の結果どちらかの結合が強く見えるだけであることに注意する必要がある．

第3章 演習問題

演習問題 3.1

2つのスピン $\mathbf{S}_1$, $\mathbf{S}_2$ の反対称交換相互作用は以下のように反対称行列を用いて書かれる．この表式は $\mathbf{D}$ ベクトルを用いて書くことができる（演習問題1.6）．

$$
U_{\mathrm{DMI}} = \mathbf{S}_1^t \begin{pmatrix} 0 & D_z & -D_y \\ -D_z & 0 & D_x \\ D_y & -D_x & 0 \end{pmatrix} \mathbf{S}_2 = \mathbf{D} \cdot (\mathbf{S}_1 \times \mathbf{S}_2)
$$

ここで，演習問題1.8の場合のように x 軸方向の1次元の原子配列について最近接の反対称交換相互作用を考えると DMI が，以下のように連続体近似できることを示せ．ただし a は原子間隔である．

$$
U_{\mathrm{ex}} = \sum_i \mathbf{D} \cdot (\mathbf{S}_i \times \mathbf{S}_{i+1}) \cong \frac{a}{a} \int dx \mathbf{D} \cdot \left(\mathbf{S}(x) \times \frac{d}{dx} \mathbf{S}(x) \right)
$$

上式は3次元では以下のようになる．

$$
U_{\mathrm{ex}} = \frac{a}{a^3} \sum_{\mu=1,2,3} \int d^3 x\, \mathbf{D}_\mu \cdot \left(\mathbf{S}(\mathbf{x}) \times \frac{\partial}{\partial x_\mu} \mathbf{S}(\mathbf{x}) \right)
$$

ただし，$(x_1, x_2, x_3) \equiv (x, y, z)$ であり，$\mathbf{D}_\mu$ は $\mu-$ 方向の原子列に対する $\mathbf{D}$ ベクトルである．ここで，$\mathbf{D}_\mu = -D_{\mathrm{b}} a^3 \mathbf{e}_\mu / (aS^2)$ とおくと式 (3.1) におけるバルク DMI の項が得られ，$\mathbf{D}_\mu = D_{\mathrm{i}} a^3 \mathbf{e}_z \times \mathbf{e}_\mu / (aS^2)$ とおくと界面 DMI の項が得られることを示せ．ただし，$\mathbf{e}_\mu$ は $\mu-$ 方向の単位ベクトルである．

演習問題 3.2

膜厚 d の強磁性薄膜の磁気的なエネルギーが交換相互作用と有効な結晶磁気異方性エネルギーにより

$$
U = \int_{-\infty}^{+\infty} d^3 x \left(-\frac{A_{\mathrm{ex}}}{M_{\mathrm{s}}^2} \mathbf{M}(\mathbf{x})^t \cdot \Delta \mathbf{M}(\mathbf{x}) - K_{\mathrm{u,eff}} \left(\frac{\mathbf{M}(\mathbf{x}) \cdot \mathbf{e}_z}{M_{\mathrm{s}}} \right)^2 \right)
$$

と書かれている．膜厚はとても薄いと考える．$K_{\mathrm{u,eff}} > 0$ であり一様な垂直磁化の状態が最低のエネルギーを与える．この膜の左側 $x \to -\infty$ は膜面垂

108 第 3 章 スピントロニクス物質・素子の磁気構造

直上方に，右側 $x \to +\infty$ は下方に磁化しており，$x = 0$ を中心に直線的な磁壁が 1 つあるとする．変分原理を用いてこの磁壁の構造を求めると以下のようになることを示せ．

$$
\begin{cases}
\theta = 2\tan^{-1}\left[\exp\left[x/\Delta_{\mathrm{DW}}\right]\right] \\
\Delta_{\mathrm{DW}} \equiv \sqrt{\frac{A}{K_{\mathrm{u,eff}}}}
\end{cases}
$$

ここで θ は面直方向からの磁化の傾きである．さらに界面 DMI がある場合，磁化の方位角はどうなるか，同様に変分原理から求めよ．バルク DMI の場合についても求めよ．

演習問題 3.3

原点を中心として半径 R の 2 次元的なスカーミオンがある．位置 $(r\cos\phi,\ r\sin\phi)$ にある原子の磁化の向きが 3 次元の極座標で $(\sin\theta\cos\phi,\ \sin\theta\sin\phi,\ \cos\theta)$ であり，$\theta = f(r)$ としたときのスカーミオン数を求めよ．ただし，f は区間 $[0,+\infty]$ を区間 $[0, \pi]$ に射影する任意の単調増加関数とする．

演習問題 3.4

積層フェリ交換結合層（人工反強磁性層）とはどのような構造をしており，何の目的で使用されるか説明せよ．

参考文献

[1] N. Kikuchi, S. Okamoto, O. Kitakami, Y. Shimada, S. G. Kim, Y. Otani, and K. Fukamichi, *IEEE Trans. Mag.*, **37**, 2082 (2001).

[2] Y. Nakatani, A. Thiaville, J. Miltat, *J. Magn. Magn. Mat.*, **290**, 750 (2005).

[3] B. Heinrich, Z. Celinski, J. F. Cochran, A. S. Arrott, K. Myrtle, *J. Appl. Phys.* **70**, 5769 (1991).

[4] M. Sakurai, *Phys. Rev. B* **50**, 3761 (1994).

[5] S. T. Purcell, M. T. Johnson, N. W. E. McGee, W. B. Zeper, and W. Hoving, *J. Magn. Magn. Mater.* **113**, 257 (1992).

[6] F. J. A. den Broeder, W. Hoving, and P. J. H. Bloemen, *J. Magn. Magn.*

Mater. **93**, 562 (1991).

[7] S. Ikeda K. Miura, H. Yamamoto, K. Mizunuma, H. D. Gan, M. Endo, S. Kanai, J. Hayakawa, F. Matsukura, and H. Ohno, *Nat. Mater.*, **9**, 721 (2010).

[8] J. Sinha, M. Hayashi, A. J. Kellock, S. Fukami, M. Yamanouchi, H. Sato, S. Ikeda, S. Mitani, S.-h. Yang, Stuart SP Parkin, and H. Ohno, *Appl. Phys. Lett.*, **102**, 242405 (2013).

[9] J. W. Koo, S. Mitani, T. T. Sasaki, H. Sukegawa, Z. C. Wen, T. Ohkubo, T. Niizeki, K. Inomata, and K. Hono, *Appl. Phys. Lett.*, **103**, 192401 (2013).

[10] G.-G. An, J.-B. Lee, S.-M. Yang, J.-H. Kim, W.-S. Chung, and J.-P. Hong, *Acta Mater.*, **87**, 259 (2015).

[11] T. Liu, Y. Zhang, J. W. Cai, and H. Y. Pan, *Sci. Rep.*, **4**, 5895 (2014).

[12] T. Liu, J. W. Cai, and L. Sun, *AIP Adv.*, **2**, 032151 (2012).

[13] T. Nozaki, A. K-Rachwał, M. Tsujikawa, Y. Shiota, X. Xu, T. Ohkubo, T. Tsukahara, S. Miwa, M. Suzuki, S. Tamaru, H. Kubota, A. Fukushima, K. Hono, M. Shirai, Y. Suzuki, and S. Yuasa, *NPG Asia Mater.*, **9**, e451 (2017).

[14] A. Thiaville, S. Rohart, É. Jué, V. Cros, and A. Fert, *Europhys. Lett.*, **100**, 57002 (2012).

[15] D.-S. Han, N.-H. Kim, J.-S. Kim, Y. Yin, J.-W. Koo, J. Cho, S. Lee, M. Kläui , H. J. M. Swagten, B. Koopmans, and C.-Y. You, *Nano Lett.*, **16**, 4438 (2016).

[16] D.-Y. Kim, N.-H. Kim, Y.-K. Park, M.-H. Park, J.-S. Kim, Y.-S. Nam, J. Jung, J. Cho, D.-H. Kim, J.-S. Kim, B.-C. Min, S.-B. Choe, and C.-Y. You, *Phys. Rev. B*, **100**, 224419 (2019).

[17] J. Cho, N.-H. Kim, S. K. Kang, H.-K. Hwang, J. Jung, H. J. M. Swagten, J.-S. Kim, and C.-Y. You, *J. Phys. D: Appl. Phys.*, **50**, 425004 (2017).

[18] W.-Y. Kim, H. K. Gweon, K.-J. Lee, and C.-Y. You, *Appl. Phys. Expr.*, **12**, 053007 (2019).

110 第 3 章 スピントロニクス物質・素子の磁気構造

[19] J. Cho, N.-H. Kim, S. Lee, J.-S. Kim, R. Lavrijsen, A. Solignac, Y. Yin, D.-S. Han, N. J. J. van Hoof, H. J. M. Swagten, B. Koopmans, and C.-Y. You, *Nat. Commun.*, **6**, 7635 (2015).

[20] M. Belmeguenai, M. S. Gabor, Y. Roussigné, A. Stashkevich, S. M. Chérif, F. Zighem, and C. Tiusan, *Phys. Rev. B*, **91**, 180405(R) (2015).

[21] M. Belmeguenai, M. S. Gabor, Y. Roussigné, T. Petrisor, Jr., R. B. Mos, A. Stashkevich, S. M. Chérif, and C. Tiusan, *Phys. Rev. B*, **97**, 054425 (2018).

[22] N.-H. Kim, J. Jung, J. Cho, D.-S. Han, Y. Yin, J.-S. Kim, H. J. M. Swagten, and C.-Y. You, *Appl. Phys. Lett.*, **108**, 142406 (2016).

[23] J. Torrejon, J. Kim, J. Sinha, S. Mitani, M. Hayashi, M. Yamanouchi, and H. Ohno, *Nat. Commun.*, **5**, 4655 (2014).

[24] R. Soucaille, M. Belmeguenai, J. Torrejon, J.-V. Kim, T. Devolder, Y. Roussigné, S.-M. Cherif, A. A. Stashkevich, M. Hayashi, and J.-P. Adam, *Phys. Rev. B*, **94**, 104431 (2016).

[25] A. A. Belavin and A. M. Polyakov, *JETP Lett.*, **22**, 245 (1975), translated from Pis'ma Zh. Eksp. *Teor. Fiz.*, **22**, 503 (1975).

[26] S. Mühlbauer, B. Binz, F. Jonietz, C. Pfleiderer, A. Rosch, A. Neubauer, R. Georgii, and P. Böni, *Science,* **323**, 915 (2009).

[27] S. Seki, X. Z. Yu, S. Ishiwata, and Y. Tokura, *Science*, **336**, 198 (2012).

[28] S. Heinze, K. von Bergmann, M. Menzel, J. Brede, A. Kubetzka, R. Wiesendanger, G. Bihlmayer, and S. Blügel, *Nat. Phys.,* **7**, 713 (2011).

[29] S. S. P. Parkin, N. More, and K. P. Roche, *Phys. Rev. Lett.*, **64**, 2304 (1990).

[30] J. Unguris, R. J. Celotta, and D. T. Pierce, *J. Appl. Phys.*, **75**, 6437 (1994).

[31] T.-S. Choy, J. Naset, J. Chen, S. Hershfield, and C. Stanton. A database of fermi surface in virtual reality modeling language (vrml). *Bulletin of The American Physical Society,* **45**(1): L36 42, (2000). http://www.phys.ufl.edu/fermisurface/

参考文献　　111

[32] 井上順一郎，伊藤博介 著，『スピントロニクス —基礎編— （現代講座・磁気工学 3)』，共立出版 (2010).

[33] P. Bruno, *J. Phys. Condens. Matter*, **11**, 9403 (1999).

[34] S. S. P. Parkin, C. Chappert, and F. Herman, *Euro-Physics Letters*, **24**, 71 (1993).

[35] M. D. Stiles, *Phys. Rev. B* **48**, 7238 (1993).

[36] M. Fraune, U. Rüdiger, G. Güntherodt, S. Cardoso, and P. Freitas, *Appl. Phys. Lett.*, **77**, 3815 (2000).

[37] 角田匡清，今北健一，高橋研，日本応用磁気学会誌，**29**, 722 (2005).

[38] Y. Huai, J. Zhang, G. W. Anderson, P. Rana, S. Funada, C.-Y. Hung, M. Zhao, and S. Tran, *J. Appl. Phys.*, **85**, 5528 (1999).

[39] B. D. Schrag, A. Anguelouch, S. Ingvarsson, G. Xiao, Y. Lu, P. L. Trouilloud, A. Gupta, R. A. Wanner, W. J. Gallagher, P. M. Rice, and S. S. P. Parkin, *Appl. Phys. Lett.*, **77**, 2373 (2000).

[40] H. Kubota, Y. Ando, T. Miyazaki, G. Reiss, H. Brückl, W. Schepper, J. Wecker, and G. Gieres, J. *Appl. Phys.*, **94**, 2028 (2003).

第4章

スピントロニクス素子とデバイス物理

例えばトンネル磁気抵抗素子は磁界センサにも，発振器・増幅器・検波器にもなる．スピントロニクスではこのように同様な構造をもつ素子がいろいろな機能を示す．そこで，本章では単に素子の積層構造ではなくその機能に注目して解説を行う．その過程で素子機能の基礎となる物性とデバイス物理を順次学んでいく．

4.1 磁気抵抗素子（MR 素子）

スピントロニクスの諸現象の中で磁気抵抗効果（MR 効果）はスピンと電荷を結び付けるものであり，最も重要な効果の 1 つである．そこで，まず種々の磁気抵抗効果とそれを利用した素子について学ぶ．

4.1.1 異方性磁気抵抗素子（AMR 素子）

磁化の方向と電流の方向の相対角により電気抵抗が変わる現象を異方性磁気抵抗効果 (AMR) と呼ぶ（2.3.1 項 2)）．図 4.1 に Ni の異方性磁気抵抗 (AMR) 曲線を示す [1]．電流方向に対し平行に磁界を印加した場合，飽和比抵抗 $\rho_{//}$ が高く，一方，電流に対し直交方向に磁界を印加した場合，飽和比抵抗 $\rho_{\perp}$ は低くなる．この比を AMR 比と呼び，通常以下のように定義する．

$$\mathrm{AMR} \equiv \frac{\rho_{//} - \rho_{\perp}}{\rho_{\mathrm{ave}}} \times 100 \ [\%] \tag{4.1}$$

ここで，$\rho_{\mathrm{ave}} \equiv \rho_{//}/3 + 2\rho_{\perp}/3$ は磁化が乱雑な方向を向いた場合の平均の比抵抗である．

AMR 比は，Ni, Fe などの多結晶体では室温で 3% 程度と小さいが，軟磁気特

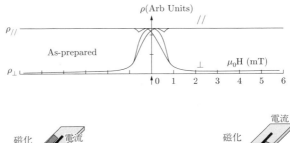

図 4.1 (上図) Ni の異方性磁気抵抗曲線 [1]．(下図) 異方性磁気抵抗効果の測定に用いる 2 つの配置．

性[12] に優れた FeNi 合金を作り，低磁界で磁化の方向が容易に変化するようにすると感度の高い磁界センサとなる．磁性層が一層しか必要でないためにセンサを薄くできること，作製が容易であることなどいくつか利点がある．実際，最初に磁気抵抗効果を適用したハードディスクの再生には AMR が用いられていた．

磁気抵抗効果が異方的になるためには電子のスピンの向きと運動の向きの間にスピン軌道相互作用 (1.13b) により関係が生じている必要がある [2, 3]．式 (A.24b) に示したようにプレーナー Hall 効果も $\rho_{//} - \rho_{\perp}$ に比例しており，これらの効果はいずれもスピン軌道相互作用に起因する．図 A.6 に抵抗値と Hall 電圧の相対角依存性を示した．AMR とプレーナー Hall 効果は第 2 章で説明した $\omega - 2\omega$ 法によるスピントルクの測定にも用いられる．

AMR 効果の大きさを理論的に説明する式がいくつか提案されている [3, 4]．Dirac 系や Weyl 半金属では大きな AMR が生じることが報告され，Berry 曲率との関係が議論されている [5]．

---

[12] 非常に弱い外部磁界で飽和する性質．帯磁率 χ が非常に大きい．

4.1 磁気抵抗素子（MR 素子）　　115

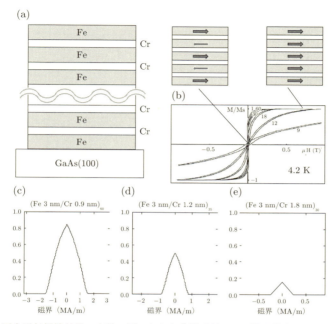

図 4.2　巨大磁気抵抗効果の実験に用いられた薄膜試料の (a) 構造模式図．(b) 磁化曲線．図中の数字は Cr の膜厚 [nm]．(c)–(e) 磁気抵抗曲線 [6]．

4.1.2　巨大磁気抵抗素子（GMR 素子）

1988 年に Fe/Cr 人工格子において，AMR をはるかに上回る大きな磁気抵抗効果（巨大磁気抵抗効果：GMR）が発見され，現在のスピントロニクス分野が形成される大きなターニングポイントとなった．本項では，GMR のメカニズムおよび種々の GMR 素子の構造と特徴について述べる．

1) GMR 効果の発見

図 4.2 に Baibich らの実験で用いられた薄膜試料の (a) 構造模式図，(b) 磁化曲線，および (c)–(e) 磁気抵抗曲線を示す [6]．図 4.2(a) の試料は Fe 3 [nm] と Cr 0.9 [nm] の非常に薄い薄膜を交互に 60 周期重ねた多層膜（人工格子）で，単結晶 GaAs 基板上に MBE 法により作製された．Fe および Cr 層の厚さを種々

116 第 4 章 スピントロニクス素子とデバイス物理

変えた試料も同時に作製された. 図 4.2(b) はこれらの試料の磁化曲線である. ゼロ磁界で磁化がほぼゼロになっているのは Cr 層を介した Fe 層間の層間交換結合により Fe の磁化が反平行に結合しているためである（3.2.1 項参照）. 低磁界では各層の磁化は反平行配置をとるために磁化が小さく, 高磁界では各層の磁化が磁界方向に平行に揃うので試料全体の磁化が増加する. 図 4.2(c)–(e) はこれに対応する磁気抵抗曲線.（磁界による抵抗の変化分のグラフ. 飽和時（平行磁化）の抵抗値 R_P で規格化してある (2.12).）抵抗は**面内方向に電流を流すことにより測定された (CIP GMR: Current-in-Plane GMR)**. いずれの試料も磁界の印加とともに電気抵抗が減少し, ある磁界より大きい磁界では飽和している. 3 つの試料の中で Cr = 0.9 [nm] の試料が最も大きな電気抵抗の変化を示し MR 比は 4.2 [K] で約 80％である. これは AMR 効果より 1 桁大きな値であったため, **巨大磁気抵抗 (GMR)** と名付けられ, 基礎・応用の両観点から大きな関心を集めた.

次に, 多層膜における磁気抵抗効果と磁化配列の関係を電子スピンの 2 流体モデル [2, 3] に基づいて考える. 金属では Fermi 面付近の電子が伝導に寄与するが, 強磁性体の場合は多数スピンと少数スピンでその数や散乱確率が異なる. このため, それぞれのスピンが異なる電気抵抗率 ρ_+, ρ_- を与える（+(−) は多数（少数）スピン）. 例えば少数スピンがよく散乱されるなら $\rho_+ < \rho_-$ となる. 図 4.3(a), (b) には多層膜の磁化が平行のときと反平行のときの電子の散乱の様子を図示した. 左（右）向きのスピンは右（左）向きの磁化をもつ磁性層でよく散乱されるという様子を示している.

このときの 2 流体モデルに基づく等価回路を図 4.3(c), (d) に示した. 多層膜の磁化が平行で右向きであるなら右向きのスピンをもつ電子が強磁性層を n 層横切ったときの抵抗値は $n\rho_+$, 左向きスピンの場合は $n\rho_-$ に比例する. これらの伝導パスが並列になっているので合成抵抗は $R_\mathrm{P} \propto \left((n\rho_+)^{-1} + (n\rho_-)^{-1}\right)^{-1} = n\rho_+\rho_-/(\rho_+ + \rho_-)$ となる. 各層の磁化が反平行の場合は $n/2$ 層は同じ向き, 残りの $n/2$ は逆向きなので合成抵抗は $R_\mathrm{AP} \propto \left((n\,(\rho_+ + \rho_-)/2)^{-1} + (n\,(\rho_+ + \rho_-)/2)^{-1}\right)^{-1} = n\,(\rho_+ + \rho_-)/4$ となる. よって磁気抵抗比は式 (2.12) を用いて

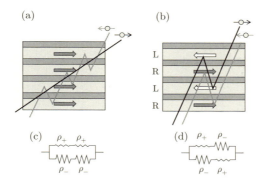

図 4.3 多層膜断面とスピン依存散乱の模式図 (a) 磁化が平行配置の場合，(b) 磁化が反平行配置の場合，(c) 平行配置の等価回路，(d) 反平行配置の等価回路．

$$\mathrm{MR} \approx \frac{(\rho_+ - \rho_-)^2}{4\rho_+ \rho_-} \times 100 \ [\%] \tag{4.2}$$

と見積もられる．電気抵抗率のスピン依存性で GMR を定性的に説明できることが分かる．ここで重要なことは電子が 1 つの層から次の層に行くときに自身のスピンの向きを保っていることである．伝導電子のスピンが散乱により反転するまでの距離をスピン拡散長と呼ぶが，GMR 素子では各層の膜厚がスピン拡散長よりも十分に薄いことが重要である．

表 4.1 にはこれまでに報告された種々の積層膜の GMR 効果の測定例を示した．表から分かるように単純金属の場合，Fe/Cr および Co/Cu の組み合わせにおいて大きな GMR 効果が得られている．これらの物質では ρ_+/ρ_- あるいは ρ_-/ρ_+ が大きいために MR が大きくなる．この傾向は電子状態の考察からも半定量的に説明できる [2]．また，Heusler 合金を用いた GMR 素子では最大 75% もの GMR 効果が得られている．この結果は，これらの物質では Fermi 面でのスピン偏極率が 100% のハーフメタルであることに起因していると考えられる．また，表中，"Granular" と示されている素子は磁性金属を非磁性金属の中に直径数十ナノメートル程度の微粒子として分散した膜を利用している．Granular 構造の GMR 素子は積層構造に比べて MR 比は小さいが作製が簡単であるといった利点がある．

118　第 4 章　スピントロニクス素子とデバイス物理

表 4.1　低温，室温における MR 比

積層構造	MR 比 (%)		文献
	LT	RT	
[Fe 3 nm/Cr 0.9 nm]×60	80 (4.2 K)		M. N. Baibich, *Phys. Rev. Lett.*, **61** (1988) 2472.
[Fe 1.4 nm/Cr 0.8 nm]×50	150 (4.2 K)	28	E. E. Fullerton, et al., *Appl. Phys. Lett.*, **63** (1993) 1699.
Fe 5 nm/[Co 1.5 nm/ Cu 0.9 nm]×30	78	48	D. H. Mosca, et al., *J. Magn. Magn. Mat.*, **94** (1991) L1.
[Co 3 nm/Cu 5 nm/ Ni–Fe 3 nm/Cu 5 nm]×15		9.9	T. Shinjo, et al., *J. Phys. Soc. Jpn*, **59** (1990) 3061.
Ni–Fe 5/Cu 2/Ni–Fe 4.5/ FeMn 7		5	B. Dieny, et al., *Phys. Rev. B*, **43** (1991) 1297.
CoNbZr 10/NiFe 2/CoFe 4.9 /Cu 2.8 /CoFe 4.9 / FeMn 8nm		8	Y. Kamiguchi, et al., *J. Appl. Phys.*, **79** (1996) 6399.
$Co_{28}Ag_{72}$ granular（数 μm）	75 (5 K)	24	J. Q. Xiao, et al., *Phys. Rev. B*, **46** (1992) 9266.
Co_2MnSi (3〜11 nm)/ Ag 5 nm/Co_2MnSi (3〜11 nm)	67 (110 K)	36	Y. Sakuraba, et al., *Phys. Rev. B*, **82** (2010).
$Co_{49.1}Fe_{24.6}Al_{14.0}Si_{12.3}$ 2.5 nm/Ag 5 nm/ $Co_{49.1}Fe_{24.6}Al_{14.0}Si_{12.3}$ 2.5 nm	80 (14 K)	38	T. M. Nakatani, et al., *Appl. Phys. Lett.*, **96** (2010) 212501.
$Co_2Fe_{0:4}Mn_{0:6}Si$ 20 nm/Ag 5 nm/$Co_2Fe_{0:4}Mn_{0:6}Si$ 10 nm		75	J. Sato, et al., *Appl. Phys. Exp.*, **4** (2011) 113005.

　最後に，隣接する 2 つの強磁性層の磁化がなす相対角度を θ とすると，電気
抵抗の磁化相対角依存性は以下のように近似される．

$$R(\theta) \approx \frac{R_{AP} + R_P}{2} + \frac{R_{AP} - R_P}{2} \cos\theta \tag{4.3}$$

式 (4.2), (4.3) は近似式であるが GMR の直観的な理解のためには有用である．
一方，膜厚が電子の拡散長や干渉長より小さくなると Ohm の法則（直列抵抗

の加算性など）も上式の $\cos\theta$ 依存性も一般には成り立たなくなる点に注意が必要である．面内電流であるにもかかわらず膜を通過する際の散乱確率が伝導に影響することも電気伝導の非局所性の結果である．スピントロニクスにおける種々の効果は Ohm の法則のような古典描像が成り立たなくなる境界付近で生じるものであることは興味深い．

2) 非結合型 GMR 素子（スピンバルブ）

GMR 素子を磁界センサーに応用する場合，小さな磁界で大きな抵抗変化を示す必要がある．Fe/Cr 多層膜では Fe 層間に反強磁性的交換結合があり磁化の方向を揃えるために大きな磁界が必要である．これはセンサー応用の観点からは望ましくない．そこで，磁性層間の結合が非常に弱くなるように制御された素子が開発された [7, 8]．現在実用化しているのは第 3 章で紹介した一方向異方性と積層フェリ構造 (SAF) を組み合わせた構造である．この構造により一方の強磁性層の磁化を固定し，もう一方の強磁性層のみを自由に外部磁界に追従させることができる（図 3.10）．磁化を固定した層を固定層あるいは参照層と呼び，自由に磁化が動く層を自由層と呼ぶ．この構造はスピンバルブと呼ばれ広く応用されている．

3) CPP-GMR 素子

GMR 素子は膜厚が数百ナノメートル以下の金属薄膜であるため通常は電流を面内方向に流して利用する（CIP 素子）．その一方で，面直に電流を流すと GMR 効果が大きくなり理論との比較も容易となることから電流を積層膜面に垂直に流す素子（CPP 素子：current-perpendicular-to-plane）の研究も行われている [9]．

最初の実験は Co (6 [nm])/Ag (6 [nm]) 多層膜について配線抵抗の影響を除くために超伝導電極を用いて行われた [10]．4.2 [K] で磁気抵抗を測定した結果，CPP-GMR は 45%，CIP-GMR は 9%であった．現在では接合部をサブミクロンにまで微小化することで常伝導電極でも素子抵抗の測定が可能になっている [11]．

CPP-GMR 素子を用いることにより，磁性層と非磁性層の組み合わせによって

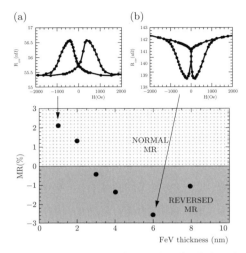

図 4.4 $Fe_{72}V_{28}(d_{FeV}\ [nm])/Cu\ (2.3\ [nm])/\ Co\ (0.2\ [nm])/Cu\ (2.3\ [nm])$ 膜のCPP-GMR 効果 (4.2 [K]) の FeV 膜厚依存性. (a) FeV が 1 [nm] の場合の MR 曲線. (b) FeV が 6 [nm] の場合の MR 曲線 [12].

は MR 比が負になることが示された [12]. 図 4.4 は, $Fe_{72}V_{28}$ 合金 (t_{FeV})/Cu 2.3 [nm]/Co 0.4 [nm]/Cu 2.3 [nm] 薄膜を Nb の超伝導電極で挟み込んだ CPP-GMR 素子の 4.2 [K] における MR 測定の結果である. 積層回数は 20 回である. 横軸は $Fe_{72}V_{28}$ 合金膜の膜厚であり, 膜厚が大きくなると負の MR 効果が得られることが示された. この結果は, 電子のスピン依存散乱には界面散乱とバルク散乱があり, FeV のバルク散乱が負の寄与をもつためとして理解された.

4.1.3 拡散的スピン依存伝導の物理

電子の輸送現象を取り扱う半古典的な理論として Boltzmann 方程式による取り扱いがある (A.7 節). この取り扱いは電子の平均自由行程 (室温の金属では 10 [nm] 程度) より十分に大きな構造しかもたない系で成り立つものではあるがスピントロニクスにおいては数ナノメートル程度の微細な構造をもつ系に対しても半定量的にあるいは現象論的に適用する場合が多い. その場合でも, 物理的描像を描きやすいという利点がある. 意欲のある読者には A.7 節を参照し

4.1 磁気抵抗素子（MR 素子）　　**121**

ながら以下の内容を習得することをお勧めする.

1) Valet-Fert の方程式 [9]

　（強磁性）金属や半導体中には電子あるいは正孔があり，これらのキャリアの流れにより電荷やスピン角運動量が運ばれる．キャリアが物質中を運動する際，不純物やフォノンによる散乱を受け，その運動の方向を変える．散乱を受けずにキャリアが移動できる距離の平均を平均自由行程と呼ぶ．この距離より大きなスケールで物質をみるとキャリアは多数回の散乱のために拡散的な運動をしている．キャリアは電荷のみでなくスピン角運動量をもつが，**スピン軌道相互作用が小さい場合**は多数回の散乱イベントのうちスピン角運動量の変化を伴うものはわずかである．そのためスピンを保存したまま移動できる距離（スピン拡散長：室温の非磁性金属では 500 [nm] 程度）は平均自由行程より長くなる．すなわち，平均自由行程とスピン拡散長という 2 つの特徴長さの間の領域ではスピンはほとんど保存するが，その空間的運動は拡散的であるスピン依存拡散伝導が生じる．この場合，一様に磁化した強磁性体の中では多数スピン (+) をもつキャリアと少数スピン (−) をもつキャリアの流れをほとんど独立に扱うことができる（2 流体モデル）.

　さて，電界などの外力がない場合は熱と散乱のためにキャリアは乱雑な運動をしており，熱平衡にある一様な物質中では平均の速度はゼロである．しかし，キャリア密度が非一様である場合は，ランダムな運動の結果，キャリアは物質中に一様に拡がろうとする．すなわち，密度の高いところから低いところに向かって正味の流れが生じる．この流れを拡散流と呼び，密度勾配に比例する．すなわち，拡散による**キャリア粒子数の流れの密度**は多数 (+) および少数 (−) スピンバンドに対するキャリア数密度 (n_+, n_-) とスピンに依存した拡散係数 (D_+, D_-) を用いて式 (4.4a) のように書くことができる.

$$\begin{cases} \mathbf{j}_\pm^{\text{Diffusion}} = -D_\pm \, grad \, [n_\pm] & (4.4\text{a}) \\ \mathbf{j}_\pm^{\text{Drift}} = \dfrac{\sigma_\pm}{-e} \mathbf{E} = -\dfrac{\sigma_\pm}{-e} grad \, [\phi] & (4.4\text{b}) \end{cases}$$

物質に電界 $\mathbf{E} = -grad\,[\phi]$ が加わるとキャリアは電界から力を受けるために一方向に散乱を繰り返しながらドリフト運動をする（ϕ は電気ポテンシャル）．こ

122 第 4 章 スピントロニクス素子とデバイス物理

のとき，多数および少数スピンバンドではキャリア数も散乱確率も異なるために，これら 2 つのチャネルは異なる電気伝導率を示す．すなわち，電界により式 (4.4b) のようにキャリアのドリフト流が発生する．$\sigma_{\pm}$ はスピンに依存した電気伝導率である．式 (4.4b) の両辺は粒子数の流れの密度を得るためにキャリアの電荷 $-e$ で割ってある（以下，キャリアとして電子のみを扱う）．

上式におけるキャリア数はスピンに依存した化学ポテンシャルを用いて以下のように表現される．

$$\delta n_{\pm} = N_{\pm} \delta \mu_{\pm} \tag{4.5a}$$

$$\begin{cases} N_{\pm} = \text{DOS}_{\pm}(\mu_{\text{eq}}) : \text{金属} & \text{(4.5b)} \\[2mm] N_{\pm} = \dfrac{n_{\pm}^{\text{eq}}}{k_{\text{B}} T} \quad\quad : \text{半導体} & \text{(4.5c)} \end{cases}$$

$\text{DOS}_{\pm}(\mu_{\text{eq}})$ は金属の熱平衡の Fermi 準位（化学ポテンシャル μ_{eq}）における状態密度 $[1/(\text{m}^3\text{J})]$，$n_{\pm}^{\text{eq}}$ は半導体の熱平衡状態におけるキャリア数密度 $[1/\text{m}^3]$ である．キャリアの移動度と拡散係数を結び付ける Einstein の関係式 (4.6d) を用いると式 (4.4) は以下のように 1 つにまとまる．

$$\begin{cases} \mathbf{j}_{\pm} \equiv \mathbf{j}_{\pm}^{\text{Diffusion}} + \mathbf{j}_{\pm}^{\text{Drift}} & \text{(4.6a)} \\[2mm] \mathbf{j}_{\pm} = -\dfrac{\sigma_{\pm}}{e^2} grad\left[\bar{\mu}_{\pm} - e S_{\pm}^{\text{Seebeck}} T\right] & \text{(4.6b)} \\[2mm] \bar{\mu}_{\pm} \equiv \mu_{\pm} - e\phi & \text{(4.6c)} \\[2mm] e^2 N_{\pm} D_{\pm} = \sigma_{\pm} & \text{(4.6d)} \end{cases}$$

$\bar{\mu}_{\pm}$ は電気化学ポテンシャルと呼ばれる．すなわちキャリアは電気化学ポテンシャルの坂を転げ落ちるように流れる．また，上式には温度勾配の寄与も加えてある．$S_{\pm}^{\text{Seebeck}}[\text{V/K}]$ はスピンに依存した Seebeck 係数である．

上記の粒子の流れに伴う電流密度 $\mathbf{j}^{\text{C}}[\text{C/m}^2]$ とスピン流（角運動量流）密度 $\bar{\mathbf{j}}^{\text{S}}[\text{J/m}^2]$ はキャリアのもつ電気量およびスピン角運動量をかけて

$$\begin{cases} \mathbf{j}^{\text{C}} = -e\left(\mathbf{j}_{+} + \mathbf{j}_{-}\right) & \text{(4.7a)} \\[2mm] \bar{\mathbf{j}}^{\text{S}} = \dfrac{\hbar}{2}\left(\mathbf{j}_{+} - \mathbf{j}_{-}\right)\mathbf{e}_{\zeta} & \text{(4.7b)} \end{cases}$$

と表される．ここで，$\mathbf{e}_{\zeta}$ は多数スピンの方向を表す単位ベクトルである．スピ

ン流密度 $\tilde{\mathbf{j}}^S$ は，電流の方向ベクトルと多数スピンの方向ベクトルの直積にその大きさを付けた量となっている．電気量とスピンについての保存則は以下のようになる．

$$
\begin{cases}
\dfrac{\partial \rho}{\partial t} + div\mathbf{j}^{\mathrm{C}} = 0 & \text{(4.8a)} \\[2mm]
\dfrac{\partial \mathbf{s}}{\partial t} + div\tilde{\mathbf{j}}^{\mathrm{S}} = -2\dfrac{\mathbf{s}_+ - \mathbf{s}_+^{\mathrm{eq}}}{\tau_{\mathrm{sf},+}} - 2\dfrac{\mathbf{s}_- - \mathbf{s}_-^{\mathrm{eq}}}{\tau_{\mathrm{sf},-}} & \text{(4.8b)}
\end{cases}
$$

ここで，$\rho = -e\,(n_+ + n_-)$ は電荷密度 [C/m^3]，$\mathbf{s} = \mathbf{s}_+ + \mathbf{s}_-$ はスピン密度 [Js/m^3]，$\mathbf{s}_\pm = \pm\frac{\hbar}{2}n_\pm\mathbf{e}_\zeta$ は多数（少数）スピンのスピン密度，$\mathbf{s}_\pm^{\mathrm{eq}}$ は多数（少数）スピンの熱平衡状態におけるスピン密度である．電荷については保存則 (4.8a) が成り立ち，ある点で電流の湧き出しがあると，その点では電荷密度が減少する．この式は連続の式とも呼ばれる．一方，非平衡なスピン密度（スピン蓄積）はスピンフリップ遷移（多数スピンバンドと少数スピンバンドの間の遷移）のために保存せず時間とともに熱平衡におけるスピン密度に緩和していく．緩和に要する時間は多数（少数）スピンについて $\tau_{\mathrm{sf},+}\,(\tau_{\mathrm{sf},-})$ [s] 程度である．室温の $\tau_{\mathrm{sf},\pm}$ は Si で最大 1 [ns] 程度，グラフィンでは最大 500 [ps] 程度，Ag では 5 [ps] 程度である．Fe などの強磁性金属のスピン拡散長は 5〜10 [nm] 程度であり貴金属の $1/15$〜$1/30$ 程度であることから，τ_{sf} は 10 [fs] 前後と予想される．

電流およびスピン流の駆動式 (4.6) と連続の式 (4.8) を組み合わせ，スピンフリップに関するつり合いの式 $N_+\tau_{\mathrm{sf},-} = N_-\tau_{\mathrm{sf},+}$ を用いることにより定常状態について以下の拡散方程式（Valet-Fert の式）を得る．ただし，物質と温度は空間的に一様であるとした．以下の式は多層膜内の各層それぞれに適用でき，膜全体の応答はこれらの解を適当な境界条件で接続して得られる．

$$
\begin{cases}
\Delta\,(\sigma_+\mu_+ + \sigma_-\mu_-) = 0 & \text{(4.9a)} \\[2mm]
\Delta\,(\mu_+ - \mu_-) = \dfrac{\mu_+ - \mu_-}{\lambda_{\mathrm{sf}}^2} & \text{(4.9b)} \\[2mm]
\lambda_{\mathrm{sf}}^{-2} \equiv \lambda_{\mathrm{sf},+}^{-2} + \lambda_{\mathrm{sf},-}^{-2} & \text{(4.9c)} \\[2mm]
\lambda_{\mathrm{sf},\pm} \equiv \sqrt{D_\pm\tau_{\mathrm{sf},\pm}} & \text{(4.9d)}
\end{cases}
$$

ここで，λ_{sf} はスピン拡散長，$\lambda_{\mathrm{sf},\pm} = \sqrt{D_\pm\tau_{\mathrm{sf},\pm}}$ [m] は多数（少数）スピンのスピン拡散長である．式 (4.9a) は一様な物質中には空間的に電荷の蓄積がない

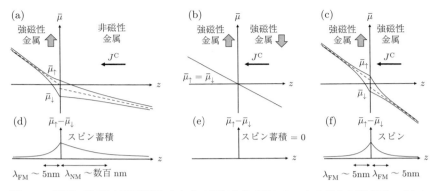

図 4.5 界面に垂直に電流が流れたときの電気化学ポテンシャルの変化の模式図．バルク抵抗にのみ非対称性がある場合．(a)–(c) 電気化学ポテンシャルの変化の模式図．(d)–(f) スピン蓄積の模式図．(a), (d) 強磁性金属 (FM) と非磁性金属 (NM) の接合の場合．(b), (e) FM/FM 接合で磁化が平行の場合．(c), (f) FM/FM 接合で磁化が反平行の場合．

ことを，式 (4.9b) は界面などに発生するスピン蓄積がスピン緩和長程度の距離で緩和することを示している．

2) スピン注入と界面抵抗

強磁性金属から非金属に電子を注入した場合の電気化学ポテンシャルの空間分布を図 4.5(a) に模式的に示した．図において↑,↓は実際のスピンの方向である．例えば磁化が下向きのときの↓は多数スピン (+) を表す．境界条件として界面における各スピンチャネルの電気化学ポテンシャルと粒子の流れの連続性が仮定されている．強磁性金属 (FM) と非磁性金属 (NM) の伝導率とスピン拡散長をそれぞれ $\sigma_{\pm}^{FM}, \lambda_{sf,\pm}^{FM}$ および $\sigma_{\pm}^{NM}, \lambda_{sf,\pm}^{NM}$ とする．$\sigma_{+}^{FM} > \sigma_{+}^{NM} = \sigma_{-}^{NM} > \sigma_{-}^{FM}$ とすると，接合部には強磁性体の多数スピン↑は流れ込みやすいが非磁性体中には流れ出しにくいため界面にスピン蓄積が発生する（図 4.5(d)）．スピン蓄積が発生すると $\bar{\mu}_{+}$ と $\bar{\mu}_{-}$ が分裂する．この結果，例えば，強磁性体の多数スピンの電気化学ポテンシャルの傾き（したがって粒子の流れ）は界面付近で小さくなり，非磁性体中への流れ出しと一致することにより界面を通してよどみのない流れを達成する．

4.1 磁気抵抗素子（MR 素子） **125**

さて，図中の点線は電気ポテンシャルを表している．強磁性体の電気化学ポテンシャルの分裂が非対称であるため界面で電気ポテンシャルに不連続が生じていることが分かる．これは，界面に抵抗が発生していることに対応する．界面抵抗 $r_{\mathrm{interface}}[\Omega\mathrm{m}^2]$ と非磁性体に注入される電流のスピン偏極率は式 (4.10) のように表される．

$$
\left\{
\begin{array}{ll}
r_{\mathrm{interface}} = \beta^{\mathrm{asym}^2} \left(\dfrac{1}{r^{\mathrm{FM}}} + \dfrac{1}{r^{\mathrm{NM}}} \right)^{-1} & \text{(4.10a)} \\[4mm]
\dfrac{j_\uparrow - j_\downarrow}{j_\uparrow + j_\downarrow} = \left(1 + \dfrac{r^{\mathrm{NM}}}{r^{\mathrm{FM}}} \right)^{-1} \beta^{\mathrm{asym}} & \text{(4.10b)}
\end{array}
\right.
$$

$$
\left\{
\begin{array}{ll}
\beta^{\mathrm{asym}} \equiv \dfrac{\sigma_+^{\mathrm{FM}} - \sigma_-^{\mathrm{FM}}}{\sigma_+^{\mathrm{FM}} + \sigma_-^{\mathrm{FM}}} & \text{(4.11a)} \\[4mm]
r^{\mathrm{FM}} \equiv \dfrac{\lambda_{\mathrm{sf}}^{\mathrm{FM}}}{4} \left(\sigma_+^{\mathrm{FM}^{-1}} + \sigma_-^{\mathrm{FM}^{-1}} \right) & \text{(4.11b)} \\[4mm]
r^{\mathrm{NM}} \equiv \dfrac{\lambda_{\mathrm{sf}}^{\mathrm{NM}}}{4} \left(\sigma_+^{\mathrm{NM}^{-1}} + \sigma_-^{\mathrm{NM}^{-1}} \right) & \text{(4.11c)}
\end{array}
\right.
$$

ここで，β^{asym} は強磁性体の伝導率のスピン非対称度，r^{FM}，$r^{\mathrm{NM}}[\Omega\mathrm{m}^2]$ は**スピン抵抗**と呼ばれる量であり，式 (4.11) にその表式がある．界面抵抗 $r_{\mathrm{interface}}$ は電気伝導率の非対称性が大きくかつスピン抵抗が大きいときに大きくなる．一方，注入電流の偏極度は非磁性体のスピン抵抗が大きい場合は小さくなる．例えば半導体の場合は電気伝導率が低く，スピン拡散長が大きいのでスピン抵抗が大きい．このため強磁性金属から半導体へのスピン注入は困難となる [13]．半導体へのスピン注入の困難は界面に絶縁体の障壁を設けてトンネル電流として注入したりハーフメタルを利用することにより解決できる [14, 15].

図 4.5(b), (c), (e), (f) には強磁性体／強磁性体の接合の場合を示した．(b), (e) は磁化が平行の場合であり界面では何も起こらない．この場合でもスピン流は流れていることに注意してほしい．(c), (f) に示したように磁化が反平行の場合は界面に大きなスピン蓄積を生じ，界面抵抗 $2r^{\mathrm{FM}}\beta^{\mathrm{asym}^2}$ が発生する．磁化が平行な場合と反平行な場合の界面抵抗の違いがバルク抵抗のスピン非対称性による CPP-GMR であると考えてよい．

実際には金属の界面ではバンドの不連続のためにスピンに依存した電子の反射が生じる．このことを表すために Valet-Fert はスピン依存界面抵抗 r_s $[\Omega\mathrm{m}^2]$

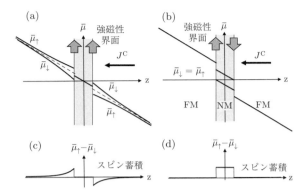

図 4.6 強磁性 (FM)／非磁性 (NM)／強磁性 (FM) 接合に垂直に電流が流れたときの電気化学ポテンシャルの変化の模式図．界面抵抗にのみ非対称性がある場合．(a), (c) 界面磁化方向が等しい場合．(b), (d) 界面磁化方向が反平行な場合．(a), (b) 電気化学ポテンシャルの変化の模式図．(c), (d) スピン蓄積の模式図．

を以下のように現象論的に導入した [9]．

$$\begin{cases} \mu_s(z=+0) - \mu_s(z=-0) = er_s j_s^{\mathrm{C}}(z=0) & (4.12\mathrm{a}) \\ \gamma^{\mathrm{asym}} \equiv -\dfrac{r_+ - r_-}{r_+ + r_-} & (4.12\mathrm{b}) \end{cases}$$

γ^{asym} は r_s の非対称度を表すパラメーターである．図 4.6 にはスピンに依存した界面抵抗がある場合の電気化学ポテンシャルの模式図を FM/NM/FM 接合について示した．簡単のためにバルクの抵抗はどの層でもスピンに依存せず同じであるとした．図 4.6(a), (c) にあるように界面磁化が平行の場合は↑と↓のスピンをもつ電子の流れの大きさが異なるために界面に多少のスピン蓄積が現れるが，界面抵抗は小さい．一方，界面磁化が反平行の場合（図 4.6(b), (d)）は非磁性層に，スピン蓄積が生じないが大きな界面抵抗が生じる．この結果は図 4.3 に示した GMR の物理描像とよく一致する．具体的な表式は FM/NM 界面について式 (4.13) となる．

$$\begin{cases} r_{\mathrm{interface}} = \dfrac{r_+ + r_-}{4}\left(1 - \dfrac{r_+ + r_-}{r_+ + r_- + 4(r^{\mathrm{FM}} + r^{\mathrm{NM}})}(\gamma^{\mathrm{asym}})^2\right) & (4.13\mathrm{a}) \\ \dfrac{j_\uparrow(0) - j_\downarrow(0)}{j_\uparrow(0) + j_\downarrow(0)} = \dfrac{r_- - r_+}{r_+ + r_- + 4(r^{\mathrm{FM}} + r^{\mathrm{NM}})} & (4.13\mathrm{b}) \end{cases}$$

表 **4.2** バルクおよび界面依存散乱の係数. JAP=*J. Appl. Phys.*

試料	β^{asym}	γ^{asym}	T (K)	文献
Co/Cu	0.5	0.76	4.2	W. P. Pratt Jr., et al., *J. Mag. Mag. Mat.*, **126**, 406 (1993).
Co/Ag	0.48	0.85	4.2	W. P. Pratt Jr., et al., *J. Mag. Mag. Mat.*, **126**, 406 (1993).
Co/AgSn	0.41	0.83	4.2	W. P. Pratt Jr., et al., *J. Mag. Mag. Mat.*, **126**, 406 (1993).
Co/Cu	0.5	0.3–0.6	20	B. Doudin, et al., JAP, **79**, 6090 (1996).
Co/Cu	0.4–0.5	0.2–0.4	300	B. Doudin, et al., JAP, **79**, 6090 (1996).
Co/Cu	0.36	0.85	77	L. Piraux, et al., *J. Mag. Mag. Mat.*, **156**, 317 (1996).
$\mathrm{Ni_{84}Fe_{16}}$/Cu	0.7	0.7	4.2	S. D. Steenwyk, et al., *J. Mag. Mag. Mat.*, **170**, L1 (1997).
$\mathrm{Fe_{85}V_{15}}$/Cu	−0.11	0.58	4.2	S. Y. Hsu, *Phys. Rev. Lett.*, **78**, 2652 (1997).
$\mathrm{Fe_{90}Cr_{10}}$/Cu	−0.09	0.46	4.2	C. Vouille et al., JAP, **81**, 4573, (1997).
$\mathrm{Fe_{70}Cr_{30}}$/Cu	−0.24	0.17	4.2	C. Vouille et al., JAP, **81**, 4573, (1997).
$\mathrm{Ni_{95}Cr_{5}}$/Cu	−0.09	0.27	4.2	C. Vouille et al., JAP, **81**, 4573, (1997).

r^{FM} はスピン抵抗である. $r_+ + r_- \gg 4r^{\mathrm{FM}}$ ならスピン抵抗の影響を受けずにスピン注入が可能であることが分かる.

多層膜がスピンに依存したバルク散乱と界面散乱を含む場合の GMR の Valet-Fert 模型による解析的な式は複雑である [2, 9]. バルク散乱機構においても界面散乱機構においても GMR はスピン偏極度の 2 次の効果であり, 隣接する 2 つの層のスピン偏極度の符号が異なれば負の GMR が現れる. 表 4.2 に界面散乱, バルク散乱の係数をまとめて示す. FeV 以外にも $\mathrm{Ni_{95}Cr_{5}}$, $\mathrm{Fe_{90}Cr_{10}}$, $\mathrm{Fe_{70}Cr_{30}}$ の組成でも負の β が報告されている [16]. 以上のように, CPP-GMR には界面のみならずバルクのスピン依存散乱も大きく寄与しており, 散乱の非対称性はバルクの電子状態を反映している.

ここまでは磁化が平行または反平行の場合のみ議論した. またスピン依存界面抵抗は現象論的に導入されていた. これに対し, 界面付近のバリスティックな伝導を電子の透過と反射を用いて扱う, より量子論的な理論を A.8 節に記載した. この理論は, 2 つの磁化が non-colinear (平行でも反平行でもない) 場合

128　第4章　スピントロニクス素子とデバイス物理

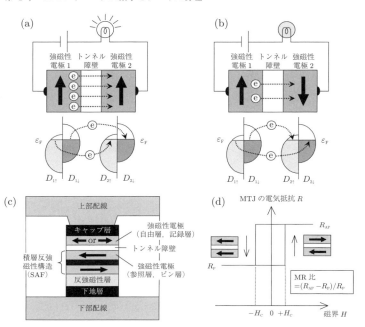

図 4.7 TMR 効果の概念図. (a) 平行磁化 (P) 状態, (b) 反平行磁化 (AP) 状態. (c) 実用的なスピンバルブ型 MTJ 素子の断面構造および (d) 磁気抵抗曲線の模式図と MR 比の定義.

についても適応できる.

4.1.4　トンネル磁気抵抗効果素子（TMR 素子）
1) トンネル磁気抵抗効果

　厚さ数ナノメートル以下の絶縁体層（トンネル障壁）を 2 枚の強磁性金属層（強磁性電極）で挟んだ磁気トンネル接合素子 (MTJ: Magnetic Tunnel Junction) は，電子のスピン依存トンネル伝導に起因してトンネル磁気抵抗 (TMR: Tunneling Magneto-Resistance) 効果を示す（図 4.7）．低温で TMR 効果が発現することは 1970–80 年代から知られていたが [17, 18]，室温で磁気抵抗が得られなかったため，発見後十数年の間あまり注目されることはなかった．しかし，1980 年代後半に磁性金属多層膜の巨大磁気抵抗効果（GMR 効果：4.1.2 項参照）

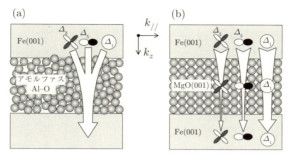

図 4.8 電子のトンネル過程の概念図. (a) アモルファス Al–O トンネル障壁および (b) エピタキシャル Fe(001)/MgO/Fe(001) 構造の MTJ 素子の場合.

[6, 19] が発見され，これを用いた磁気センサ（ハードディスク HDD の再生磁気ヘッドなど）の研究開発が盛んになるにつれて，TMR 効果にも再び注目が集まるようになった．1995 年に宮﨑ら [20] と Moodera ら [21] は，トンネル障壁にアモルファスの酸化アルミニウム (Al–O)，強磁性電極層に多結晶の 3d 強磁性金属（Fe, Co など）を用いた MTJ 素子を作製し，室温で 20%近い磁気抵抗比（MR 比）を実現した．これが，スピンバルブ型素子の室温 MR 比の最高値（当時）であったため，TMR 効果が一躍脚光を浴びることとなった．その後約 10 年間，Al–O トンネル障壁の作製法や強磁性電極材料の最適化に関する研究開発が精力的に行われ，室温で 70%を越える TMR 効果が実現されるに至った．

アモルファス Al–O トンネル障壁の電子のトンネル過程を模式的に描くと図 4.8(a) のようになる．強磁性電極中には種々の波動関数の対称性をもった電子状態（Bloch 状態，A.20 参照）が存在する．トンネル障壁がアモルファスの場合，障壁中および界面において原子配列の対称性が崩れているため，電極中の種々の Bloch 状態が混ざり合ってトンネルしてしまう．各 Bloch 状態は固有のスピン分極率をもっているが，これらの Bloch 状態が混ざり合ってトンネルすると，スピン分極率の平均値（いわゆる強磁性電極のスピン分極率 $|P|$）は 1（完全スピン分極）よりもずっと小さな値になってしまう（通常，約 0.5 以下）．その結果，アモルファス Al–O 障壁と通常の 3d 遷移金属・合金電極を組み合わせた従来型 MTJ 素子では，室温で 100%を越える MR 比は得られない．

室温 TMR 効果は，その実現から約 10 年で HDD の再生磁気ヘッドとして実用化された．2004〜2005 年頃にアモルファス Al–O あるいはアモルファス Ti–O トンネル障壁の MTJ 素子を用いた TMR ヘッドが実用化され [22]，これらの磁気ヘッド技術と垂直磁気記録の新技術が組み合わされて，ハードディスクの記録密度の飛躍的な向上が可能となった．さらに，2006 年にはアモルファス Al–O 障壁の MTJ 素子を記憶素子として用いた不揮発性メモリ MRAM（Magnetoresistive Random Access Memory: 5.2 節参照）が製品化され，高速動作性能と無制限の書き換え耐性を持ち合わせた唯一の不揮発性メモリとして種々の製品で使用されている．しかし，2000 年代前半にはアモルファス Al–O トンネル障壁を用いた従来型 MTJ 素子の室温 MR 比の向上が 70–80% 程度でほぼ飽和し，これが HDD や MRAM のさらなる高性能化に向けて深刻な問題となっていた．例えば，アモルファス酸化物トンネル障壁を用いた TMR ヘッドでは，200 [Gbit/inch^2] 以上の面記録密度に対応することは困難であった．この限界を超えるためには，より高い MR 比と非常に低いトンネル RA[†13] の両立という困難な課題を克服する必要があった．

2) 結晶 MgO(001) 障壁のコヒーレント・トンネルと巨大 TMR 効果

前述のアモルファス Al–O とともに代表的なトンネル障壁材料が，結晶性の酸化マグネシウム MgO(001) である．岩塩型結晶構造をもつ MgO(001) 層と bcc Fe(001) 層はヘテロエピタキシャル成長する．2001 年に Butler ら [23] と Mathon ら [24] は，MgO(001) をトンネル障壁に用いた Fe(001)/MgO(001)/Fe(001) 構造に関する第一原理計算を行い，1000% を超える巨大な MR 比を理論的に予想した．この巨大 TMR 効果の物理機構は，アモルファス Al–O トンネル障壁の場合と本質的に異なる．図 4.8(b) は，エピタキシャル MTJ 素子のトンネル過程を模式的に示したものである．トンネル電子は真空ポテンシャル中に自由電子が浸み出した状態として扱われることが多いが，実際の絶縁体トンネル障壁のバンドギャップ中に存在する電子の浸み出し状態（エヴァネッセント状態：evanescent states）は特有の軌道対称性とバンド分散をもっており，自由電子

[†13]Resistance Area product の略．通常用いられる単位は $\Omega\,\mu m^2$．高速読み出しのためには低抵抗素子が必要．

4.1 磁気抵抗素子（MR 素子）　　131

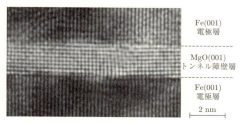

図 4.9　エピタキシャル Fe(001)/MgO(001)/Fe(001)–MTJ 素子の断面の透過電子顕微鏡 (TEM) 写真.

とは性質が異なる．MgO(001) バンドギャップ内の $k_{//} = 0$ 方向（膜面垂直方向；トンネル確率が最も高い方向）には，複数のエヴァネッセント状態が存在する．その中でも Δ_1（spd 混成の高対称状態）のトンネル障壁中での状態密度の減衰が最も緩やかなため，この Δ_1 状態を介してトンネル電流が支配的に流れることになる．波動関数の軌道対称性が保存される "コヒーレント" なトンネル過程では，Fe(001) 電極中の Bloch 状態の中で Δ_1 状態が MgO 中の Δ_1 エヴァネッセント状態と結合する．Fe の Δ_1 バンドは ε_F 上で完全にスピン分極しているため (P = 1)，Δ_1 電子が支配的に伝導するコヒーレント・トンネルでは巨大な TMR 効果の出現が理論的に期待される．なお，Δ_1 Bloch 状態が ε_F 上で完全にスピン分極しているのは Fe(001) 電極の場合に限った話ではない．Fe や Co をベースにした bcc 構造の強磁性金属・合金では，多くの場合 Δ_1 Bloch 状態が ε_F 上で完全にスピン分極しており，同様の機構により巨大 TMR 効果が理論的に予想される．

　実験的には，2004 年に湯浅らが分子線エピタキシー (MBE) 法を用いてエピタキシャル Fe(001)/MgO(001)/Fe(001)–MTJ 素子を作製し（図 4.9），室温で 180 %という巨大な MR 比の実現に成功した（図 4.10 の①）[25, 26]．これと同時期に，Parkin らは (001) 結晶面が優先配向した多結晶（テクスチャ (textured) 構造）の FeCo(001)/MgO(001)/FeCo(001)–MTJ 素子をスパッタ法で作製し，室温で 220 %という MR 比を実現した（図 4.10 の②）[27]．微視的に見れば配向性多結晶 MTJ 素子はエピタキシャル MTJ 素子と基本的に同じ構造であるため，同じコヒーレント・トンネルの機構で巨大 TMR 効果が発現しているもの

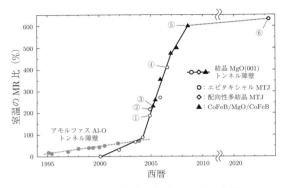

図 4.10　MTJ 素子の室温 MR 比の変遷.

と考えられる．さらに，bcc Co(001) や bcc Fe–Co(001) を電極に用いたエピタキシャル MTJ 素子において，室温で 410–630% という巨大な MR 比が実現されている（図 4.10 の ④，⑥）[28, 29]．

3) 産業応用を可能とする CoFeB/MgO/CoFeB 構造の MTJ 素子

　前述のエピタキシャル MTJ 素子や配向性多結晶 MTJ 素子は，以下に述べるように MRAM や HDD 磁気ヘッドの生産プロセスに適合しないため，そのままでは応用には不向きである．これらの応用で用いられる MTJ 素子は，図 4.7(c) のような下部構造をもっている必要がある．つまり，下部の強磁性電極層は，2 枚の強磁性層が Ru スペーサー層を介して強く反強磁性結合した「積層反強磁性 (SAF) 構造」で構成され，さらにその下にある反強磁性層（Ir–Mn や Pt–Mn）からの交換バイアス磁界によって磁化の向きが固定（ピン）されている必要がある．これら SAF 構造および反強磁性層は，(111) 面が優先配向した fcc 構造（面内 3 回対称の結晶構造）が基本となっているため，その上に対称性の異なる bcc(001) 強磁性電極層や MgO(001) 障壁層（ともに面内 4 回対称の結晶構造）を成長できないという結晶成長の本質的な問題があった．同様の結晶成長の問題は，垂直磁化 MTJ 素子においても存在する．

　このような結晶成長の問題の解決策として，Djayaprawira らは CoFeB/MgO/CoFeB 構造の MTJ 素子を開発し，量産プロセスに適合した室温スパッタ成膜

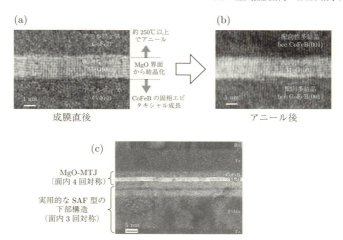

図 4.11 CoFeB/MgO/CoFeB 構造の MTJ 素子の断面 TEM 写真．(a) 成膜直後，(b) アニール後，(c) 実用的なスピンバルブ型 MTJ 素子．

により熱酸化シリコン基板の上に配向性多結晶 MTJ 多層膜を作製した [30]．スパッタ成膜直後の断面 TEM 写真を図 4.11(a) に示す．代表的な実用磁性材料の 1 つである Co–Fe 合金に約 10 at.%以上のホウ素 (B) を入れた CoFeB 合金はアモルファスになる．図 4.11(a) の下部電極の CoFeB 合金層はアモルファスであるが，その直上に積層した MgO 障壁層は (001) 面が優先配向した多結晶となる．さらにその上に積層した上部電極の CoFeB 合金層はアモルファスである．この MTJ 薄膜を 250 [℃] 以上の温度でアニールすると，上下のアモルファス CoFeB 電極層が配向性多結晶 bcc(001) 構造に結晶化する（図 4.11(b)）[31, 32]．これは，図 4.11 のように，MgO(001) 層との界面から CoFeB の結晶化が始まり，MgO(001) と格子整合の良い bcc CoFeB(001) 構造に結晶化するためである．このような特殊な結晶化プロセスは，固相エピタキシャル成長と呼ばれる．アニール後の MTJ 素子の微視的な構造は bcc CoFeB(001)/MgO(001)/bcc CoFeB(001) であるため，エピタキシャル MTJ 素子と同様の物理機構により巨大 TMR 効果が発現する．なお，CoFeB 層の結晶化に伴って B 原子がキャップ層や下地層に拡散することが観測されている [33]．これは，結晶により CoFe

134 第4章 スピントロニクス素子とデバイス物理

中の B の固溶限界が低下するためである．しかし，bcc(001) 構造に結晶化した CoFe(B) 層中にも数 at.%の B 原子が格子間隙に固溶している．

成膜時の下部電極の CoFeB 層がアモルファスであるため，この CoFeB/MgO/ CoFeB 積層膜は任意の結晶構造・対称性の下地層の上に室温で作製することができ，そのデバイス製造プロセス適合性および生産効率は理想的である．実際に CoFeB/MgO/CoFeB–MTJ 素子は図 4.11(c) のように 3 回対称構造の実用的な SAF 型ピン層の上に作製可能である．この MTJ 素子を 360 [℃] で熱処理した結果，室温で 230%という巨大な MR 比が実現された（図 4.10 の ③ ）[30]．その後，熱処理条件や合金組成などの最適化が精力的に行われ，室温で 600%に達する MR 比が実現されている（図 4.10 の ⑤ ）[34]．

CoFeB/MgO/CoFeB–MTJ 素子は開発当初は面内磁化であったが，MgO/CoFeB 界面に生じる垂直磁気異方性を活用した垂直磁化 MTJ 素子が 2010 年に池田らによって開発された [35]．これを用いた不揮発性メモリ STT-MRAM が開発され，MRAM 応用においても CoFeB/MgO/CoFeB 構造の MTJ 素子が主流技術となった．現在，MgO(001) トンネル障壁の MTJ 素子は HDD 磁気ヘッド（5.1.1 項参照）や汎用不揮発性メモリ STT-MRAM の記憶素子（5.2.1 項参照），汎用磁気センサなどで広く実用化されており，スピントロニクス応用の中核技術となっている．

4.1.5 バリスティックなスピン依存伝導の物理

電子が散乱されずに，あるいは，意図された散乱のみで運動する場合をバリスティック伝導と呼ぶ．この場合は量子力学的な遷移確率により伝導率が決まり，電子の位相干渉効果なども現れる．ここではバリスティック伝導の基本である量子化伝導を学んだ上で，その考え方を基本としてトンネル伝導およびトンネル磁気抵抗効果について学ぶ．

1) Landauer-Büttiker 公式とトンネル効果

散乱のない金属の 1 次元細線の電気伝導度はその長さに関係なく $e^2/h = 1/(25.81 \, [\mathrm{k\Omega}])$[†14] に量子化される [2]．細線が太くなると横モードが現れるため

[†14]$25812.8074593045 \, [\Omega]$ は von Klitzing 定数と呼ばれる．

に電気伝導度はこの整数倍となる．実際の物質には散乱体があるので，その効果も含めて以下の公式を得る（A.8 節）．

$$\text{電気伝導度} = G = \sum_{j=1}^{N} \frac{e^2}{h} T_j \tag{4.14}$$

ここで j はスピンの自由度も含めた横モード（チャネル）を指定する量子数，T_j は各チャネルの透過率，N はチャネルの総数である．この式は Landauer-Büttiker 公式と呼ばれバリスティックな電気伝導の基本式である [36]．太いワイヤ内に多数存在するチャネルはマイクロ波の導波管の横モードと原理的に同じであるが，電子はフェルミオンなので統計性が異なる．断面積 $Area$ の細線の Fermi 準位にある横モードの数は自由電子では

$$N \cong 2\pi \frac{Area}{\lambda_{\mathrm{F}}^2} \tag{4.15}$$

となる．λ_{F} は Fermi 準位にある電子の波長（Fermi 波長．金属では格子定数程度）である．すなわち，半定量的には λ_{F}^2 の面積に 1 つのチャネルが存在すると考えることができる．バリスティック伝導では伝導度が試料の長さに依存しない点は Ohm の法則と異なるが，伝導度が断面積に比例するという点は Ohm の法則と同じである．式 (4.14) は T_j を各チャネルの電子のトンネル確率とすればトンネル伝導度を与える式になる [2].

運動エネルギー ε の電子が $\varepsilon + U$ の高さをもつ障壁の中に侵入すると，その運動エネルギーは $\varepsilon = \hbar^2 k^2/2m = -U$ と負になる．したがって波数は $k = i\sqrt{2mU/\hbar^2}$ と純虚数になる．平面波は $\exp[ikx]$ と書けるので障壁内で波動関数は減衰し，厚さ d の障壁を透過したときの振幅は $\exp[-d\sqrt{2mU/\hbar^2}]$ となる．波動関数の絶対値の 2 乗が存在確率なのでトンネル確率は $\exp[-2d\sqrt{2mU/\hbar^2}]$ に比例し，障壁層の膜厚に対して指数関数的に減衰する．例えば MgO 障壁の場合，膜厚が一原子層 (0.21 [nm]) 増加するとトンネル確率は約 1/4 になることが知られている [26].

2) トンネル磁気抵抗効果 (TMR)

トンネル確率はさらに上下の強磁性電極および障壁層の波動関数の重な

りに比例する．z 軸方向に磁化した強磁性体のスピン波動関数はスピン軌道相互作用が無視できる場合は多数スピン ($+$) および少数スピン ($-$) についてそれぞれ $|+\rangle = |\uparrow\rangle$, $|-\rangle = |\downarrow\rangle$ であり，θ 度傾いた場合は式 (1.22) より $|+,\theta\rangle = \cos(\theta/2)|\uparrow\rangle + \sin(\theta/2)|\downarrow\rangle$, $|-,\theta\rangle = \sin(\theta/2)|\uparrow\rangle - \cos(\theta/2)|\downarrow\rangle$ である．このときのトンネル伝導度はこれらをつなぐチャネル数 $N_{ss'}$，平均のトンネル確率 $\langle T_j\rangle$ およびスピン波動関数の重なりをかけ合わせることにより式 (4.14) を用いて以下のように近似できる．

$$
\begin{cases}
\begin{aligned}
G &\cong \frac{e^2}{h}\langle T_j\rangle \left(N_{++}|\langle +\mid +,\theta\rangle|^2 + N_{+-}|\langle +\mid -,\theta\rangle|^2 \right.\\
&\qquad\qquad \left. + N_{-+}|\langle -\mid +,\theta\rangle|^2 + N_{--}|\langle -\mid -,\theta\rangle|^2\right)\\
&\cong (G_{++}+G_{--})\cos^2\frac{\theta}{2} + (G_{+-}+G_{-+})\sin^2\frac{\theta}{2}\\
&= \frac{G_{\mathrm{P}}+G_{\mathrm{AP}}}{2} + \frac{G_{\mathrm{P}}-G_{\mathrm{AP}}}{2}\cos\theta
\end{aligned} & \text{(4.16a)}\\[2ex]
G_{\mathrm{P}} \equiv R_{\mathrm{P}}^{-1} \equiv \dfrac{G_{++}+G_{--}}{2} \cong \dfrac{e^2}{h}\langle T_j\rangle\,(N_{++}+N_{--}) & \text{(4.16b)}\\[2ex]
G_{\mathrm{AP}} \equiv R_{\mathrm{AP}}^{-1} \equiv \dfrac{G_{+-}+G_{-+}}{2} \cong \dfrac{e^2}{h}\langle T_j\rangle\,(N_{+-}+N_{-+}) & \text{(4.16c)}
\end{cases}
$$

トンネル伝導率の $\cos\theta$ 依存性が得られた．ここで，例えば G_{+-} は少数スピンバンドと多数スピンバンド間のトンネル伝導度である．

式 (4.16) を見て分かるようにトンネル伝導度は 2 つの電極の電子状態のつながり方によって決まる．MgO 障壁の場合は電極の多数スピン状態にある Δ_1 バンド間の接続により N_{++} が大きくなり，かつ，この電子状態に対する $\langle T_j\rangle$ も大きいために G_{P} が大きくなる．一方，少数スピンバンドの Fermi 面には Δ_1 バンドがないために接続するチャネルの数 N_{+-}, N_{-+} が少なく G_{AP} が小さいことが大きな TMR の原因となっている．

4.2　スピンダイナミクス素子

歴史的にスピンダイナミクスは高周波磁界により励起されてきたが，近年，スピン流の注入によりスピンダイナミクスを誘起することが可能となった．このことによりスピントランスファー磁化反転や発振が可能となり MRAM など

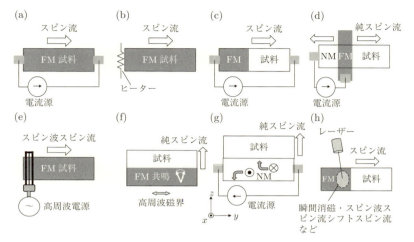

図 4.12 種々のスピ流発生法.(a) スピン偏極電流.(b) 熱スピン流.(c) スピン偏極電流の注入.(d) スピン蓄積の拡散.(e) スピン波スピン流.(f) スピンポンピング.(g) スピン Hall 効果あるいは Rashba-Edelstein 効果.電流は $+y$ 方向が正.(h) レーザー照射による瞬間消磁やシフト電流.

で利用されている.さらに電圧の印加による磁気異方性変化 (VCMA: Voltage Controlled Magnetic Anisotropy) が発見され,電圧によって Joule 損失なしに磁化のダイナミクスを誘起することが可能となった.ここではまずスピン流の発生法を学び,次にスピン流を利用した磁化反転・磁壁移動と磁化の自励発振などについて学ぶ.さらに電圧パルスによる磁化のコヒーレント操作について学ぶ.

4.2.1 スピン流の発生法

図 4.12 には種々のスピン流発生法の概念図を示した.

a. 電気伝導率がスピンに依存するため強磁性体中の電流にはスピン流が伴っている.

b. Seebeck 係数 $S_\pm$ と電気伝導率がスピンに依存するため,温度勾配によっても強磁性体中にはスピン流が発生する [37, 38].a, b のスピン流は以下の式で表される.

$$\tilde{j}^{\mathrm{S}} = -\frac{\hbar}{2}\Big(\frac{\sigma_+}{e^2}grad\Big[\mu_+ - e\phi - eS_+^{\mathrm{Seebeck}}T\Big]$$
$$- \frac{\sigma_-}{e^2}grad\Big[\mu_- - e\phi - eS_-^{\mathrm{Seebeck}}T\Big]\Big)\mathbf{e}_\zeta \qquad (4.6, 4.7 \text{ 参照})$$

c. 強磁性体と直列に試料物質を接続して通電することによりスピン流を注入できる．界面にスピン依存抵抗がない場合，注入面におけるスピン流は以下のようになる（式 (4.10)(4.11) 参照）．

$$\tilde{j}^{\mathrm{S}} = \frac{\hbar}{-2e}\left(1 + \frac{r^{\mathrm{NM}}}{r^{\mathrm{FM}}}\right)^{-1}\frac{\sigma_+^{\mathrm{FM}} - \sigma_-^{\mathrm{FM}}}{\sigma_+^{\mathrm{FM}} + \sigma_-^{\mathrm{FM}}}\mathbf{j}^{\mathrm{C}}\mathbf{e}_\zeta$$

d. 強磁性金属細線と非磁性金属細線を交差させ，電流を流すと接合部分にスピン蓄積が発生する．蓄積したスピンは非磁性細線中に等方的に拡散するので，電流が流れていない側では純スピン流が得られる [39]．このスピン流は分岐のために上式の 1/2 になる．

e. 強磁性体の一端に高周波磁界を印加してスピン波を発生するとスピン波スピン流が伝搬する．マグノン（量子化されたスピン波）は 1 量子あたり $-\hbar$ の角運動量を運ぶ（A.9 節）．

f. 強磁性体と試料物質を張り合わせ，強磁性体に強磁性共鳴を発生するとスピンポンピングにより以下のスピン流が試料に注入される（2.23 参照）[40]．

$$\tilde{j}^{\mathrm{S}} = -\Delta\alpha d\frac{\mu_0 M_{\mathrm{s}}}{-\gamma}\omega_0 \sin\theta_1 \sin\theta_2 \mathbf{e}_z\mathbf{e}_\zeta$$

ここで $\Delta\alpha$, θ_1, θ_2 はスピン注入によるダンピングの増大，および 2 つの主軸における歳差運動の開き角である（その他のパラメーターについては 2.3.2 項参照）．

g. Pt などの重金属薄膜と試料薄膜を張り合わせて面内方向に電流密度 $\mathbf{j}'^{\mathrm{C}}$ を通電すると Pt 層において電子がスピンに依存した散乱を受けるため試料側に一方向のスピンをもった純スピン流が注入される．この現象がバルク内のスピン依存散乱で生じる場合はスピン Hall 効果 (SHE: Spin Hall Effect) [41] と呼ばれる（A.10 節）．この効果が界面の有効な電界により発生する Rashba 型の電子状態により生じる場合は Rashba-Edelstein 効果 [42] と呼ばれる（A.15 節）．Berry 位相に起因するスピン Hall 効果によるスピン流の発生も可能である（第

4.2 スピンダイナミクス素子 **139**

6章) [43]. いずれの場合でも効果の大きさは現象論的なパラメーターであるスピン Hall 角 θ_{SH} を使って以下のように表される（A.10 節参照）[†15].

$$\tilde{\mathbf{j}}^{\mathrm{s}} = \frac{\hbar/2}{-e} \theta_{\mathrm{SH}} \mathbf{e}_z \left(\mathbf{j}^{\mathrm{C}} \times \mathbf{e}_z \right) \tag{4.17}$$

上式ではスピン流の流れる方向が $\mathbf{e}_z$ であり，電流は x-y 平面内を流れるとして式 (A.56) を書き直してある（図 4.12(g) 参照）.

h. 強磁性体に強いレーザーパルスを照射すると瞬時に消磁や異方性変化が生じる．これに伴い拡散的スピン流やスピン波スピン流が発生する [43]. THz 領域のスピン流の発生に用いる．また光遷移に伴いシフトスピン流が発生する（第 6 章参照）.

4.2.2 スピントルク磁化反転素子

従来，磁化反転は磁界によってのみ可能であったが，スピントルクの発見により微小な素子においては電流による磁化反転が可能となった．本項では，電流による磁化反転を示す素子について述べる．

1) 金属 GMR スピントルク磁化反転素子

スピントルク磁化反転の最初の実験では全金属の CPP-GMR 素子が用いられた [45]. 図 4.13 に素子構造の模式図と磁界および電流による磁化反転の様子を示す [46]. 素子は基板/Cu 80 [nm]/Co 40 [nm]/Cu 6 [nm]/Co 2.5 [nm]/Au 10 [nm]/Cu 上部電極からなる構造で，60 [nm] ×130 [nm] の細長い六角形の形状に微細加工されている．下部バッファーの Cu と上部電極 Cu の間に電圧を印加し膜面に垂直方向に電流を流す．磁界を素子の長手方向に印加しながら交流抵抗を測定した結果，$\mu_0 H = 5$ [mT] および 90 [mT] 付近で磁化反転による抵抗の急激な変化が見られる．5 [mT] 付近では磁化反転による抵抗の変化は約 0.06 [Ω] である．低抵抗では Co 40 [nm] の磁化と Co 2.5 [nm] のそれが平行であり，高抵抗では反平行である．電流を印加すると 1.75 [mA] および −4.3 [mA] で抵

[†15]第 2 章の脚注で述べたようにスピン軌道相互作用の大きな系ではスピン流の定義には困難がある．したがって，式 (4.17) における θ_{SH} は SHE または Rashba-Edelstein 効果によるスピン蓄積により隣接層内に発生したスピントルクをスピン Hall 角として等価的に表したものと考えるべきである．

140　第 4 章　スピントロニクス素子とデバイス物理

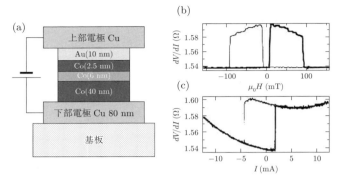

図 4.13　全金属 CPP-GMR 素子におけるスピントルク磁化反転 [46]. (a) 素子の積層構造. (b) 磁気抵抗曲線. (c) 電流–微分抵抗特性

抗が急激に変化している．抵抗の変化量は約 0.06 [Ω] であることから 2 つの Co 層の磁化が平行と反平行の配置間をスイッチングしたと考えられる．いずれのスイッチングにおいても厚い Co の磁化は変化せず，薄い Co の磁化が反転したと考えられる．反転に要する電流密度は約 4×10^{11} [A/m^2] であった．

この素子を MRAM のメモリセルとして利用する場合は膜厚の薄い層が記録層，厚い層が参照層として働く．磁化反転の原理については 4.2.3 項で説明するがスピン流による角運動量のトランスファーが主な原因になっていると考えられるためスピントランスファー（スピン移行）磁化反転とも呼ばれる．

逆立ちゴマ

スピントランスファーにより強磁性ナノドットの磁化はまるで逆立ちゴマのように反転する．図 4.13(c) には電流に伴う抵抗の連続的な増大がみられる．Joule 熱により数十度ほど温度が上がったのだ．スイッチングに要した電流密度を通常の直径 1 [mm] の電源コードに流すと約 30 万アンペアになり燃えてしまう．ナノの世界では放熱が非常に効率的に行われるためにこのような大きな電流密度を注入することが可能である．このことがこの技術を思いがけない成功に導いたのだ．

（イラスト：土井梨夏）

2) 強磁性トンネル接合スピントルク素子

次いで強磁性トンネル接合 (MTJ) 素子においてもスピントルク磁化反転が観測された [47, 48]．図 4.14 には MgO トンネル障壁を用いた MTJ 素子の例を示す．基板／バッファー層／Pt–Mn 15 [nm]／Co–Fe 2.5 [nm]／Ru 0.85 [nm]／CoFeB 3 [nm]／MgO 1 [nm]／CoFeB 2 [nm] の多層膜を 150 [nm] × 50 [nm] の長方形に微細加工した素子である．素子長手方向に磁界を印加した場合，ゼロ磁界付近では薄い CoFeB 層の磁化が反転し，130%の大きな MR 比を示している．電流を流した場合にも磁界印加の場合と同様な抵抗変化が得られており，磁化反転が生じていると考えられる．全金属 CPP-GMR 素子の場合と比較すると抵抗変化が非常に大きいことが分かる．この素子においてもスピントランスファーが主な磁化反転の原因になっていると考えられる．

スピントルク磁化反転をメモリ素子に応用する場合には大きな抵抗変化が必要不可欠であるため強磁性トンネル接合素子は全金属 CPP GMR 素子に比べ適している．しかし，トンネル磁気抵抗素子の障壁は耐圧は 1 [V] 程度しかないため素子の電流による破壊が問題だった．スピントランスファー磁化反転を実現するには 10 [Ω µm^2] 以下の低 RA 素子の開発が鍵となった．

3) 垂直磁化トンネル接合スピントルク素子

上述の素子においては磁化の容易軸が面内にあり形状磁気異方性で安定な方向が決められていた．このような面内磁化膜は，セルサイズを小さくすると磁化が不安定になる．そこで，磁化容易軸が膜面に垂直な垂直磁化膜を用いた素子が開発された [50]．図 4.15 には磁化反転層に FeB 合金，磁化固定層に CoB

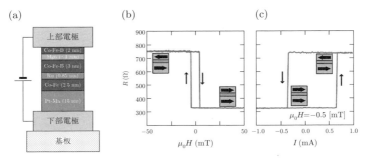

図 4.14 MgO トンネル障壁を有する強磁性トンネル接合素子におけるスピントルク磁化反転 [49]．RA〜6 [Ω μm^2]．

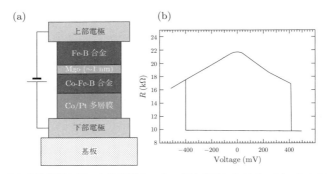

図 4.15 垂直磁化薄膜を用いた強磁性トンネル接合素子におけるスピントルク磁化反転．(a) 断面構造の模式図．(b) スピントルク磁化反転 [51]．（薬師寺啓氏作成．）

合金および Co/Pt 多層薄膜を用いた素子の例を示す [51]．最大約 120% の高い MR 比と 400 [mV] 付近の電圧でスピントルクによる FeB 合金層の磁化反転が観測されている．垂直磁化を用いた素子では薄膜材料が有する高い垂直磁気異方性を利用できるため円形の小さなセルサイズでも磁化が安定に保てる．さらに，面内磁化素子にくらべて原理的にスピントルク磁化反転の電流密度が低いという点も大きな特徴である．

4) 面内電流によるスピントルク磁化反転素子

スピントルク磁化反転ではトンネル障壁を通して電流が流れるため，書き込

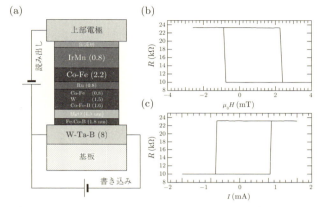

図 4.16 スピン Hall 効果による強磁性トンネル接合素子のスピントルク磁化反転．(a) 断面構造の模式図．(b) 面内磁界を印加した場合の磁気抵抗曲線．(c) 面内電流を流した場合の SOT 磁化反転．（日比野有岐氏作成．）

み電流を絶縁破壊を生じない低い電流に抑える必要がある．一方，重金属に面内電流を流しスピン Hall 効果によりスピン流を作り出し（図 4.12(g)），これを記録層に注入すればトンネル障壁に電流を流すことなく磁化反転が可能となる．この方法はスピン軌道相互作用を用いてスピン流を生成するのでスピン軌道トルク (SOT) 磁化反転と呼ばれる．図 4.16 にその素子構造と磁化反転の結果を示す．下部 W-Ta-B 層の面内方向に電流を流し，隣接した CoFeB 層にスピン Hall 効果で発生したスピン流を注入すると磁化反転が生じる．この素子ではトンネル障壁に電流が流れないため，絶縁破壊を避けられる点，3 端子素子であるため信号の読み出し時に誤って情報を消してしまう誤書き込みの問題がない点が特徴である．通常，SOT 書き込みのためにはバイアス磁界が必要だが，図 4.16 の例ではバイアス磁界を必要としない書き込みを実現している [52]．

磁化反転の原理はスピン Hall 効果で発生したスピン流の注入によるスピントランスファーであると考えられているが Rashba-Edelstein 効果によって発生したスピン蓄積が寄与している可能性もある [42]．表 4.3 にこれまでの磁化反転効率の実験結果をまとめた．この表ではトルクの発生原因の詳細は問わず，測定されたトルクがスピン Hall 効果に起因するとして有効なスピン Hall 角を

表 4.3 SOT 効率（見かけのスピン Hall 角）の実験結果のまとめ。（日比野有岐氏作成。）

スピン Hall 物質系	構造	スピントルク効率（DL 成分）or スピン Hall 角	スピントルク効率（FL 成分）	スピン Hall 材料の抵抗率 10^{-8} [Ωm]	磁化配置	測定手法	文献
	Pt/Py	0.03		15.6	面内	ST–FMR	Ando et.al, PRL **101**, 036601 (2008).
	Pt/Py	0.07		20	面内	ST–FMR	Liu et.al, PRL **106**, 036601 (2011).
	Pt/Py/AlO$_x$	0.082	0.12		面内	MOKE	Fan et.al, APL **109**, 122406 (2016).
	Pt/Co/AlO$_x$	0.16	0.073	36	面直	$\omega-2\omega$法	Garello et.al, Nat. Nanotechnol. **8**, 587 (2013).
	Pt/CoFe/MgO	0.064	0.024		面直	$\omega-2\omega$法	Emori et.al, Nat. Mater. **12**, 611 (2013).
	YIG/Pt	0.03			面内	MOKE	Montazeri et.al, Nat. Commun. **6**, 9958 (2015).
	Pt/Co/MgO	0.12	0.024	50	面直	$\omega-2\omega$法	Nguyen et.al, PRL **116**, 126601 (2016).
	Pt/Py	0.05			面内	ST–FMR	Zhang et.al, Nat. Phys. **11**, 496 (2015).
Pt	Pt/Co	0.11			面内	ST–FMR	Zhang et.al, Nat. Phys. **11**, 496 (2015).
および	Pt/Ni	0.06			面内	ST–FMR	Zhang et.al, Nat. Phys. **11**, 496 (2015).
その	Pt/Co/MgO	0.2		51	面内・面直	$\omega-2\omega$法	Zhu et.al, Adv. Func. Mater. **29**, 1805822 (2019).
合金	Pt/CoFeB/MgO	0.06			面内	ST–FMR	Lee et.al, Nat. Commun. **12**, 6710 (2021).
	Pt/Ni/MgO	0.06			面直	ST–FMR	Lee et.al, Nat. Commun. **12**, 6710 (2021).
	Pt/Co/MgO	0.1~0.15	~−0.05	40~54	面直・面内	MOKE	Karimeddiny et.al, Sci. Adv. **9**, eadi9039 (2023).
	Pt–Ti multilayer/Co/MgO	0.35		80	面内	$\omega-2\omega$法	Zhu et.al, PRAppl. **12**, 051002 (2019).
	Pt–Cu/Py	0.04		40	面内	ST–FMR	Ramaswamy et.al, PRAppl. **8**, 024034 (2017).
	Pt–Pd/Co/MgO	0.26		57.5	面内・面直	$\omega-2\omega$法	Zhu et.al, Adv. Func. **29**, 1805822 (2019).
	Pt–Hf/Co/MgO	0.23		128	面直・面内	$\omega-2\omega$法	Nguyen et.al, APL **108**, 242407 (2016).
	Au–Pt/Co/MgO	0.35		83	面直・面内	$\omega-2\omega$法	Zhu et.al, PRAppl. **10**, 031001 (2018).

表 4.3 続き

スピンHall物質系	構造	スピントルク効率（DL成分）or スピンHall角	スピンホール効率（FL成分）	スピンHall材料の抵抗率 10^{-8}[Ωm]	磁化配置	測定手法	文献
Wおよびその合金	W/CoFeB/MgO	-0.3		300	面内	ST-FMR	Pai et.al, APL **101**, 122404 (2012).
	W/CoFeB/MgO	-0.4		180	面直	磁化反転	Zhang et.al, APL **109**, 192405 (2016).
	W/CoFeB/MgO	-0.62		238	面内	ω−2ω法	Takeuchi et.al, APL **112**, 192408 (2018).
	W/CoFeB/MgO	-0.544	-0.06	138.7	面直	ω−2ω法	Sethu et.al, PRAppl **16**, 064009 (2021).
	W/CoFeB/MgO	-0.35		205	面内	TR-MOKE	Ishibashi et.al, APL **117**, 122403 (2020).
	W-O/CoFeB/Ta-N	-0.49		180	面内	ST-FMR	Demasius et.al, Nat. Commun. **7**, 10644 (2016).
	W-O/CoFeB/MgO	-0.539		170.8	面直	ω−2ω法	Sethu et.al, PRAppl **16**, 064009 (2021).
	W-N/CoFeB/MgO	-0.565		149.4	面直	ω−2ω法	Sethu et.al, PRAppl **16**, 064009 (2021).
	W-V/CoFeB/MgO	-0.49		170	面直	ω−2ω法	Kim et.al, *NPG Asia Mater.* **13**, 60 (2021).
	W/W-Ta/CoFeB/MgO	-0.35		150	面直	ω−2ω法	Kim et.al, *NPG Asia Mater.* **13**, 60 (2021).
	W-Ta-B / CoFeB/MgO	-0.3		100	面内	ST-FMR	Kim et.al, APL **117**, 142403 (2020).
	W-Hf / Co/MgO	-0.4		230	面内	ST-FMR	Hibino et.al, *Adv. Elec. Mater.* (2024).
		-0.2		170	面内	ω−2ω法	Fritz et.al, PRB **98**, 094433 (2018).
Ta	Ta/CoFeB/MgO	-0.12		190	面内	ST-FMR	Liu et.al, *Science* **336**, 555 (2012).
	Ta/CoFeB/MgO	-0.03	0.11	191	面直	ω−2ω法	Kim et.al, *Nat. Mater.* **12**, 240 (2013).
	Ta/CoFeB/MgO	-0.06		178.5	面直	ω−2ω法	Avci et.al, PRB **89**, 214419 (2014).
	Ta/CoFeB/MgO	-0.047	-0.0767		面直	MOKE	Montazeri et.al, *Nat. Commun.* **6**, 9958 (2015).
	Ta/CoFeB/MgO	-0.214		200	面直	磁化反転	Zhang et.al, APL **107**, 012401 (2015).
	Ta/CoFeB/MgO	-0.07		200	面内	ST-FMR	Lee et.al, *Nat. Commun.* **12**, 6710 (2021).
	Ta/FeB/MgO	-0.03		200	面内	ST-FMR	Lee et.al, *Nat. Commun.* **12**, 6710 (2021).
	Ta/Ni/MgO	0.03			面内	ST-FMR	Lee et.al, *Nat. Commun.* **12**, 6710 (2021).
4d,3d金属およびその合金	Pd/Co/AlO$_x$	0.03	0.015	20	面直	ω−2ω法	Ghosh et.al, PRAppl **7**, 014004 (2017).
	V/CoFeB/MgO	-0.07		225	面内	MOKE	Wang et.al, *Sci. Rep.* **7**, 1306 (2017).
	Ni-B/Cu-N/FeB/MgO	0.1		80	面内	ω−2ω法	Hibino et.al, PRAppl **14**, 064056 (2020).
	Co-Ni-B/Cu-N/FeB/MgO	0.12		95	面内	ω−2ω法	Hibino et.al, PRAppl **14**, 064056 (2020).
	Cu-O/Py	0.15			面内	ST-FMR	An et.al, *Nat. Commun.* **7**, 13069 (2016).
	Ti/CoFeB/MgO	~0		220〜1320	面内	ω−2ω法	Zhu et.al, PRAppl **15**, L031001 (2021).

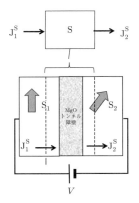

図 4.17 強磁性 (FM)／非磁性 (NM)／強磁性 (FM) 接合に垂直にスピン流がある模型．電子のスピン緩和距離は非常に短いので，図中の縦点線の部分では電子のスピンはバルク磁化と平行になっていると考える．

算出した．低消費電力での情報の書き込みに利用するには低抵抗であり，かつ，スピン Hall 角の大きな材料が必要になる．

4.2.3 スピントルク磁化反転の物理
1) スピントランスファー (STT) 磁化反転

スピン系が回転対称性をもつならスピン系の全角運動量は保存される．このとき，図 4.17 に示すように角運動量 $\mathbf{S}$ をもつ系にスピン流 $\mathbf{J}_1^S$ [J] が流れ込み，$\mathbf{J}_2^S$ が流れ出しているならその差は系に受け渡される（$\mathbf{J}$ はスピンの向き）．

$$\frac{d\mathbf{S}}{dt} = \mathbf{J}_1^S - \mathbf{J}_2^S \tag{4.18}$$

角運動量の時間変化はトルクなので $\mathbf{J}_1^S - \mathbf{J}_2^S$ はスピントランスファートルク (STT: Spin-Transfer Torque) と呼ばれる．

トンネル磁気抵抗素子のように強磁性層が 2 つありこれらの膜を通して電流が流れる場合，Slonczewski は $\mathbf{J}_1^S, \mathbf{J}_2^S$ がそれぞれの強磁性体の中を流れるスピン流に等しいとした簡単な考察からスピントランスファートルクを以下のように求めた（演習問題 4.2）[53]．

$$\frac{d\mathbf{S}_2}{dt} = \frac{\hbar}{-2e}\frac{1}{2}\left(G_{++} - G_{--} + G_{+-} - G_{-+}\right)\mathbf{e}_2 \times (\mathbf{e}_1 \times \mathbf{e}_2)\,V \equiv vol\,\boldsymbol{\tau}_{\mathrm{STT}}$$

$$\equiv G^{\mathrm{S}}\mathbf{e}_2 \times (\mathbf{e}_1 \times \mathbf{e}_2)\,V \tag{4.19}$$

ここで $\mathbf{S}_2$, $\mathbf{e}_2$, $\mathbf{e}_1$, V, vol, $\boldsymbol{\tau}_{\mathrm{STT}}$ は，それぞれ磁化自由層のスピン角運動量 [Js]，その方向ベクトル，磁化固定層のスピン角運動量の方向ベクトル，印加電圧 [V]，自由層の体積 [m^3]，およびスピントルク密度 [J/m^3] である．また，G^{S} は単位電圧で発生するスピントルクの最大値である．電圧が正のとき，電流は膜 1 から 2 に流れ，電子は膜 2 から 1 に流れる．G_{+-} は電極 1 の多数スピンバンドと電極 2 の少数スピンバンドとの間の伝導度である．式の導出にあたって $\mathbf{S}_1$ は何らかの方法で向きが固定されているために図にある界面部分の磁化も含めてその方向が変化しないと考えている．その一方，$\mathbf{S}_2$ は自由に動ける状態であり界面層の磁化と一体となって $\mathbf{S}_2$ 全体が運動すると考える．微小な磁気層の磁化が一体となって運動すると考えるモデルをマクロスピンモデルと呼ぶ．

磁化の運動の基本式である LLG 方程式にスピントルク密度 τ を導入する．

$$\frac{\partial \mathbf{M}(\mathbf{x}, t)}{\partial t} = \gamma \mathbf{M}(\mathbf{x}, t) \times \mathbf{H}_{\mathrm{eff}}(\mathbf{x}, t) + \alpha \frac{\mathbf{M}(\mathbf{x}, t)}{M_{\mathrm{s}}} \times \frac{\partial \mathbf{M}(\mathbf{x}, t)}{\partial t} + \frac{\gamma}{\mu_0}\boldsymbol{\tau}_{\mathrm{STT}}(\mathbf{x}, t) \tag{2.25'}$$

$\boldsymbol{\tau}_{\mathrm{STT}}$ の前にかかっている γ/μ_0 は角運動量に対するトルクを磁気モーメントの式に直すための係数である．第 1 項は歳差トルク，第 2 項はダンピングトルク，第 3 項はスピントルクである（図 4.18 参照）．

固定層の磁化が $\mathbf{e}_z$ 方向を向いており自由層には式 (2.6) にある面直の一軸異方性磁界 $\mathbf{H}_{\mathrm{ani}}$ と式 (4.19) のスピントルクが加わるとして，上式に代入すると以下のマクロスピンモデルの式を得る．

$$\begin{cases} \dfrac{d\mathbf{n}}{dt} \cong \gamma \mathbf{n} \times \left((1 + \alpha \mathbf{n}\times)\dfrac{2K_{\mathrm{u,eff}}}{\mu_0 M_{\mathrm{s}}}(\mathbf{n}\cdot\mathbf{e}_z)\mathbf{e}_z + \Delta\mathbf{H}V\right) & (4.20\mathrm{a}) \\[2ex] \Delta\mathbf{H} \equiv -\dfrac{1}{\mu_0 M_{\mathrm{s}}}\dfrac{1}{vol}G^{\mathrm{S}}(\mathbf{e}_z \times \mathbf{n}) & (4.20\mathrm{b}) \end{cases}$$

ただし，$\mathbf{n} \equiv \mathbf{M}/M_{\mathrm{s}}$ は磁化の方向ベクトル，vol は自由層の体積であり，α^2, αV の項を無視した．式を見て明らかなようにスピントランスファートルクの方向はダンピングトルク（α のある項）と平行である．したがって，電圧の符号を

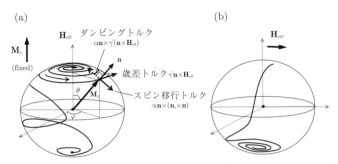

図 4.18 スピントランスファー (STT) 磁化反転とスピン軌道トルク (SOT) 磁化反転における磁化反転の軌跡の模式図．垂直磁化膜の場合．(a) STT 磁化反転では，歳差運動の増幅が生じる．$\mathbf{n}_1$ は固定層の磁化の方向ベクトル．(b) SOT 磁化反転では初めに大きく反転が生じ，その後歳差運動がダンピングする．弱い面内磁界が必要である．

適当に選ぶことによりダンピングを打ち消して歳差運動の開き角を増幅できる．歳差運動の開き角が大きくなると最終的には磁化反転に至る（図 4.18(a)）．すなわち，スピントランスファーにより磁化反転が可能である理由はスピントランスファーが**アンチダンピング**（負のダンピング）として働くためである．

0 [K] における磁化反転に必要な電圧（臨界電圧）$V_{c,0}$ は初期状態 $\mathbf{n} = \pm \mathbf{e}_z$ においてダンピングトルクとスピントランスファートルクが等しくなるとして求まる．

$$V_{c,0} = \pm \frac{2\alpha K_{u,\text{eff}} vol}{G^S} \tag{4.21}$$

V が正のときは反平行状態が安定になり，V が負のときは平行状態が安定になる．スピン偏極度が高く自由層のダンピング，異方性，体積が小さいときにスピントランスファー磁化反転は起こりやすい．メモリとして利用する場合はメモリが熱的に消えないようにするために以下の熱安定化定数 Δ を 60 程度以上とする必要がある．このことにより必要な書き込み電圧がほぼ決まってしまう．

$$\Delta \equiv \frac{K_{u,\text{eff}} vol}{k_B T} \tag{4.22}$$

磁化が反転する間に印加電圧が変わらないとすると式 (4.20) を積分することに

より 0 [K] における反転時間 $t_{\mathrm{SW},0}$[s] が得られる [54].

$$t_{\mathrm{SW},0} \cong \frac{V_{\mathrm{c},0}}{V - V_{\mathrm{c},0}} \frac{\ln\left[1/\theta_0\right] + \frac{V}{V+V_{\mathrm{c},0}}\ln\left[2\right]}{\alpha\left(-\gamma\right)H_{\mathrm{ani}}} \tag{4.23}$$

ここで，θ_0 は磁化の初期角の安定点からのずれである．初期角が熱揺らぎで決まっているとすると，その期待値は

$$\theta_0 \approx \sqrt{\pi/\left(4\Delta\right)} \tag{4.24}$$

と見積もられる．反転時間の式 (4.23) の主要項は分子の第 1 項であり，初期角において STT が小さく歳差運動の増幅に時間がかかることがスイッチング時間を決める要因となっている．このため 1 [ns] を下回る高速磁化反転を行うためには V_{c} より十分高い電圧が必要となる．

有限温度では絶対零度における臨界電圧 $V_{\mathrm{c},0}$ より小さな電圧であっても熱アシストにより磁化反転が以下に示すように確率的に生じる（A.12 節）[54].

$$\begin{cases} p_{\mathrm{sw}}\left(t\right) = t_{\mathrm{SW}}^{-1}e^{-\frac{t}{t_{\mathrm{SW}}}} & \text{(4.25a)} \\[2mm] t_{\mathrm{SW}}^{-1} \cong t_0^{-1}e^{-\Delta\left(1-h\right)^2} & \text{(4.25b)} \\[2mm] h \equiv \dfrac{V}{V_{\mathrm{c},0}} + \dfrac{H_{\mathrm{ext}}}{H_{\mathrm{c}}} & \text{(4.25c)} \\[2mm] t_0^{-1} = \alpha\sqrt{\dfrac{\Delta}{\pi}}\left(1+h\right)\left(1-h\right)^2\left(-\gamma\right)H_{\mathrm{ani}} & \text{(4.25d)} \end{cases}$$

ここで，$p_{\mathrm{SW}}\left(t\right)$ は反転確率時間の分布，t_{SW}, t_0^{-1} はそれぞれ，反転時間の期待値とアテンプト周波数と呼ばれる量である．アテンプト周波数は通常 1 [ns] 程度と考えられている．式 (4.25b) の指数関数の上の 2 乗は円筒対称系の場合に成り立つ．印加電圧が小さくなると反転時間は指数関数的に増大する．

2) スピン軌道トルク (SOT) 磁化反転

Pt などの重金属に電流を流すとスピン Hall 効果 (4.17) によりスピン流が発生し，隣接する強磁性層に注入される（図 4.12(g) 参照）．膜厚 d_{FM} の強磁性膜内でスピン流の横成分が消失するなら以下のトルク $\mathbf{T}_{\mathrm{SOT}}$[J] およびトルク密度 τ_{SOT}[J/m^3] が発生する．

150　第 4 章　スピントロニクス素子とデバイス物理

$$\mathbf{T}_{\text{SOT}} = \ell\, w d_{\text{FM}} \boldsymbol{\tau}_{\text{SOT}} = \frac{\hbar/2}{-e} \theta_{\text{SH}} \mathbf{n} \times \left(\left(\frac{w\ell}{w d_{\text{NM}}} \mathbf{J}_{\text{NM}}^{\text{C}} \times \mathbf{e}_z \right) \times \mathbf{n} \right) \qquad (4.26)$$

ここで d_{NM}, w, ℓ は非磁性層の膜厚，線幅，および長さであり w, ℓ は強磁性層と同じであるとした．また，J_{NM}^{C} は非磁性層に流れている電流である．計算には恒等式 $\mathbf{a} - \mathbf{n}(\mathbf{a} \cdot \mathbf{n}) = \mathbf{n} \times (\mathbf{a} \times \mathbf{n})$ を用いた．SOT 磁化反転も物理的にはスピントランスファーであり STT 磁化反転と同じ現象であるが，SOT では注入されるスピンが面内を向いていること，および試料を電流方向に長くすると電流値を変えずに注入するスピン角運動量を大きくできる点が異なる．STT では 1 つの電子は 1 回のトンネルで $\hbar/2$ の角運動量しか運ばないが SOT では 1 つの電子が何度も角運動量のトランスファーに使われるので電流あたりのスピン角運動量の注入量を大きくできる．注入されるスピンの向きが面内であるため磁性層の磁化が面直を向いている場合，磁化反転の軌道は STT と異なるものになる（図 4.18(b)）．また，磁化反転のためには面内に弱い磁界を印加する必要がある．

　磁化反転に必要な臨界電流 J_{C} は以下の式で決まり ℓ に依存しない [55]．

$$J_{\text{C}} = \frac{e}{\hbar/2} \frac{K_{\text{u,eff}} w d_{\text{FM}} \left[d_{\text{NM}} + \frac{\sigma_{\text{FM}}}{\sigma_{\text{NM}}} d_{\text{FM}} \right]}{\theta_{\text{SHE}} \left[1 - \text{sech}\,(d_{\text{NM}}/\lambda_{\text{sf}}) \right]} \qquad (4.27)$$

3) フィールドライクトルク

　式 (2.16′) において $d\mathbf{M}/dt$ は磁化に対して垂直であり，同様にスピントルクも磁化に垂直である．そこでスピントルクを磁化に垂直な 2 つの方向に分解して以下のように書く．

$$\boldsymbol{\tau} = \tau^{\text{STT}} \mathbf{e}_{\text{FM}} \times (\mathbf{e}_\zeta \times \mathbf{e}_{\text{FM}}) + \tau^{\text{FLT}} (\mathbf{e}_\zeta \times \mathbf{e}_{\text{FM}}) \qquad (4.28)$$

ここで，$\mathbf{e}_{\text{FM}}$, $\mathbf{e}_\zeta$ は磁性層のスピンモーメントと注入されるスピンの方向ベクトル，τ^{STT}, $\tau^{\text{FLT}}[\text{J/m}^3]$ はスピントランスファートルク密度とフィールドライクトルク密度の大きさを表す係数である．前述の 1), 2) で取り扱ったものはいずれもスピントランスファートルクである．フィールドライクトルク [56] は，ス

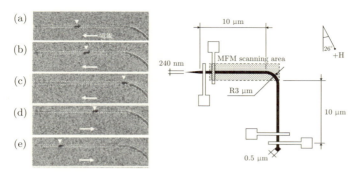

図 4.19 スピントランスファーによる磁壁の駆動 [60]. 電流密度 $= 7 \times 10^{11}$ [A/m^2], パルス幅 500 [ns]×2.

ピントランスファートルクに付随して発生し，スピン蓄積（A.8 節）や電圧に依存した磁性層の層間交換結合などが原因と考えられている [57–59].

SOT において，スピン Hall 効果は主にスピントランスファートルクとして現れる．一方，Rashba-Edelstein 効果は界面にスピン蓄積を生じ，この蓄積スピンと隣接する強磁性体との交換相互作用がフィールドライクトルクとして現れる．しかし，どちらの効果においてもスピントランスファートルクとフィールドライクトルクが同時に現れるため，これらの効果の切り分けは難しい．

4.2.4 スピントルク磁壁駆動素子

強磁性細線中に電流を流すと強磁性体中のスピン流によるスピントルクにより磁壁の運動が誘起される．図 4.19 に初期の実験結果を示す．この実験では 240 [nm] 幅の非常に細い強磁性細線に電流パルスを印加し，パルスを 1 つ与えるごとに磁壁の位置を磁気力顕微鏡で観察した．磁壁が電流と逆方向に移動していることが確認できる．

電子の運動方向は電流の向きと逆なので強磁性体内部のスピントランスファーで駆動される場合，磁壁は電流と反対の方向に運動する．強磁性細線が非磁性金属下地との 2 層構造になっている場合は下地金属中に流れた電流に起因する SOT も磁壁移動に寄与する．SOT の場合，磁壁は電流と同じ方向に移動することがある（図 4.20）[61]．さらに，界面 DMI によりカイラルな磁壁 [62] が作ら

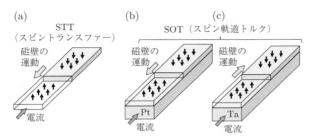

図 4.20 電流による磁壁の移動. (a) STT の場合. (b) Pt が下地の場合の SOT 磁壁駆動. (c) Ta が下地の場合の SOT 磁壁駆動.

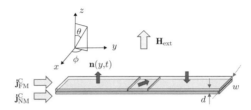

図 4.21 磁界・スピントランスファー・スピン軌道トルクによる磁壁の移動を考えるモデル.

れている場合,SOT 駆動では Walker breakdown[†16] が生じず [61], 磁壁は 300 [m/s] を超える高速で移動する [63]. レーストラックメモリなどへの応用が期待されている.

4.2.5 スピントルク磁壁駆動の物理

非磁性金属上に積層した強磁性薄膜内に磁気テクスチャがあり面内に電流が流れている場合を考える. 磁壁の構造は式 (3.6) で求めたものと同じであるとする. ただし,その位置は動くので細線内の磁化の向きは磁壁の位置の関数であり以下のように書ける(図 4.21).

$$\mathbf{n}(y,t) = \begin{pmatrix} \sin\theta(y-Y(t))\cos\phi(t) \\ \sin\theta(y-Y(t))\sin\phi(t) \\ \cos\theta(y-Y(t)) \end{pmatrix} \tag{4.29}$$

[†16] 磁壁が内部構造の振動をともなって運動するために,磁壁速度が小さくなる現象.

膜は薄いため膜厚方向（$z-$ 方向）に磁化は一様であるとした．$Y(t)$ は磁壁の位置を，$\phi(t)$ は磁壁が Néel 磁壁（$\phi = \pm\pi/2$）であるか Bloch 磁壁（$\phi = 0, \pi$）であるかを決める（図 4.21 参照）．

強磁性体中の化学ポテンシャルと温度の勾配，およびスピン Hall 効果が無視できるなら強磁性体中のスピン流密度は式 (4.6), (4.7) から電流密度 $\mathbf{j}^{\mathrm{C}}_{\mathrm{FM}}$ と磁化の方向ベクトル $\mathbf{n}$ を用いて $\tilde{\mathbf{j}}^{\mathrm{S}} = (\hbar/2)\,\beta^{\mathrm{asym}}\,(\mathbf{j}^{\mathrm{C}}_{\mathrm{FM}}/(-e))\,(-\mathbf{n})$ と書ける．ここで β^{asym} は電気伝導率のスピン偏極度 (4.11) である．式 (4.18) がスピン流の流れている方向に対して局所的に成り立つとすると電流によるスピントルクは以下の式 (4.30a) となる．SOT によるトルクは式 (4.26) から式 (4.30b) となる．

$$
\begin{cases}
\dfrac{\gamma}{\mu_0 M_{\mathrm{s}}} \boldsymbol{\tau}_{\mathrm{STT}} = \left(1 - \beta^{\mathrm{STT}} \mathbf{n} \times\right) \dfrac{\gamma}{\mu_0 M_{\mathrm{s}}} \dfrac{\hbar/2}{-e} \beta^{\mathrm{asym}} \left(\mathbf{j}^{\mathrm{C}}_{\mathrm{FM}} \cdot \boldsymbol{\nabla}\right) \mathbf{n} \\[2mm]
\qquad\quad \equiv -\left(1 - \beta^{\mathrm{STT}} \mathbf{n} \times\right) \left(\mathbf{v}_{\mathrm{STT}} \cdot \boldsymbol{\nabla}\right) \mathbf{n} & (4.30\mathrm{a}) \\[4mm]
\dfrac{\gamma}{\mu_0 M_{\mathrm{s}}} \boldsymbol{\tau}_{\mathrm{SOT}} = \left(1 - \beta^{\mathrm{STT}} \mathbf{n} \times\right) \dfrac{\gamma}{\mu_0 M_{\mathrm{s}}} \dfrac{\hbar/2}{-e} \theta_{\mathrm{SH}} \mathbf{n} \times \left(\left(\dfrac{\mathbf{j}^{\mathrm{C}}_{\mathrm{NM}}}{d_{\mathrm{FM}}} \times \mathbf{e}_z\right) \times \mathbf{n}\right) \\[2mm]
\qquad\quad \equiv -\left(1 - \beta^{\mathrm{SOT}} \mathbf{n} \times\right) \mathbf{n} \times \left(\dfrac{\mathbf{v}_{\mathrm{SOT}}}{d_{\mathrm{FM}}} \times \mathbf{n}\right) & (4.30\mathrm{b})
\end{cases}
$$

電荷の蓄積はないとした．ここで定義した $\mathbf{v}_{\mathrm{STT}}$ は電流と逆の方向を向き，速度の次元をもつパラメーターである．式 (4.30b) で定義した $\mathbf{v}_{\mathrm{SOT}}$ は面内にあり電流と直交している．式 (4.30) にはフィールドライクトルクも現象論的に導入されている．

これらを LLG 方程式に代入して集団座標 $\boldsymbol{\xi}(t) = (\xi_1(t), \xi_2(t), \dots)$ （ここでは $\xi_1 = Y$, $\xi_2 = \phi$）に関する運動方程式を作ると以下のようになることが示せる（A.11 節）[64]．

$$
\left(\hat{G} - \hat{\Gamma}\right) \frac{d\boldsymbol{\xi}}{dt} - \frac{\partial U}{\partial \boldsymbol{\xi}} + \left(\hat{G}^{\mathrm{STT}} - \hat{\Gamma}^{\mathrm{STT}}\right) \mathbf{v}_{\mathrm{STT}} + \left(\hat{G}^{\mathrm{SOT}} - \hat{\Gamma}^{\mathrm{SOT}}\right) \mathbf{v}_{\mathrm{SOT}} = 0
$$

$$(4.31)$$

ここで各係数行列は以下のように定義される．

154　第 4 章　スピントロニクス素子とデバイス物理

$$
\begin{cases}
\hat{G} \equiv (G_{\lambda\mu}) \equiv a \int dxdy\, \mathbf{n} \cdot \left(\dfrac{\partial \mathbf{n}}{\partial \xi_\lambda} \times \dfrac{\partial \mathbf{n}}{\partial \xi_\mu} \right), \\[3mm]
\hat{\Gamma} \equiv (\Gamma_{\lambda\mu}) \equiv \alpha a \int dxdy\, \dfrac{\partial \mathbf{n}}{\partial \xi_\lambda} \cdot \dfrac{\partial \mathbf{n}}{\partial \xi_\mu}
\end{cases}
\tag{4.32a}
$$

$$
\begin{cases}
\hat{G}^{\mathrm{STT}} \equiv \left(G^{\mathrm{STT}}_{\lambda j}\right) \equiv a \int dxdy\, \mathbf{n} \cdot \left(\dfrac{\partial \mathbf{n}}{\partial \xi_\lambda} \times \dfrac{\partial \mathbf{n}}{\partial x_j} \right), \\[3mm]
\hat{\Gamma}^{\mathrm{STT}} \equiv \left(\Gamma^{\mathrm{STT}}_{\lambda j}\right) \equiv \beta^{\mathrm{STT}} a \int dxdy\, \dfrac{\partial \mathbf{n}}{\partial \xi_\lambda} \cdot \dfrac{\partial \mathbf{n}}{\partial x_j}
\end{cases}
\tag{4.32b}
$$

$$
\begin{cases}
\hat{G}^{\mathrm{SOT}} \equiv \left(G^{\mathrm{SOT}}_{\lambda j}\right) \equiv a \int dxdy\, \mathbf{n} \cdot \left(\dfrac{\partial \mathbf{n}}{\partial \xi_\lambda} \times \dfrac{\mathbf{e}_j}{d} \right), \\[3mm]
\hat{\Gamma}^{\mathrm{SOT}} \equiv \left(\Gamma^{\mathrm{SOT}}_{\lambda j}\right) \equiv \beta^{\mathrm{SOT}} a \int dxdy\, \dfrac{\partial \mathbf{n}}{\partial \xi_\lambda} \cdot \dfrac{\mathbf{e}_j}{d}
\end{cases}
\tag{4.32c}
$$

$a = d\mu_0 M_s / (-\gamma)$ は角運動量の面密度である．$\beta^{\mathrm{STT}}, \beta^{\mathrm{SOT}}$ の付いている項はいわゆる磁壁移動におけるベータ項と呼ばれるトルク項であり，$\beta^{\mathrm{STT}}, \beta^{\mathrm{SOT}}$ はその大きさを表す係数である．これらのトルクはスピントランスファートルクに垂直でスピン蓄積などを起源とすると考えられている [57–59]．

　この式は Thiele 方程式の一般化であり，任意の集団座標について過渡的なダイナミクスも含めて適用可能である．式 (4.31), (4.32) に式 (4.29), (4.30) を代入すると以下の集団座標に関する連立方程式を得る．

$$
\begin{cases}
\alpha \dfrac{dY}{dt} + \Delta_{\mathrm{DW}} \dfrac{d\phi}{dt} = -\dfrac{\Delta_{\mathrm{DW}}}{2aw} \dfrac{\partial U}{\partial Y} + \beta^{\mathrm{STT}} v_{\mathrm{STT},y} + \dfrac{\Delta_{\mathrm{DW}}}{d} \sin\phi\, v_{\mathrm{SOT},x} & \text{(4.33a)} \\[3mm]
\dfrac{dY}{dt} - \alpha \Delta_{\mathrm{DW}} \dfrac{d\phi}{dt} = \dfrac{1}{2aw} \dfrac{\partial U}{\partial \phi} + v_{\mathrm{STT},y} - \beta^{\mathrm{SOT}} \dfrac{\pi \Delta_{\mathrm{DW}}}{2d} \sin\phi\, v_{\mathrm{SOT},x} & \text{(4.33b)}
\end{cases}
$$

ここで，w は x 方向の試料の幅，Δ_{DW} は磁壁の幅である．上式の導出にあたって，$\Delta_{\mathrm{DW}}^{-1} \sin\theta = \partial\theta/\partial y$ という関係式（3.1.4 項参照）を利用した．

　磁界 H_{ext} による磁壁の速度を求めるには，式 (3.5) から $U = -2\mu_0 M_s H_{\mathrm{ext}} wdY + \pi wd(-D_\mathrm{b} \cos\phi + D_\mathrm{i} \sin\phi)$ とし，ϕ が時間変化せず，かつスピントルクがないとする．すると，

$$
\begin{cases}
\dfrac{dY}{dt} = \dfrac{\Delta_{\mathrm{DW}}}{\alpha} (-\gamma) H_{\mathrm{ext}} & \text{(4.34a)} \\[3mm]
\dfrac{dY}{dt} = \dfrac{\pi (-\gamma)}{2\mu_0 M_s} (D_\mathrm{b} \sin\phi + D_\mathrm{i} \cos\phi) & \text{(4.34b)}
\end{cases}
$$

と求まる．式 (4.34a) が磁壁の速度を与える．しかし，磁壁の速度が大きくな

ると式 (4.34b) を満たす解，すなわち $d\phi/dt = 0$ の解は存在しなくなり Walker breakdown が生じる．このために大きな磁界の領域で磁壁の速度は遅くなる．

STT による磁壁移動を見るためには外部磁界と SOT をゼロとする．

$$
\begin{cases}
\alpha \dfrac{dY}{dt} + \Delta_{\mathrm{DW}} \dfrac{d\phi}{dt} = \beta^{\mathrm{STT}} v_{\mathrm{STT},y} & (4.35a) \\[2ex]
\dfrac{dY}{dt} - \alpha \Delta_{\mathrm{DW}} \dfrac{d\phi}{dt} = \dfrac{-\pi\gamma}{2\mu_0 M_s} \left(D_{\mathrm{b}} \sin\phi + D_{\mathrm{i}} \cos\phi \right) + v_{\mathrm{STT},y} & (4.35b)
\end{cases}
$$

となり，$\beta^{\mathrm{STT}} = 0$ なら小さな電流に対しては $dY/dt = d\phi/dt = 0$ の解が存在し磁壁は動かない．電流が増大するとこの解は存在しなくなり磁壁は動き出す．すなわち閾値が存在する．式 (4.35) から $d\phi/dt$ を消去し α^2 の項と $\alpha\beta^{\mathrm{STT}}$ の項が 1 より十分に小さいとして無視すると，

$$
\frac{dY}{dt} \cong v_{\mathrm{STT},y} + \frac{\pi(-\gamma)}{2\mu_0 M_s} \left(D_{\mathrm{b}} \sin\phi + D_{\mathrm{i}} \cos\phi \right) \tag{4.35$'$}
$$

となる．磁壁速度はほぼ $v_{\mathrm{STT},y}$ に等しいが，ϕ の時間変化（磁壁の歳差運動）のために速度は振動する．$\beta^{\mathrm{STT}} \neq 0$ の場合は磁壁移動の閾値は存在しない．通常の正のスピン偏極の物質では運動の向きが電流と反対となる．

最後に SOT による磁壁駆動を考える．この場合は磁界駆動と同様に $d\phi/dt = 0$ の解が存在し

$$
\frac{dY}{dt} = \frac{\Delta_{\mathrm{DW}}}{\alpha d} \sin\phi\, v_{\mathrm{SOT},x} \tag{4.36}
$$

となる．$\sin\phi$ が付いているので，Néel 磁壁のみが効率よく駆動されることが分かる．この場合は電流を増大しても Walker breakdown が生じない．これは電流が増大すると ϕ が傾きトルクが小さくなるからである．このため大きな電流で磁壁速度は飽和する．磁化の移動方向はスピン Hall 効果の符号に依存する（図 4.20 参照）[61]．

Pt でコートされた TbCo 多層膜では TbCo の周期を小さくするほど磁壁が速く動くことが観察されている [65]．詳細は不明だが強磁性体内におけるスピン Hall 効果 (SAHE: Spin Anomalous Hall Effect) [66, 67] との関係から興味がもたれる．

> **磁壁の移動方向**
>
> 2004年に電流による磁壁駆動が実現した．理論の通りに電流と逆向きに動いたので皆，納得した．ところがほどなくして同じ向きに動く例も見つかってしまったのだ．さらにはParkin博士のグループがWalker breakdownの速度限界を超える結果を発表した．このため磁壁の電流駆動の物理は一時混沌としたものになった．
>
> この問題を解決したのが，DMIによるカイラル磁壁の安定化とスピンHall効果による下地層からのスピン注入(SOT)の発見である．問題が解決したときのThiaville博士のうれしそうな顔が思い出される．
>
> ところで初期の段階で磁壁が逆に動くことを発表した大谷義近先生の勇気には敬意を表したい．研究室ではこんなことがある．学生に「Aがでるはずだから実験してください」と話した後，なかなか報告がない．尋ねると「Aがでるまで実験を繰り返しています」という．
>
>
>
> さらに聞くと「Bが出てしまうのです」とのこと．えっ．それって新発見ではないか！
>
> （イラスト 土井梨夏）

4.2.6 電圧印加磁化反転素子

スピントランスファー磁化反転は s–d 相互作用を利用することで，電流が作る磁界による磁化反転と比較して飛躍的に省エネルギーでかつスケーラブルな

磁化反転制御を可能とした．しかしながら電流制御である限りオーミック損失による不要な電力消費が避けられず，CMOS に代表される電界駆動の半導体デバイスと比較すると 100 倍以上大きな情報書き込みエネルギーを要する．このような課題に対して，電圧によるスピン制御を通してスピントロニクスの低電力駆動化を試みる研究が進められている．

電圧による磁性制御手法は多種多様に渡り，これまでにも様々な方法が提案・実証されている．例えばキャリア濃度制御による磁性半導体 [68, 69] および強磁性金属超薄膜 [70] における強磁性–常磁性転移（Curie 温度制御），ピエゾ素子を利用した逆磁歪効果の利用 [71]，電界誘起構造相転移による磁気相転移制御 [72]，電気磁気効果による交換結合制御 [73, 74]，およびマルチフェロイクスの利用 [75, 76] などが挙げられる．実用デバイスでの磁化反転制御を目指す上では，① 室温での安定動作，② 高速応答性，③ 高い繰り返し動作耐性，④ 磁気情報読み出し素子（MTJ 素子など）との複合化，⑤ 半導体プロセスとの親和性などが要求されるが，これらを同時に満たすことは容易ではない．有力な方法の 1 つとして期待されているのが，超薄膜磁性層／誘電体薄膜接合における界面誘起の垂直磁気異方性 (PMA: Perpendicular Magnetic Anisotropy) を電圧により操作する，電圧磁気異方性制御 (VCMA: Voltage-Controlled Magnetic Anisotropy) である．電圧によって界面 PMA が変化する起源はスピン軌道相互作用と関連しており，界面電荷蓄積による電子占有状態変化 [77–80] や金属／誘電層界面での非一様電界によるスピン分布の非対称性誘起（電子軌道の歪による電気四重極の発生に起因）[81–83]，Rashba 効果起因の垂直磁気異方性とその電界効果 [84] 等で議論されている．いずれにしても金属による電界遮蔽効果により，このような現象は磁性層／誘電層の極界面に限られるため，磁性層の超薄膜化が重要となる．

室温における VCMA 効果の実験実証はまず Weisheit らにより液体電解質に浸した FePt(Pd) 薄膜における電圧誘起保磁力変化として観測され [85]，次いで千葉らにより磁性半導体 GaMnAs 薄膜の電圧誘起面内一軸磁気異方性変化が報告された [86]．実用的な観点で大きなブレークスルーとなったのは丸山らによる超薄膜 Fe(Co)/MgO 界面に着目した全固体素子における VCMA 効果の実証であり [87]，すぐにスピントロニクスにおける代表的な実用素子である MTJ 素

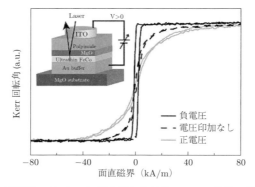

図 4.22 超薄膜 FeCo/MgO 接合系における VCMA 効果の観測例 [89].

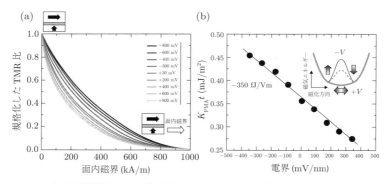

図 4.23 90 度磁化配置型 MTJ 素子を用いた VCMA 効率評価例 [90]. (a) 面内磁界下で測定した規格化 TMR 曲線のバイアス電圧依存性, および (b) 垂直磁気異方性エネルギーの印加電界強度依存性.

子へと導入された [88]. 図 4.22 は超薄膜 CoFe（膜厚 0.58 [nm]）に対して MgO 層を介して電圧を印加しながら極 Kerr 効果による膜面直方向の磁気ヒステリシスを測定した例である [89]. 電圧を印加しない状態では面内磁化膜であるが, 電圧印加により PMA が変化し, 負電圧を印加した場合には PMA が増強されることで垂直磁化膜となっている. 図 4.23 は MTJ 素子を用いて VCMA 効果の効率を電気測定から評価した例である [90]. 通常の MTJ 素子では記録層と参照層の磁化容易軸をともに面内方向, もしくは面直方向とすることでメモリ

表 **4.4** 電圧磁気異方性変化 (VCMA) の報告例.

VCMA効率	構造	機構	文献
(fJ/Vm)	(E: 単結晶, P: 多結晶)	(応答速度)	
-39	E: $Au/Co_{20}Fe_{80}/MgO$	電子的効果 (高速)	[94]
-320	E: $Cr/Fe/Ir/MgO$	電子的効果(高速)	[91]
130	P: $MgO/CoFeB/Mo$	電子的効果(高速)	Y. Shao, et al., *Commun Mat.*, **3**, 87 (2022)
-138	P: $TaB/CoFeB/$ $Ir/CoFe/MgO$	電子的効果(高速)	[92]
-187	E: $Au/Fe/MgO$	チャージトラップ (低速／ヒステリシス)	[87]
-7000	P: $PMN–PT/$ $Ta/CoFeB/MgO$	逆磁歪 (低速)	G. Yu, et al., *Appl. Phys. Lett.*, **106**, 072404 (2015)
-5000	P: $Pt/Co/GdOx$	酸化還元 (低速／ヒステリシス)	U. Bauere, et al., *Nature Mater.*, **14**, 174 (2015)
-5000	P: $Pd/Co/Pd/GdOx$	プロトンポンプ (準高速／ヒステリシス)	A. Tan, *Nature Mater.*, **18**, 35 (2019)

機能を付与するが，VCMA 効率評価には 90 度磁化配置型の MTJ を用いる．図 4.23 の例では下部磁性層を垂直磁化記録層（膜厚 t），上部磁性層を面内磁化参照層とし，面内磁界印加により垂直磁化記録層が面内方向に飽和する過程を TMR 効果により検出している（図中ポンチ絵参照）．つまり，この TMR 変化から記録層の磁化困難軸方向への磁化過程を知ることができる．図 4.23(a) は規格化 TMR 曲線のバイアス電圧依存性である．電圧印加により飽和磁界，つまり記録層の PMA が変化しており，VCMA 効果が発現していることが分かる．図 4.23(b) はこれらの曲線から記録層の PMA エネルギー（K_{PMA}: J/m^3）を評価し，印加電界強度（バイアス電圧を誘電層膜厚で割った値）依存性としてまとめた例である．一般に $K_{PMA} \cdot t$ は印加電界に対して線形に変化し，その傾きを VCMA 効率（単位：J/Vm）と定義する．FeCo 系超薄膜磁性層を用いた MTJ 素子においては，大きなスピン軌道相互作用定数を有する重元素 Ir のドーピングが VCMA 効率向上に有効であることが明らかとなっており，エピタキシャル膜では -350 [fJ/Vm] [91]，多結晶膜では -140 [fJ/Vm] [92] が実現されている．5.2.1 項で紹介する電圧駆動型 (VC–)MRAM を実現する上では多結晶膜で $-300 \sim -1000$ [fJ/Vm] 級の実現が必要とされ [91]，特性改善に向けた材料開発が進められている．表 4.4 に VCMA 効率の報告例をまとめた．

　続いて VCMA 効果を用いた磁化反転制御法について概説する．前述の通り，

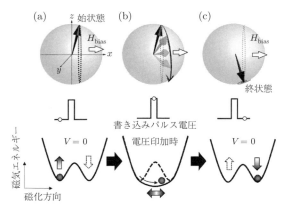

図 4.24 電圧誘起ダイナミック磁化反転の概念図.

VCMA 効果は静電圧を印加することで PMA を制御し，磁化容易軸の面直–面内間遷移を誘起することができる．

　例えば電圧印加により垂直磁化膜を面内磁化膜とすることができるが，電圧を切ると元の垂直磁化状態に戻る．このとき，磁化が上向きと下向きのどちらに遷移するかは確率的となる．これは電界が時間反転対称性を破らないことによる本質的な特徴であり，静電圧印加のみでは確定的な磁化反転制御ができない．この問題を回避する方法として，高速パルス電圧印加によって誘起される磁化の歳差運動を利用した "電圧ダイナミック磁化反転" が提案されている [94–96]．図 4.24 に垂直磁化記録層を対象とした電圧ダイナミック磁化反転法の概念図を示す．z 軸方向に一軸の垂直磁気異方性を有する磁性層に対し，$+x$ 方向に面内バイアス磁界 H_bias を印加した状態（図 4.24(a)）で時間幅 τ_SW の書き込みパルス電圧を入力し，瞬間的に PMA をゼロにする（図 4.24(b)）．このとき磁化はバイアス磁界を軸として歳差運動を始める．ちょうど半周回転したところでパルス電圧を切り PMA が回復すると，磁化はもう一方のエネルギー安定点に緩和過程を経て収束する．半周回転を用いる場合，書き込みパルス電圧の時間幅は以下の式で与えられる．

$$\tau_\mathrm{SW} \approx \frac{\pi\left(1+\alpha^2\right)}{-\gamma H_\mathrm{bias}} \tag{4.37}$$

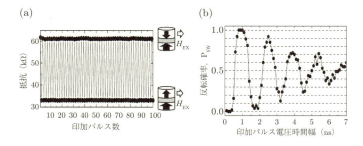

図 4.25 垂直磁化 MTJ 素子を用いた電圧誘起ダイナミック磁化反転の概念図.

ここで α は Gilbert ダンピング定数, γ は磁気回転比である. この式より, 歳差運動の周波数はバイアス磁界の大きさで決まり, 垂直磁気異方性や VCMA 効率の大きさには依存しない. バイアス磁界の目的は歳差運動の中心軸を規定することであり, 符号を反転させる必要はない. そのため, 結晶磁気異方性や交換結合等の有効磁界を利用することも可能である.

図 4.25 は MTJ 素子における電圧ダイナミック磁化反転の実験実証例である [97]. この実験では実用メモリ素子を想定して記録層（上部磁性層）, 参照層（下部磁性層）ともに CoFeB 合金からなる垂直磁化膜を用いている. 図 4.25(a) は面内バイアス磁界 $H_{\text{bias}} = 15.7$ [kA/m], パルス電圧強度 1.2 [V], パルス時間幅 1 [ns] の条件下でユニポーラパルス電圧を連続印加した場合の抵抗遷移を観測しており, 安定に平行–反平行磁化状態間のスイッチングが実現されていることが分かる. この電圧ダイナミック磁化反転は磁化の歳差運動を利用するため, 図 4.25(b) に示すように磁化の反転確率が印加パルス電圧の時間幅に対して振動的に変化することが特徴である. 安定な書き込み, 高速性の点では半回転周期に相当する第 1 ピークの利用が望ましい. 最適化された MTJ 素子にて書き込みエラー率 10^{-6} オーダーが実現されているが [98], 実用化に向けてはさらなる低エラー率化やパルス時間幅に対する反転確率の鈍感化 [99], 無磁界化 [100] の検討が進められている. また, 電圧ダイナミック磁化反転ではパルス電圧により PMA をゼロとすることが求められるが, メモリ素子などでは微細化が進むほど高い情報熱安定性を維持するために K_{PMA} 値を増大させるため, 安定な

162　第 4 章　スピントロニクス素子とデバイス物理

書き込みを行う上では VCMA 効率の向上も重要となる [93].

なお，VCMA 効果は磁化反転制御だけでなく，強磁性共鳴励起 [101] やそれ
を用いたスピン波励起 [102]，磁壁ダイナミクスの制御 [103]，磁気スカーミオ
ンの制御 [104, 105]，乱数発生器 [106]，レザバー計算器 [107, 108]，量子コン
ピューティング [109, 110] といった様々な研究トピックスに展開されており，ス
ピンデバイスの低駆動電力化を実現する基盤技術として期待されている.

4.2.7　スピントルク発振素子 (STO)

強磁性固定層／非磁性層／強磁性フリー層からなる磁気抵抗素子に電流を流
すと磁化にスピントルクが働き，磁化の歳差運動が増幅されることを既に学ん
だ（図 4.18）. このとき，適当な磁界の印加により磁化が反転に至ることを阻止
すると，磁化は一定の開き角を保ったまま歳差運動を続ける. この現象をスピ
ントルク発振 (STO: Spin-Torque Oscillator) と呼ぶ.

1) スピントルク発振素子の実験

図 4.26 には，初期の実験例 [111] についての概念図を示した. 試料は Co 40
[nm]/Cu 10 [nm]/Co 4 [nm] の 3 層構造からなる面内磁化 GMR 膜を 130 [nm]×70
[nm] の楕円形状の素子に加工したものである. 素子に直流電流 (J_{dc}^{C}) を流すと
薄い Co 層の磁化の発振が誘起される. 磁化が発振を起こすと抵抗 (R) が高周
波で振動するため，磁気抵抗効果により素子両端には $V(t) = J_{dc}^{C} \cdot R_{rf}(t)$ で表さ
れるような交流電圧が発生する. 図 4.26(a) には，種々の印加電流に対する発
振のパワースペクトルが示されている. 電流が小さいときには熱的に励起され
た FMR のスペクトルが見られる. 電流を大きくすると，これとは別に鋭く大
きな発振ピークが現れる. すなわち，発振には電流の閾値が存在する. さらに
電流を大きくすると中心周波数はいったん下がり再び上昇する. 図 4.26(b) に
は，電流と磁界に対する素子の状態図を示した. 磁界が小さいときには平行ま
たは反平行状態が安定であり，電流によりスピントランスファー磁化反転を示
す. 磁界が大きくなると正の電流（アンチダンピング）において閾値電流以上
の電流が印加されると発振が観測される. 電流が小さいときは歳差運動の中心
は面内にあり，その周波数は強磁性共鳴の周波数に近い. 電流が大きくなると

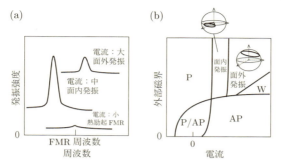

図 4.26 GMR 発振素子の概念図. (a) 発振スペクトル. (b) 磁界と電流に対する発振の相図. P は平行配置, AP は反平行配置. W は幅の広いスペクトルを示す領域.

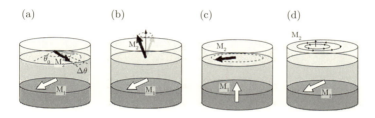

図 4.27 スピントルク発振素子の磁化配置. (a) 発振層, 固定層ともに面内磁化膜. (b) 発振層が垂直磁化膜で固定層が面内磁化膜. (c) 発振層磁化が面内磁化で固定層磁化が垂直磁化. (d) 発振層磁化が磁気渦で固定層が面内磁化膜.

歳差角が大きくなり発振周波数は小さくなる. さらに正の電流を大きくすると, 磁化が薄膜面よりつねに立ち上がって面外発振が生じる. さらに電流を大きくすると, 面外発振の歳差角が小さくなり発振周波数は再び上昇する. このようにスピントルク発振は, 発振周波数が発振軌道の影響を強く受けて大きく変化する非線形発振素子である.

スピントルク発振素子の発振出力は, 磁気抵抗効果と磁化の相対角度を用いて表すことができる. 図 4.27 に固定層の磁化 $\mathbf{M}_1$ と発振層の磁化 $\mathbf{M}_2$ の配置を示した. $\mathbf{M}_2$ の歳差運動の中心軸と $\mathbf{M}_1$ のなす角度が θ_0 であり, $\mathbf{M}_2$ がその周りに $\Delta\theta$ の角度で歳差運動している場合, 発振出力は次式で表せる.

164 第 4 章 スピントロニクス素子とデバイス物理

$$P(\omega) = \eta(\omega) \left(\frac{R_{\mathrm{AP}} - R_{\mathrm{P}}}{R_{\mathrm{P}}} \right)^2 (J_1(\Delta\theta))^2 \sin^2\theta_0 \frac{R_{\mathrm{P}}^2}{8R(\theta_0)} \left(J_{\mathrm{dc}}^{\mathrm{C}} \right)^2 \tag{4.38}$$

ここで $\eta(\omega)$ は高周波信号の伝送効率であり，回路と素子のインピーダンスで決まる．$J_1(\Delta\theta)$ は 1 次の Bessel 関数である．$R_{\mathrm{AP}}, R_{\mathrm{P}}, R(\theta_0)$ はそれぞれ $\mathbf{M}_1$ と $\mathbf{M}_2$ の磁化が反平行時の抵抗値，平行時の抵抗値，および $\mathbf{M}_1$ と $\mathbf{M}_2$ のなす角度が θ_0 の場合の抵抗値である．$J_{\mathrm{dc}}^{\mathrm{C}}$ は dc 電流値である．発振出力は MR 比の 2 乗と電流の 2 乗に比例する．

2) 様々なスピントルク発振素子

スピントルク発振素子は，素子サイズがサブミクロンと小さいため，極小の発振回路への応用が期待され，基礎・応用の両面から研究開発が行われ，性能指標である発振出力，周波数安定性（線幅）の向上が進められてきた．その過程で様々なスピントルク発振素子が開発された．

・ナノピラー構造とポイントコンタクト構造

ナノピラー構造では素子端部の乱れの影響を受けやすく，発振周波数が不安定になる．図 4.26 の最も強度が高いスペクトルでは，周波数安定性の目安である Q 値 $= f/\Delta f$（f：中心周波数，Δf：線幅）は約 6 であった．それに対して，大きな面積の GMR 素子に電流の注入口のみを絞り込む構造（ポイントコンタクト構造）では高い Q 値 (~18200) が報告されている [112]．

・金属 GMR 素子と強磁性トンネル接合素子

GMR 素子の発振出力は小さく，図 4.26 に示した実験では約 50 [pW] であった．それに対して強磁性トンネル接合素子では 140 [nW] の発振出力が得られた [113]．さらに，強磁性トンネル接合をポイントコンタクト構造に加工することにより 2.4 [µW] の出力と高い周波数安定性 Q 値 (~350) が両立した [114]．

・面内磁化膜，垂直磁化膜，磁気渦の組み合わせ

面内磁化 CoFeB 固定層/MgO/垂直磁化 FeB 発振層からなるスピントルク発振素子（図 4.27(b)）において，比較的高い発振出力 (0.6 [µW]) と Q 値 (~135)

が報告されている [115, 116]. 図 4.27(c) のように発振層磁化が面内磁化で固定層磁化が垂直磁化の場合 [117] は磁気抵抗変化が生じないので電気的な発振出力は得られないが高周波の漏れ磁界を作ることができる. 図 4.27(d) は発振層磁化が磁気渦構造をとる場合である [118]. 素子中心部のコアと呼ばれる部分では磁化が面の法線方向に立ち上がり,スピントルクが働くとコアが素子の中心付近で円運動をする. 発振周波数は 100 [MHz]～1 [GHz] 程度で他の構造より低くなる. 面内磁化 CoFeB 固定層/MgO/磁気渦 FeB 発振層からなる素子においては,発振出力 10 [μW],周波数 約 230 [MHz],Q 値 (～2000) の良好な特性が報告されている [119]. 磁気渦型では素子体積が大きいため熱揺らぎが小さく,また,ダイナミクスが素子の中心部のみで生じるために素子辺縁部の影響を受けにくいことが高い Q 値を得られる原因と考えられる.

3) 同期現象

周波数 f_1 で発振しているスピントルク発振素子に,外部から素子発振周波数に近い周波数 f_0 の信号を入力すると素子の発振が入力に周波数同期することがある [120]. 複数のスピントルク発振素子を結合した場合にも同期現象が起こることが報告されており [121, 122],発振出力の増大,周波数安定性の向上が示されている [123].

4) スピントルク発振素子の応用

スピントルク発振素子の発振周波数が外部磁界に対して敏感に変化することを利用する高感度磁気センサが提案されている [124, 125]. また,遅延回路と組み合わせて高速に再生可能な高密度記録読み出し磁気ヘッドが提案され [126],実験的な検証も行われている [127]. 磁気記録の書き込みヘッドにおいては素子が発生する高周波磁界を媒体に照射して保磁力を一時的に減少させることにより高保持力媒体への書き込みを可能にする技術 (MAMR: Microwave Assisted Magnetic Recording) が提案されている [128].

スピントルク発振素子は,小型であるがゆえに熱揺らぎの影響を受けやすい.そこで PLL (Phase Locked Loop) 回路により帰還をかけることにより非常に高い Q 値が実現している [129]. VCO (Voltage Controlled Oscillator) のような

166 第 4 章 スピントロニクス素子とデバイス物理

半導体回路への応用が期待される.

4.2.8 スピントルク発振の物理

STO には磁化方向の組み合わせなどでいろいろなタイプの素子が考えられるが，ここでは STO の物理を簡単に理解するために発振層も磁化固定層も共に垂直磁化膜であり素子が円筒形状をしている場合のみを考える.

STO のように 2 自由度の力学系が発振を含むダイナミクスを示すとき，これらの変数を 1 つの複素数 c で表し，その運動方程式を

$$
\left\{
\begin{aligned}
& c \equiv \frac{S_x - iS_y}{\sqrt{2S\left(S + S_z\right)}} && \text{(4.39a)} \\
& \frac{dc}{dt} \cong -\left(i\Omega + \alpha_- - \alpha_+ + f_{\text{noise}}\right)c + f_{\text{ext}} && \text{(4.39b)}
\end{aligned}
\right.
$$

と書くことができる [130]. ここで，$\Omega, \alpha_-, \alpha_+, f_{\text{noise}}, f_{\text{ext}}$ は角周波数，ダンピングレイト，負のダンピング（増幅）レイト，熱ノイズ，および外力である. これらは c と t の関数であるため式 (4.39) は非線形微分方程式となる. $p = |c|^2, \phi = Arg[c]$ は発振出力（に比例した量）と発振の位相角である. 円柱対称性をもつ STO では $\Omega, \alpha_+, \alpha_-$ は p の関数となっている（A.13 節）.（円柱対称でない場合は 1 周期平均をとる.）ただし，円柱対称で垂直磁化の場合，異方性の高次項などを導入しないと発振軌道をもたない. 面内磁化の場合は発振する.

まず外力がない（$f_{\text{ext}} = f_{\text{noise}} = 0$）場合の自励発振について考える. 一般に自励発振はある p において以下の条件が満たされるときに生じる.

$$
\left\{
\begin{aligned}
& \alpha_+ = \alpha_- && \text{(4.40a)} \\
& t_{\text{dd}}^{-1} \equiv -2p\left(\frac{d\alpha_+}{dp} - \frac{d\alpha_-}{dp}\right) > 0 && \text{(4.40b)}
\end{aligned}
\right.
$$

t_{dd} は安定軌道から振幅がずれた場合に元に戻るまでの時定数でありダイナミックダンピング時間と呼ばれる. 安定軌道では t_{dd} は正である. ここまでの議論で分かるように STO が生じる条件はスピントランスファーによりアンチダンピングが生じることと磁界の印加や高次の磁気異方性により安定な軌道が存在することである.

素子は非線形性をもち p の変化 δp により発振の角周波数が以下のように変

化する.

$$\begin{cases} \omega = \Omega\,(p_0) + A\delta p & \text{(4.41a)} \\ A \equiv \dfrac{d\Omega}{dp} & \text{(4.41b)} \end{cases}$$

A は非線形周波数シフトあるいはアジリティーと呼ばれる.STO は他の発振器と比べてアジリティーが非常に大きく電圧などで容易に周波数を制御できるという特徴をもつ.円柱対称素子の場合の熱ノイズ応答をまとめると以下のようになる(一般の場合の熱ノイズについては A.13 節参照).

$$\begin{cases} \left\langle \left(\dfrac{\delta p}{p}\right)^2 \right\rangle = \dfrac{\alpha}{1+\alpha^2}\,\dfrac{k_{\mathrm B}T}{s\,vol}\,\dfrac{1-p}{p}\,t_{\mathrm{dd}} & \text{(4.42a)} \\[2mm] \langle \phi^2 \rangle = 2D_{\mathrm{phase}}t + 2D_{\mathrm{amplitude}}\,(t-t_{\mathrm{dd}}) \approx 2Dt & \text{(4.42b)} \\[2mm] D \equiv D_{\mathrm{phase}} + D_{\mathrm{amplitude}} & \text{(4.42c)} \\[2mm] D_{\mathrm{phase}} \equiv \dfrac{\alpha}{1+\alpha^2}\,\dfrac{k_{\mathrm B}T}{s\,vol}\,\dfrac{1}{4p\,(1-p)} & \text{(4.42d)} \\[2mm] D_{\mathrm{amplitude}} \equiv \dfrac{\alpha}{1+\alpha^2}\,\dfrac{k_{\mathrm B}T}{s\,vol}\,\dfrac{1-p}{4p}\,\nu^2 & \text{(4.42e)} \\[2mm] \nu = 2pt_{\mathrm{dd}}A & \text{(4.42f)} \end{cases}$$

式 (4.42a) はパワーの揺らぎである.式 (4.42b) は位相拡散を示している.式 (4.42b) 第 1 項は位相に対する熱ノイズの直接的な影響,第 2 項は振幅揺らぎが非線形周波数シフトを通して位相拡散に寄与する項である.第 2 項ではダイナミックダンピングの応答時間に対応して拡散に遅れが生じる.ここで現れた ν は無次元周波数シフトと呼ばれる.自励(自走)発振している STO のスペクトル線幅は主に位相拡散により生じており線幅 (FWHM) は $\Delta f \cong 2D/\pi[\mathrm{H}_z]$ となる.式から明らかなように原理的には発振素子の体積が大きくなれば線幅は小さくなる.また非線形性が小さく,ν が小さくなれば線幅が小さくなる.

　最後に外部信号への位相ロッキング(同期)について考える.STO は大きなアジリティーを示すために外部の信号入力に対して以下の条件を満たすことにより容易に位相ロッキングを起こす.

$$\dfrac{\Delta\omega^2}{f_{\mathrm{ext}}^2} \leq \dfrac{1+\nu^2}{p} \tag{4.43}$$

ここで $\Delta\omega$ は自励発振と外部信号の角周波数のずれであり,同期は自励発振周

168 第 4 章 スピントロニクス素子とデバイス物理

波数の周りの特定の範囲の周波数の信号に対して生じる．同期する周波数範囲は外部信号強度 f_{ext}^2 が大きくなると広くなる．基準信号にロックすることにより周波数を安定化したり，複数の STO を同期することにより出力を増大することができる．

4.2.9 スピントルク検波および増幅素子

トンネル磁気抵抗素子などに高周波電圧（電流）を印加するとスピントルクにより強磁性共鳴が誘起される．このとき，素子抵抗も同じ周波数で振動するため素子内でホモダイン検波が生じる．Tulapurkar らは，このときの整流効率が半導体検波素子よりも高くなる可能性を見出し，この素子をスピントルクダイオードと呼んだ [131, 132]．また，この原理により簡便にスピントルクを測定できることを第 2 章で紹介した．この方法は現在ではスピントルク FMR と呼ばれ，スピン流とスピントルクの研究のために広く用いられている．

半導体素子の分野ではダイオードの整流効率 η を出力電圧の入力電力に対する比で表すことが多い．半導体ダイオードの効率は原理的に使用温度で決まり，以下のようになる．

$$\eta = \frac{\text{出力 dc 電圧}}{\text{入力電力}} = \frac{eZ_0}{2k_B T} \left(\frac{2R}{Z_0 + R} \right)^2 \tag{4.44}$$

ここで R は素子抵抗，Z_0 は高周波線路のインピーダンス（通常 50 [Ω]）である．50 [Ω] に素子抵抗を合わせた場合，η は室温で約 1000 [mV/mW] となる．出力電力はとれなくなるが R を無限大とすると η は 4000 [mV/mW] 程度となる．これに対してスピントルクダイオードの効率 η はストカスティックレゾナンス [133]・非線形 FMR[134] や熱トルク [135] により例えば $10^4 \sim 10^6$ [mV/mW] となり半導体の限界を大きく超えることが示されている．実用上はどのくらいまで小さな信号を検出できるかが重要である．この限界は素子のノイズで定まり NEP (Noise Equivalent Power) と呼ばれる．現状の NEP は半導体と同程度 [134] だが，面積抵抗率の小さな障壁を用いることにより NEP においても半導体を超えることができることが理論的に示されている（図 4.28 参照）．

一方，磁気抵抗素子の整流作用を用いて環境にある電磁波からエネルギーを得ようという試みもある．アンテナに接続された 8 個の素子に 0 [dbm] の高周

4.2 スピンダイナミクス素子　169

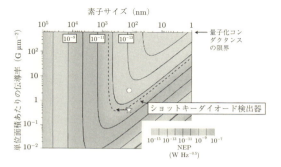

図 4.28　スピントルクダイオードと半導体ダイオードの性能比較 [130]. 横軸は素子サイズ, 縦軸は単位体積あたりの電気伝導度であり濃度は NEP (最小検出信号) を表す. 星は文献 [130] の素子. 白丸は当時の最高性能の素子に対する予測値. 点線は半導体ダイオードの性能である.

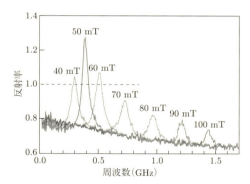

図 4.29　トンネル磁気抵抗素子による高周波の増幅の例. 素子に高周波を印加したときの反射率が 1 を超えている [137].

波を照射し, 発生した電荷をコンデンサーにためることにより LED を点灯できることが示されている [136].

　磁気抵抗素子は自励発振を生じることからも明らかなように増幅作用を内在している. トンネル磁気抵抗素子に 0.4 [GHz] 程度の高周波電圧を印加すると, 高周波で振動する発熱のために磁気異方性が振動しトルクが発生する. このトルクによる磁気共鳴を利用して高周波の増幅が可能であることが示された (図 4.29 において素子の反射率が 1 を越えている). 原理的には STT, SOT, VCMA

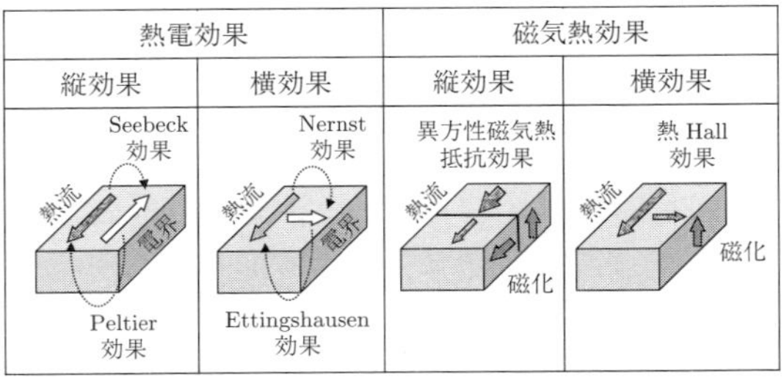

170　第 4 章　スピントロニクス素子とデバイス物理

熱電効果		磁気熱効果	
縦効果	横効果	縦効果	横効果
Seebeck 効果 / Peltier 効果	Nernst 効果 / Ettingshausen 効果	異方性磁気熱抵抗効果	熱 Hall 効果

図 **4.30**　熱電および磁気熱効果 [138].

を用いても増幅作用が得られると考えられる.

4.3　スピン熱および光素子

4.3.1　スピン熱効果素子

1) スピン熱効果の種類

　これまでは固体中の電気化学ポテンシャルと電流およびスピン流との関係を考えてきた. ここではこれに加えて温度勾配と熱流を考える. これらの組み合わせにより図 4.30 にあるような多彩な現象が生じる. 左の 2 つは熱流が電界を作る効果で熱電効果と呼ばれる. 熱流と電界が平行なときは Seebeck 効果, 直交するときは Nernst 効果である. また, これらの逆効果はそれぞれ Peltier 効果と Ettingshausen 効果である. 右の 2 つは熱流が磁化の影響を受ける効果であり, 磁気熱効果と呼ばれる. 熱抵抗が磁化に依存する効果は磁気熱抵抗効果 (Maggi-Righi-Leduc 効果), 特に方向に依存する場合は異方性磁気熱抵抗効果と呼ばれる. また, 磁化により熱流に横成分が現れる効果は熱 Hall 効果 (Righi-Leduc 効果) と呼ばれる. 図には示されていないが, これらの現象は強磁性体の場合, スピンサブバンドごとに生じることに注意する必要がある. このため, 熱流は電流のみでなくスピン流も発生させる. この効果はスピン依存 Seebeck 効果と呼ばれる. さらにスピン軌道相互作用がある場合は Seebeck 係数が熱流と磁化の相対角に依存する. この効果は異方性スピン依存 Seebeck 効

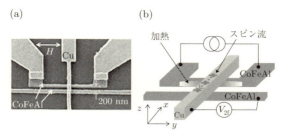

図 4.31 スピン依存 Seebeck 効果によるスピン流の発生と検出に使用されたデバイス．写真上側の CoFeAl が交流電流で熱せられるとスピン流が発生し，下側の CoFeAl 電極によって検出される [141].

果[†17]と呼ぶべきだろう．Nernst 効果が磁化過程に関連して生じる場合は異常 Nernst 効果と呼ばれる．このようにスピンを含めて考えると図 4.29 の効果はさらに多くのスピン依存効果に分類されるが，ここではすべてを列挙することは避ける．

2) 熱電効果素子

図 4.31 にはスピン依存 Seebeck 効果を示す素子の写真と構造図を示した．上部の CoFeAl 細線に交流電流を流すことにより細線の温度が交流の 2 倍の周波数で振動する．スピン依存 Seebeck 効果より発生したスピン流は Cu の細線を拡散し，下部の CoFeAl 電極によって検出される [141].

発電や冷却にスピンを応用した場合，熱流の方向と電圧の発生する方向を直交させることができることから素子の大型化が容易であり，今後の発展が期待されている．

3) 磁気熱効果素子

図 4.32 には GMR 素子の熱伝導率が磁化配置によって 150% 程度変化する様子を示した [138]．熱伝導率の変化率は GMR の約 2 倍であった．このことは GMR 構造が熱伝導率のスイッチングにおいて効率的に働くことを示している．

[†17] 内田–斎藤型のスピン Seebeck 効果ではスピン波の非平衡な局所温度と電極の電子系の局所温度の違いが効果の原因と考えられており [139]，図 4.30 の現象とは異なる．図 4.30 に見られる現象は局所熱平衡 [140] の成り立つ系に見られる線形非平衡熱力学的な現象である．

172   第4章 スピントロニクス素子とデバイス物理

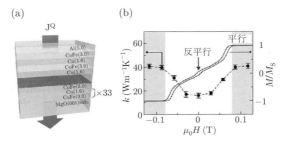

図 **4.32** GMR素子が150%に至る磁気熱効果を室温で示すことが見出された. (a) 素子の積層構造. (b) 磁化と熱伝導率の外部磁界依存性 [142].

4) 熱電効果および磁気熱効果の現象論

線形非平衡熱力学が成り立つ系では熱力学的な力とそれに伴う熱力学的な流れの積がエントロピーを生成する [143, 144]（A.14節参照）[†18]. そして，その間に以下のOnsager係数を介して比例関係が成り立つと考える.

$$\begin{pmatrix} \mathbf{j}_+ \\ \mathbf{j}_- \\ \mathbf{j}^Q \\ j^{\mathrm{sf}} \end{pmatrix} = \begin{pmatrix} \hat{L}_{11} & \hat{L}_{12} & \hat{L}_{13} & 0 \\ \hat{L}_{21} & \hat{L}_{22} & \hat{L}_{23} & 0 \\ \hat{L}_{31} & \hat{L}_{32} & \hat{L}_{33} & 0 \\ 0 & 0 & 0 & L_{44} \end{pmatrix} \begin{pmatrix} -T^{-1}\boldsymbol{\nabla}\bar{\mu}_+ \\ -T^{-1}\boldsymbol{\nabla}\bar{\mu}_- \\ \boldsymbol{\nabla}T^{-1} \\ -T^{-1}(\mu_+ - \mu_-) \end{pmatrix} \quad (4.45)$$

ここで，$\mathbf{j}^Q$ [J/(m²s)] は熱流の密度，j^{sf} [1/m³s] はスピン緩和によるスピンサブバンド間の流れである（A.14節）. 添え字の $\pm$ は多数スピンと少数スピンに対応する. 磁化の量子化軸は z 軸とする. $\hat{L}$ は空間座標に対応した 3×3 の行列であり，Onsagerの相反定理 [140] が成り立つ.

$$\hat{L}_{ij}(B) = \hat{L}_{ji}^t(-B) \quad (4.46)$$

B は外部から印加した磁束密度や磁化，$\hat{L}^t$ は転置行列である. また，$\hat{L}_{12}, \hat{L}_{21}$ はバルクのスピン混合伝導率である（A.7節）. L_{44} はスピン緩和による散逸を表す（A.14節）. 式 (4.45) は線形応答であるが，境界条件によって化学ポテンシャルの変化，電気ポテンシャルの変化および温度変化が複雑に絡み合うので

[†18] ここでは，スピン軌道相互作用はスピンスプリットに比べて十分に小さいとする.

取り扱いには注意を要する．

　温度と化学ポテンシャルに勾配がない場合のスピンサブバンドの電気伝導率テンソル $\hat{\sigma}_{\pm}$, $\hat{\sigma}_{\pm}^{\mathrm{mix}}$，電気化学ポテンシャルの勾配がない場合の熱伝導率テンソル $\hat{\kappa}_0$，およびスピン緩和時間 $\tau_{\mathrm{sf},\pm}$ と Onsager 係数の関係は以下の通りである（A.7 節参照）．

$$
\left\{
\begin{array}{ll}
\hat{L}_{11} = \dfrac{T}{e^2}\hat{\sigma}_+, \ \hat{L}_{22} = \dfrac{T}{e^2}\hat{\sigma}_- & \text{(4.47a)} \\[2mm]
\hat{L}_{12} = \dfrac{T}{e^2}\hat{\sigma}_{+-}^{\mathrm{mix}}, \ \hat{L}_{21} = \dfrac{T}{e^2}\hat{\sigma}_{-+}^{\mathrm{mix}} & \text{(4.47b)} \\[2mm]
\hat{L}_{33} = T^2\hat{\kappa}_0 & \text{(4.47c)} \\[2mm]
L_{44} = TN_+\tau_{\mathrm{sf},+}^{-1} = TN_-\tau_{\mathrm{sf},-}^{-1} & \text{(4.47d)}
\end{array}
\right.
$$

式 (4.45) の第 1 および第 2 行は電気化学ポテンシャルの勾配が各スピンサブバンドの粒子の流れを生じることを示しており，その一部は式 (4.6) と等しい．繰り返しになるが熱力学的な力で駆動される流れにはエントロピー生成が伴うので，ここで取り扱われた拡散的な電子の流れは純スピン流を含めてエネルギーを消費する．第 1, 2 行において $\hat{L}_{13}$, $\hat{L}_{23}$ は温度勾配と粒子の流れを関係付ける係数であり Seebeck 効果や Nernst 効果の原因となる．一方，$\hat{L}_{31}$, $\hat{L}_{32}$ は電気化学ポテンシャルと熱流を関係付ける係数であり Peltier 効果と Ettingshausen 効果の原因となる．L_{44} はスピンアキュムレーションの緩和がエントロピーを生成しエネルギーを散逸することを示している．

5) Seebeck 効果と Peltier 効果

　温度勾配が存在すると式 (4.45) から定常状態ではスピン流が以下のように流れる．

$$
\begin{aligned}
\tilde{\mathbf{j}}^{\mathrm{S}} &= \frac{\hbar}{2}\left(\mathbf{j}_+ - \mathbf{j}_-\right)\mathbf{e}_\zeta \\
&= -\frac{\hbar}{2}\frac{1}{T^2}\left(\hat{L}_{13} - \hat{L}_{23}\right)\boldsymbol{\nabla}T\mathbf{e}_\zeta \\
&\quad - \frac{\hbar}{2}\frac{1}{T}\left(\left(\hat{L}_{11} - \hat{L}_{21}\right)\boldsymbol{\nabla}\bar{\mu}_+ - \left(\hat{L}_{22} - \hat{L}_{12}\right)\boldsymbol{\nabla}\bar{\mu}_-\right)\mathbf{e}_\zeta
\end{aligned}
\tag{4.48}
$$

上式の第 1 項がスピン依存 Seebeck 効果により流れるスピン流の項である．

　電流もスピン流もないとき（電気的・磁気的な開放端）の温度勾配と電気化

174   第 4 章　スピントロニクス素子とデバイス物理

学ポテンシャル（電圧）の勾配の関係が Seebeck 効果および Nernst 効果を与える.

　温度の勾配を x 方向に，磁化の方向を z 方向にとる．さらに，混合伝導率 $\hat{L}_{12}$, $\hat{L}_{21}$ と空間的な非対角項（$L_{11,xy}$ など）が小さいとして主要項のみを残すとスピン依存 Seebeck 効果の表式は以下のようになる.

$$
\begin{cases}
\tilde{\mathbf{E}}_x \equiv \dfrac{1}{e}\dfrac{\partial}{\partial x}\begin{pmatrix}\bar{\mu}_+\\\bar{\mu}_-\end{pmatrix}\equiv \mathbf{S}^{\text{Seebeck}}\dfrac{\partial T}{\partial x} & (4.49\text{a})\\[3mm]
\mathbf{S}^{\text{Seebeck}}\cong \dfrac{1}{-eT}\begin{pmatrix}L_{13,xx}/L_{11,xx}\\L_{23,xx}/L_{22,xx}\end{pmatrix} & (4.49\text{b})
\end{cases}
$$

式 (4.49a) の左辺はスピンサブバンドに加わる有効な電界であり，化学ポテンシャルの勾配も含んでいる．右辺は Seebeck 係数 $\mathbf{S}^{\text{Seebeck}}$ と温度勾配の積となっている．スピンサブバンドごとに応答が異なるので Seebeck 係数は 2 行のベクトルになる.

　異常 Nernst 効果についても同様に求められる.

$$
\begin{cases}
\tilde{\mathbf{E}}_y \cong \mathbf{N}^{\text{Nernst}}\mu_0 M_s\dfrac{\partial T}{\partial x} & (4.50\text{a})\\[3mm]
\mathbf{N}^{\text{Nernst}}\equiv -\dfrac{1}{eT\mu_0 M_s}\begin{pmatrix}\left(L_{11,xx}L_{13,yx}-L_{11,yx}L_{13,xx}\right)/\left(L_{11,xx}L_{11,yy}\right)\\\left(L_{22,xx}L_{23,yx}-L_{22,yx}L_{23,xx}\right)/\left(L_{22,xx}L_{22,yy}\right)\end{pmatrix}\\
& (4.50\text{b})
\end{cases}
$$

Nernst 効果には Hall 伝導率が寄与する項と熱電効果の非対角項が寄与する項の 2 つがあることが分かる.

　Peltier 効果と Ettingshausen 効果は $\nabla T = 0$ において電流およびスピン流が作る熱流である．電流・スピン流の方向を x とし，磁化の方向を z とする．同様な近似の範囲で Peltier 効果について以下の式を得る.

$$
\begin{cases}
j_x^{\text{Q}}\equiv \mathbf{\Pi}^{\text{Peltier}}\left(-e\right)\begin{pmatrix}j_{+,x}\\j_{-,x}\end{pmatrix} & (4.51\text{a})\\[3mm]
\mathbf{\Pi}^{\text{Peltier}}\cong -\dfrac{1}{e}\begin{pmatrix}\dfrac{L_{31,xx}}{L_{11,xx}} & \dfrac{L_{32,xx}}{L_{22,xx}}\end{pmatrix} & (4.51\text{b})
\end{cases}
$$

Onsager の相反定理より $L_{13,xx}\left(\mathbf{M}\right)=L_{31,xx}\left(-\mathbf{M}\right)$, $L_{23,xx}\left(\mathbf{M}\right)=L_{32,xx}\left(-\mathbf{M}\right)$

であるが，これらが $\mathbf{M}$ に依存しない場合は $L_{13,xx} = L_{31,xx}$，$L_{23,xx} = L_{32,xx}$ という関係が期待される．この結果，Seebeck 係数と Peltier 係数の間には

$$TS^{\text{Seebeck}} = \mathbf{\Pi}^{\text{Peltier}^t} \tag{4.52}$$

という関係が成り立つ．

異常 Ettingshausen 効果についても同様にして以下の表式を得る．

$$
\begin{cases}
j_x^Q = \mathbf{P}^{\text{EH}} \mu_0 M_{\text{s}} \left(-e\right) \begin{pmatrix} j_{+,y} \\ j_{-,y} \end{pmatrix} & (4.53\text{a}) \\[2em]
\mathbf{P}^{\text{EH}} \equiv -\dfrac{1}{e\mu_0 M_{\text{s}}} \left(\begin{array}{cc} \dfrac{L_{11,xx}L_{31,xy} - L_{11,xy}L_{31,xx}}{L_{11,xx}L_{11,yy}} & \dfrac{L_{22,xx}L_{32,xy} - L_{22,xy}L_{32,xx}}{L_{22,xx}L_{22,yy}} \end{array} \right) \\[1em]
& (4.53\text{b})
\end{cases}
$$

Onsager の相反定理から，異常 Nernst 係数と異常 Ettingshausen 係数の間にも以下の関係が成り立つ．

$$T\mathbf{N}^{\text{Nernst}}(B) = \mathbf{P}^{\text{EH}^t}(-B) \tag{4.54}$$

どちらの効果においてもエネルギー効率は Carnot サイクルの熱効率を上限とする（演習問題 4.6）．

6) 磁気熱効果

式 (4.47) で熱伝導率を求めたときには電気化学ポテンシャルが一定であるとした．一方，電流およびスピン流がゼロの条件では熱伝導率は以下のようになる．

$$\hat{\kappa}_{\text{M}} = \frac{1}{T^2} \left(\hat{L}_{33} - \hat{L}_{31} \hat{L}_{11}^{-1} \hat{L}_{13} - \hat{L}_{32} \hat{L}_{22}^{-1} \hat{L}_{23} \right) \tag{4.55}$$

第 2, 3 項はスピン依存伝導度の効果を反映しており熱伝導率に磁気的な影響が加わったことが分かる．このことが磁気熱効果の原因となる．

176 第 4 章　スピントロニクス素子とデバイス物理

4.3.2　スピン光素子

図 4.12 では光パルスによる瞬間的な消磁がスピン流を作る例を示したが，この他にもいくつかの現象があるので手短に紹介する．

1) パルスレーザー光による瞬間加熱と磁化反転

前述したように強力なパルスレーザー光（例えば 40 [fs]）をフェリ磁性体 (GdFeCo) に照射すると急速な温度変化により磁化や交換相互作用定数が変化するためにトグルタイプの磁化反転が可能である [145]．この方法では通常の強磁性体の歳差運動の周波数である GHz 帯よりも高速に磁化を制御できる点に特徴があり，今後，高速通信の分野などへの応用が期待される．

2) パルスレーザー光によるスピン流生成と THz 光の発生

強力なパルス光を金属に照射すると急速な消磁に伴い電子スピンの拡散流が生じる．このスピン流が ISHE で電圧を発生することにより THz 波が発生する [146]．THz 光源への応用が期待されている．

3) 円偏光レーザーの照射によるスピン流の発生と磁化反転

円偏光レーザーを GaAs などの III–V 族半導体に照射すると選択則によりスピン偏極した電子を励起できる．このとき，励起されたバンドにスピン軌道相互作用があると Rashba 型のバンドのシフトが起き，スピンと運動量がロックしている（A.15 節）．波数の異なる電子の散乱確率は異なるため正味のスピン流が発生する [147]．

4) 磁性メタマテリアルの光照射によるスピン流の励起

微細加工により対称性を制御された強磁性薄膜（磁性メタマテリアル）に直線偏光を照射するとスピン流が発生することが示されている（図 4.33）．

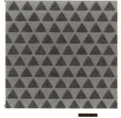

図 4.33 CoPt 多層薄膜を加工して作製した磁性メタマテリアルの原子間力顕微鏡像. 光照射によりスピン流が励起される [148].

4.4 半導体スピントロニクス素子

4.4.1 強磁性半導体素子

強磁性半導体の研究はスピントロニクスが始まる前から行われていた. 1961 年には 77 [K] と当時としては強磁性転移温度が最も高い EuO が発見されている [149]. その後, II–VI 族化合物半導体に Mn などの強磁性元素をドープした半磁性半導体（例えば (CdMn)Te）の研究が光通信用のアイソレーターへの応用を目指して盛んに行われた [150]. そんな中, 1991 年に III–V 族化合物半導体に Mn をドープすることにより強磁性半導体が生成できることが宗片・大野らによって示された [151]. 強磁性半導体には磁化のゲート電圧による制御など種々の機能性が期待される.

2000 年に大野らは電圧により強磁性状態と常磁性状態の間を転移させることが可能であること [152], さらに, 磁気異方性が制御できることを実証した [153]. 図 4.34 には電界により磁化の方向を制御するデバイスの構造を示す. 電界により 2 軸の磁気異方性が変化し磁化が回転する. 回転の様子は Hall 効果によって検出された (2 [K]). (GaMn)As の強磁性転移温度は当初 30 [K] 程度であり実験は低温で行われた. 近年, Fe 系の強磁性は半導体で室温を超える T_c の物質が合成される [154] など今後の発展が期待される.

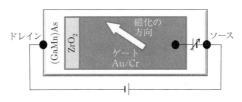

図 4.34 (Ga, Mn)As における電界磁化方向制御に用いられたデバイスの概念図 [153]. ゲート電圧による磁化方向の変化を Hall 電圧で検出した (2 [K]).

4.4.2 半導体スピン素子

通常の半導体の中に電子スピンをキャリアとして注入して動作する素子に関する最初の提案の１つは Das-Datta によるスピン FET の提案である [155]. この素子はゲート電界により Rashba 型のスピン軌道相互作用 (A.15 節) を変化させて注入されたスピンを回転することにより動作する. ゲートによるスピン軌道相互作用の制御は 1997 年に新田らによって III–V 族化合物半導体を用いて実証された [156]. III–V 族の場合はゲート長が長くなるという問題があったが，その後 Cu 上の一原子層の Bi において巨大な Rashba 相互作用 ($\alpha_R \sim 0.25$ [eV nm]) が発見され [157]，今後のナノスケールでのスピン操作が期待される.

一方，Si や C ではスピン軌道相互作用が小さくスピン緩和時間やスピン拡散長が長い. Si にホットエレクトロンを注入した場合，電子は 350 [μm] のウエハーを透過してもスピンの記憶を失わないことが示されており (図 4.35)，横型素子では XOR の演算機能が示されている [159].

この他にアバランシェダイオードの降伏電圧が磁界に強く依存することを利用した強磁性体と半導体のハイブリッド型のリコンフィギャブル論理素子も提案されている [160].

4.4.3 半導体スピン量子素子

1998 年に Kane が Si のゲート下に P の単一原子を配置し，Si キャリアとの接触により P 原子核のスピンを制御する量子計算器を提案した [161]. このことを契機に半導体量子操作の機運が高まった. 当初は III–V 族化合物半導体の量子ドットを用いた研究が多かったが，近年は Si 系の研究も多く行われている.

4.4 半導体スピントロニクス素子   179

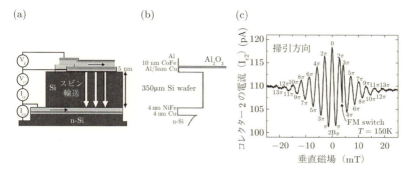

図 4.35 Si ホットエレクトロントランジスタ. (a) 素子断面概略図. 350 [μm] の Si 基板を電子が透過する. (b) バンド模式図. 上部電極のトンネル接合に電圧を加えることでホットエレクトロンが注入され下部のコレクターに達し, 磁気抵抗効果が現れる. コレクターはウエハーボンディング技術で作られている. (c) コレクター電流に見られる Hanle 振動. スピン緩和時間は低温で 0.5 [μs] に達する [158].

量子性は電子の数とスピンに現れる. 電子スピンを量子ビットとして利用するには長い緩和時間が必要となる. 図 4.36 には ^{28}Si のエピタキシー層中に作られた 2 量子ビットからなる C–NOT ゲートの顕微鏡像を示す. 核スピンをもつ同位体の排除により 120 [μs] の T_2^* (A.3 節参照) をもち, CPMG (Carr-Purcell-Meiboom-Gill) パルスを用いることにより T_2 を 28 [ms] まで伸ばすことができる [162]. 動作温度は 50 [mK] である.

ダイアモンドや SiC の内部にある格子欠陥 (色中心) に束縛された電子は室温で量子性を示す. 代表的なものはダイアモンド中の置換窒素と空孔からなる複合欠陥 (NV センター) である. 2 つの電子が $S=1$ の状態を作り (図 4.37), その緩和時間は室温で $T_2^* = 1.5$ [ms] に達すると報告されている [164].

図 4.37 に NV センターが作る $S=1$ の状態と状態間の遷移を模式的に示した. 基底状態は $S=1$ のスピン三重項状態 ($|-1\rangle, |0\rangle, |+1\rangle$) が主にゼロ磁界分裂 (式 (4.56) の第 2 項) により $|0\rangle$ と $|-1\rangle, |+1\rangle$ に約 2.8 [GHz] 分裂した状態である. ハミルトニアンは以下の通りである.

$$\hat{H} = g\mu_B \hat{S} \cdot \mathbf{B} + \hat{S}^t \cdot \mathbf{D} \cdot \hat{S} + \sum_i \left(\hat{S}^t \cdot \mathbf{A} \cdot \hat{\mathbf{I}}_i - g_n \mu_n \hat{\mathbf{I}}_i \cdot \mathbf{B} \right) \qquad (4.56)$$

180　第 4 章　スピントロニクス素子とデバイス物理

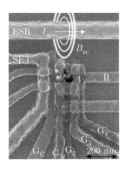

図 4.36　Si 量子ドットで構成されたスピン C–NOT ゲートの走査型電子顕微鏡像．中央上にスピンの絵が描いてある部分が 2 つの量子ビットである．上部の太い線は交流磁界を発生するための電線 [162]．

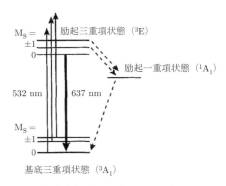

図 4.37　NV センターの電子準位と電子遷移 [163]．磁界が N–V の軸に平行な場合．

$|-1\rangle$, $|+1\rangle$ は上式第 1 項でさらに Zeeman 分裂する．最近接に ^{13}C 同位体がある場合は，これらの順位はさらに ^{13}C 原子核（核スピン $= \mathbf{I}_i$，核磁子 $= \mu_\mathrm{n}$，核の g 値 $= g_\mathrm{n}$）との超微細相互作用（第 3 項）により分裂する（$A_\perp = 123\,[\mathrm{MHz}]$，$A_{//} = 205\,[\mathrm{MHz}]$）．

室温の熱平衡状態では，これらの状態にほぼ均一に電子は分布するが光励起を行うと励起レベルにある $|-1\rangle$, $|+1\rangle$ 状態が非発光過程を通して $S = 0$ の基底状態に，励起レベルにある $|0\rangle$ 状態は発光の過程により，やはり $S = 0$ の基底状態に緩和する．この結果，状態は $S = 0$ に室温で初期化されることが量子計

4.4 半導体スピントロニクス素子　　**181**

測・計算にとって重要な点である．$|0\rangle$ 状態に初期化されたのちに光励起すると $|0\rangle$ 励起状態に遷移するために発光緩和を示す．一方，$|-1\rangle$ 状態にある場合は光励起により $|-1\rangle$ 励起状態に遷移するために非発光緩和となる．この結果，ルミネッセンスの測定により単一 NV センターの電子状態を室温で測定することが可能となる．$|0\rangle$ と $|-1\rangle$ 状態との間の遷移はこの分裂幅に合わせた周波数のマイクロ波の照射で行うことができる．このような光による磁気共鳴の観察は光検出磁気共鳴 (ODMR: Optically Detected Magnetic Resonance) と呼ばれる．近年では室温で電気的に磁気共鳴を検出することにより核磁気の情報を得ることにも成功しており実用性の高い技術となることが期待される [165].

　さらに，超微細相互作用を用いて ^{13}C 原子核の初期化，量子情報の書き込み，読み出しが室温で可能となり室温における量子計測，量子通信，および量子計算への応用研究・実用化が進んでいる．

182　第 4 章　スピントロニクス素子とデバイス物理

第 4 章　演習問題 ───────────

演習問題 4.1

式 (4.6)–(4.9) を用いて式 (4.10), (4.11) を導け.

演習問題 4.2

図 4.17 の素子に流れる電流は式 (4.16) の伝導度を用いて計算できる. 一方,
同図において左右の磁性体内部の点線の位置を流れるスピン流は

$$
\begin{cases}
\mathbf{J}_1^{\mathrm{S}} = \dfrac{\hbar}{-2e}\mathbf{e}_1 \left((G_{++} - G_{--})\cos^2\dfrac{\theta}{2} + (G_{+-} - G_{-+})\sin^2\dfrac{\theta}{2} \right) V \\[2mm]
\mathbf{J}_2^{\mathrm{S}} = \dfrac{\hbar}{-2e}\mathbf{e}_2 \left((G_{++} - G_{--})\cos^2\dfrac{\theta}{2} + (G_{-+} - G_{+-})\sin^2\dfrac{\theta}{2} \right) V
\end{cases}
$$

となる. これと式 (4.18) を用いて本文の式 (4.19) を求めよ.

ヒント：$\mathbf{S}_2$ に加わるトルクの方向は $\mathbf{S}_2$ に直交しており $\mathbf{e}_2 \times \mathbf{e}_1$ および
$\mathbf{e}_2 \times (\mathbf{e}_1 \times \mathbf{e}_2)$ の 2 つの方向のベクトルに分解できる.

演習問題 4.3

1 次元磁壁では式 (4.32) の係数 24 個の内, 以下の 5 個のみが独立である. 以
下の 1 つ目の計算にならい, 残りの係数を定め, 式 (4.33) を求めよ. ただし,
$\Delta_{\mathrm{DW}}^{-1}\sin\theta = \partial\theta/\partial y$ を用いてよい.

$$
\begin{cases}
\begin{aligned}
G_{Y\phi} &= -G_{\phi Y} = G_{\phi y}^{\mathrm{STT}} = a\int dxdy\,\mathbf{n}\cdot\left(\dfrac{\partial\mathbf{n}}{\partial Y}\times\dfrac{\partial\mathbf{n}}{\partial\phi}\right) \\
&= aw\int_{-\infty}^{+\infty} dy\left(-\dfrac{\partial\theta}{\partial y}\right)\mathbf{n}\cdot\left(\dfrac{\partial\mathbf{n}}{\partial\theta}\times\dfrac{\partial\mathbf{n}}{\partial\phi}\right) \\
&= -aw\int_0^{\pi} d\theta\,s\,\mathbf{n}\cdot(\mathbf{e}_\theta\times\sin\theta\,\mathbf{e}_\phi) = -2\,aw
\end{aligned} \\
G_{Yx}^{\mathrm{SOT}} = [\qquad\qquad] \\
\Gamma_{YY} = -\dfrac{\alpha}{\beta^{\mathrm{STT}}}\Gamma_{Yy}^{\mathrm{STT}} = [\qquad\qquad] \\
\Gamma_{\phi\phi} = [\qquad\qquad] \\
\Gamma_{\phi x}^{\mathrm{SOT}} = [\qquad\qquad]
\end{cases}
$$

演習問題 4.4

電流磁界による磁化反転, STT 磁化反転, SOT 磁化反転, および電圧による

磁化反転のそれぞれの長所と短所を述べよ.

演習問題 4.5

Seebeck 発電と Nernst 発電の理論的な効率の限界を以下の手順で求めよ. 高温熱浴と低温熱浴の温度をそれぞれ T_H, T_L とする. 物体を x, y, z 三辺の長さが a_x, a_y, a_z の直方体とする. まず, Seebeck 効果について考える. z 方向に温度差があり物体の内部では温度と電位は線形に変化しているとする. また, Hall 効果, 混合伝導はないとする. このとき

$$
\begin{cases}
J_+ = a_x a_y \left(L_{11,zz} A_N + L_{13,zz} A_Q \right) \\
J_- = a_x a_y \left(L_{22,zz} A_N + L_{23,zz} A_Q \right) \\
J^Q = a_x a_y \left(L_{31,zz} A_N + L_{32,zz} A_N + L_{33,zz} A_Q \right)
\end{cases}
$$

となる. ここで $A_N \cong (\bar{\mu}_j - \bar{\mu}_L)/(T_L a_z) < 0$, $A_Q \cong (T_H - T_L)/(T_H T_L a_z) > 0$ は熱力学的な力である.

(1) 温度差がゼロのときの電気伝導率 $a_x a_y \sigma / a_z$ を Onsager 定数を用いて表せ.

(2) 電流がゼロのときの熱伝導率 $a_x a_y \kappa / a_z$ を Onsager 定数を用いて表せ.

(3) 電流がゼロのときの Seebeck 係数 S を Onsager 定数を用いて表せ.

(4) Seebeck 効果で用いられる性能指数である $ZT = \sigma S^2 T / \kappa$ を Onsager 定数を用いて表せ.

(5) 電気的な出力エネルギーを利用された熱量で割ったものを効率 η とする.

$$
\eta \equiv \left| \frac{(J_+ + J_+) A_N T_L a_z}{J^Q} \right|
$$

η を A_N の関数として最大化することにより η の最大値を Onsager 定数の関数として表せ.

(6) η の最大値を ZT の関数として表し, η の上限を求めよ.

(7) Nernst 効果について同様な手順で発電効率を議論せよ.

演習問題 4.6

熱関連素子に磁性体を用いた場合の利点を述べよ.

184　第 4 章　スピントロニクス素子とデバイス物理

演習問題 4.7
強磁性金属および半導体をスピントロニクスの応用に用いる場合について考える．それぞれの特長を述べよ．

参考文献

[1] T. Miyazaki and M. Oikawa, *J. Magn. Magn. Mat.*, **97**, 171 (1991).

[2] 井上順一郎，伊藤博介 著，『スピントロニクス ―基礎編― (現代講座・磁気工学 3)』，共立出版 (2010).

[3] I. A. Campbell and A. Fert, *"Handbook of Ferromagnetic Materials 3*, Chapter 9 Transport properties of ferromagnets"*, 747–749, 751–804 (1982).

[4] S. Kokado, M. Tsunoda, K. Harigaya, and A. Sakuma, *J. Phys. Soc. Jpn.*, **81**, 024705 (2012).

[5] H. Li, H.-W. Wang, H. He, J. Wang, and S.-Q. Shen, *Phys. Rev. B*, **97**, 201110 (R) (2018).

[6] M. N. Baibich, J. M. Broto, A. Fert, F. N. Van Dau, and F. Petroff, *Phys. Rev. Lett.*, **61**, 2472 (1988).

[7] T. Shinjo and H. Yamamoto, *J. Phys. Soc. Jpn.*, **59**, 3061 (1990).

[8] B. Dieny, V. Speriosu, S. Parkin, B. Gurney, D. Wilhoit and D. Mauri, *Phys. Rev. B*, **43**, 1297 (1991).

[9] T. Valet and A. Fert, *Phys. Rev. B*, **48**, 7099 (1993).

[10] J. W. P. Pratt, S.-F. Lee, J. M. Slaughter, R. Loloee, P. A. Schroeder, and J. Bass, *Phys. Rev. Lett.*, **66**, 3060 (1991).

[11] J. A. Katine, F. J. Albert, R. A. Buhrman, E. B. Myers, and D. C. Ralph, *Phys. Rev. Lett.*, **84**, 3149 (2000).

[12] S. Y. Hsu, A. Barthélémy, P. Holody, R. Loloee, P. A. Schroeder, and A. Fert, *Phys. Rev. Lett.*, **78**, 2652 (1997).

[13] G. Schmidt, D. Ferrand, L. Molenkamp, A. T. Filip, and B. J. van Wees, *Phys. Rev. B Rap. Comm.*, **62**, R4790 (2000).

[14] T. Sasaki, T. Oikawa, T. Suzuki, M. Shiraishi, Y. Suzuki, and K. Tagami,

Appl. Phys. Expr., **2** (5), 053003 (2009).

[15] T. Kimura, N. Hashimoto, S. Yamada, M. Miyao, and K. Hamaya, *NPG Asia Mater,* **4**, e9 (2012).

[16] A. F. C. Vouille, A. Barthélémy, S. Y. Hsu, and R. Loloee *J. Appl. Phys.*, **81**, 4573 (1997).

[17] M. Julliere, *Phys. Lett.*, **54A**, 225 (1975).

[18] S. Maekawa and U. Gafvert, *IEEE Trans. Magn.*, **18**, 707 (1982).

[19] G. Binasch, P. Grünberg, F. Saurenbach, and W. Zinn, *Phys. Rev. B* **39**, 4828 (1989).

[20] T. Miyazaki and N. Tezuka, *J. Magn. Magn. Mater.*, **139**, L231 (1995).

[21] J. S. Moodera, L. R. Kinder, T. M. Wong, and R. Meservey, *Phys. Rev. Lett.*, **74**, 3273 (1995).

[22] J.-G. Zhu and C. Park, *Materials Today*, **9**, 36 (2006).

[23] W. H. Butler, X.-G. Zhang, T. C. Schulthess, and J. M. MacLaren, *Phys. Rev. B,* **63**, 054416 (2001).

[24] J. Mathon and A. Umersky, *Phys. Rev. B*, **63**, 220403R (2001).

[25] S. Yuasa, A. Fukushima, T. Nagahama, K. Ando, and Y. Suzuki, *Jpn. J. Appl. Phys.*, **43**, L588 (2004).

[26] S. Yuasa, T. Nagahama, A. Fukushima, Y. Suzuki, and K. Ando, *Nat. Mater.*, **3**, 868 (2004).

[27] S. S. P. Parkin C. Kaiser, A. Panchula, P. M. Rice, B. Hughes , M. Samant and S.-H. Yang, *Nat. Mater.*, **3**, 862 (2004).

[28] S. Yuasa, A. Fukushima, H. Kubota, Y. Suzuki, and K. Ando, *Appl. Phys. Lett.*, **89**, 042505 (2006).

[29] T. Scheike, Z. Wen, H. Sukegawa, and S. Mitani, *Appl. Phys. Lett.*, **122**, 112404 (2023).

[30] D. D. Djayaprawira, K. Tsunekawa, M. Nagai, H. Maehara, S. Yamagata, N. Watanabe, S. Yuasa, Y. Suzuki, and K. Ando, *Appl. Phys. Lett.*, **86**, 092502 (2005).

[31] S. Yuasa, Y. Suzuki, T. Katayama, and K. Ando, *Appl. Phys. Lett.*, **87**,

186 第 4 章 スピントロニクス素子とデバイス物理

242503 (2005).

[32] S. Yuasa and D. D. Djayaprawira, *J. Phys. D: Appl. Phys.*, **40**, R337 (2007).

[33] S. V. Karthik, Y. K. Takahashi, T. Ohkubo, K. Hono, S. Ikeda, and H. Ohno, *J. Appl. Phys.*, **106**, 023920 (2009).

[34] S. Ikeda, J. Hayakawa, Y. Ashizawa, Y. M. Lee, K. Miura, H. Hasegawa, M. Tsunoda, F. Matsukura, and H. Ohno, *Appl. Phys. Lett.*, **93**, 082508 (2008).

[35] S. Ikeda, K. Miura, H. Yamamoto, K. Mizunuma, H. D. Gan, M. Endo, S. Kanai, J. Hayakawa, F. Matsukura, and H. Ohno, *Nat. Mater.*, **9**, 721 (2010).

[36] M. Büttiker, A. Prêtre, and H. Thomas, *Phys. Rev. Lett.*, **70**, 4114 (1993).

[37] K. Uchida, S. Takahashi, K. Harii, J. Ieda, W. Koshibae, K. Ando, S. Maekawa, and E. Saitoh, *Nature*, **455**, 778 (2008).

[38] A. Slachter, F. L. Bakker, J.-P. Adam, and B. J. van Wees, *Nat. Phys.*, **6**, 879 (2010).

[39] F. J. Jedema, H. B. Heersche, A. T. Filip, J. J. A. Baselmans, and B. J. van Wees, *Nature* **416**, 713 (2002).

[40] E Saitoh, M Ueda, H Miyajima, and G Tatara, *Appl. Phys Lett.*, **88**, 182509 (2006).

[41] Y. K. Kato, R. C. Myers, A. C. Gossard, and D. D. Awschalom, *Science*, **306**, 1910 (2004), and J. Wunderlich, B. Kaestner, J. Sinova, and T. Jungwirth, *Phys. Rev. Lett.*, **94**, 047204 (2005).

[42] V. M. Edelstein, *Solid State Communications* **73** (3), 233 (1990).

[43] L. K. Werake, B. A. Ruzicka, and R. H. Zhao, *Phys. Rev. Lett.*, **106**, 107205 (2011).

[44] S. Iihama, Y. Sasaki, A. Sugihara, A. Kamimaki, Y. Ando, and S. Mizukami, *Phys. Rev. B*, **94**, 020401 (2016).

[45] E. B. Myers, D. C. Ralph, J. A. Katine, R. N. Louie, and R. A. Buhrman,

Science, **285**, 867 (1999).

[46] F. J. Albert, J. A. Katine, R. A. Buhrman, and D. C. Ralph, *Appl. Phys. Lett.*, **77**, 3809 (2000).

[47] Y. Huai, F. Albert, P. Nguyen, M. Pakala, and T. Valet, *Appl. Phys. Lett.*, **84**, 3118 (2004).

[48] H. Kubota, A. Fukushima, Y. Ootani, S. Yuasa, K. Ando, H. Maehara, K. Tsunekawa, D. D. Djayaprawira, N. Watanabe, and Y. Suzuki, *Jpn. J. Appl. Phys., Expr. Lett.*, **44**, L1237 (2005).

[49] 久保田均，鈴木義茂，湯浅新治，『応用物理』，応用物理学会，2009, 231 (2009).

[50] M. Nakayama, T. Kai, N. Shimomura, M. Amano, E. Kitagawa, T. Nagase, M. Yoshikawa, T. Kishi, S. Ikegawa, and H. Yoda, *J. Appl. Phys.*, **103**, 07A710 (2008).

[51] K. Yakushiji, H. Kubota, A. Fukushima, and S. Yuasa, *Appl. Phys. Express*, **8**, 083003 (2015).

[52] Y. Hibino, T. Yamamoto, K. Yakushiji, T. Taniguchi, H. Kubota, and S. Yuasa, *Adv. Elec. Mater.*, **10**, 202300581 (2024).

[53] J. Slonczewski, *Phys. Rev. B*, **71**, 024411 (2005).

[54] Y. Suzuki, A. Tulapurkar, Y. Shiota and C. Chappert, Spin injection and voltage effects in magnetic nanopillars and its applications, in: T. Shinjo (Ed.) *"Nanomagnetism and Spintronics Second Edition"*, Elservier, London, pp. 107–176 (2014).

[55] L. Liu, O. J. Lee, T. J. Gudmundsen, D. C. Ralph, and R. A. Buhrman, *Phys. Rev. Lett.*, **109**, 096602 (2012).

[56] H. Kubota, A. Fukushima, K. Yakushiji, T. Nagahama, S. Yuasa, K. Ando, H. Maehara, Y. Nagamine, K. Tsunekawa, D. D. Djayaprawira, N. Watanabe, and Y. Suzuki, *Nat. Phys.*, **4** (1), 37 (2008).

[57] A. Thiaville, Y. Nakatani, J. Miltat, and Y. Suzuki, *Europhys. Lett.*, **69**, 990 (2005).

[58] H. Kohno, G. Tatara, and J. Shibata, *J. Phys. Soc. Jpn.*, **75**, 113706

188　第 4 章　スピントロニクス素子とデバイス物理

(2006).

[59] I. Theodonis, N. Kioussis, A. Kalitsov, M. Chshiev, and W. H. Butler, *Phys. Rev. Lett.*, **97**, 237205 (2006).

[60] A. Yamaguchi, T. Ono, S. Nasu, K. Miyake, K. Mibu, and T. Shinjo, *Phys. Rev. Lett.*, **92**, 077205 (2004).

[61] S. Emori, U. Bauer, S.-M. Ahn, E. Martinez, and G. S. D. Beach, *Nat. Mater.*, **12**, 611 (2013).

[62] A. Thiaville, S. Rohart, E. Jue, V. Cros and A. Fert, *Europhys. Lett.*, **100**, 57002 (2012).

[63] K.-S. Ryu, I. Thomas, S.-H. Yang and S. Parkin, *Nat. Nanotech.*, **8**, 527 (2013).

[64] D. J. Clarke, O. A. Tretiakov, G.-W. Chern, Y. B. Bazaliy, and O. Tchernyshyov, *Phys. Rev. B*, **78**, 134412 (2008).

[65] D. Bang, J. Yu, X. Qiu, Y. Wang, H. Awano, A. Manchon, and H. Yang, *Phys. Rev. B*, **93**, 174424 (2016).

[66] S. Iihama, T. Taniguchi, K. Yakushiji, A. Fukushima, Y. Shiota, S. Tsunegi, R. Hiramatsu, S. Yuasa, Y. Suzuki, and H. Kubota, *Nat. Electron.*, **1**, 120 (2018).

[67] Y. Omori, E. Sagasta, Y. Niimi, M. Gradhand, L. E. Hueso, F. Casanova, and Y. Otani, *Phys. Rev. B*, **99**, 014403 (2019).

[68] H. Ohno, D. Chiba, F. Matsukura, T. Omiya, E. Abe, T. Dietl, Y. Ohno, and K. Ohtani, *Nature*, **408**, 944 (2000).

[69] Y. Yamada, K. Ueno, T. Fukumura, H. T. Yuan, H. Shimotani, Y. Iwasa, L. Gu, S. Tsukimoto, Y. Ikuhara, and M. Kawasaki, *Science*, **332**, 1065 (2011).

[70] D. Chiba, S. Fukami, K. Shimamura, N. Ishiwata, K. Kobayashi, and T. Ono, *Nat. Mater.*, **10**, 853 (2011).

[71] V. Novosad, Y. Otani, A. Ohsawa, S. G. Kim, K. Fukamichi, J. Koike, K. Maruyama, O. Kitakami, and Y. Shimada, *J. Appl. Phys.*, **87**, 6400 (2000).

[72] L. Gerhard, T. K. Yamada, T. Balashov, A. F. Takács, R. J. H. Wesselink, M. Däne, M. Fechner, S. Ostanin, A. Ernst, I. Mertig, and W. Wulfhekel, *Nat. Nanotechnol.*, **5**, 792 (2010).

[73] T. Ashida, T. Ashida, M. Oida, N. Shimomura, T. Nozaki, T. Shibata, and M. Sahashi, *Appl. Phys. Lett.*, **104**, 152409 (2014).

[74] K. Toyoki, K. Toyoki, Y. Shiratsuchi, A. Kobane, C. Mitsumata, Y. Kotani, T. Nakamura, and R. Nakatani, *Appl. Phys. Lett.*, **106**, 162404 (2015).

[75] N. A. Spaldin and R. Ramesh, *Nat. Mater.*, **18**, 203 (2019).

[76] T. Taniyama, *J. Phys. Condens. Matter*, **27**, 504001 (2015).

[77] C.-G Duan, Julian P. Velev, R. F. Sabirianov, Z. Zhu, J. Chu, S. S. Jaswal, and E. Y. Tsymbal, *Phys. Rev. Lett.*, **101**, 137201 (2008).

[78] K. Nakamura, R. Shimabukuro, Y. Fujiwara, T. Akiyama, T. Ito, and A. J. Freeman, *Phys. Rev. Lett.*, **102**, 187201 (2009).

[79] M. Tsujikawa and T. Oda, *Phys. Rev. Lett.*, **102**, 247203 (2009).

[80] T. Kawabe, K. Yoshikawa, M. Tsujikawa, T. Tsukahara, K. Nawaoka, Y. Kotani, K. Toyoki, M. Goto, M. Suzuki, T. Nakamura, M. Shirai, Y. Suzuki, and S. Miwa, *Phy. Rev. B*, **96**, 220412 (R) (2017).

[81] S. Miwa, M. Suzuki, M. Tsujikawa, K. Matsuda, T. Nozaki, K. Tanaka, T. Tsukahara, K. Nawaoka, M. Goto, Y. Kotani, T. Ohkubo, F. Bonell, E. Tamura, K. Hono, T. Nakamura, M. Shirai, S. Yuasa, and Y. Suzuki, *Nat. Commun.*, **8**, 15848 (2017).

[82] S. Miwa, M. Suzuki, M. Tsujikawa, T. Nozaki, T. Nakamura, M. Shirai, S. Yuasa, and Y. Suzuki, *J. Phys. D: Appl. Phys.*, **52**, 063001 (2019).

[83] Y. Suzuki and S. Miwa, *Phys. Lett. A*, 383, 1203 (2019).

[84] S. E. Barnes, J. Ieda, and S. Maekawa, *Sci. Rep.*, **4**, 4105 (2014).

[85] M. Weisheit, S. Fähler, A. Marty, Y.s Souche, C.e Poinsignon, and D. Givord, *Science,* **315**, 349 (2007).

[86] D. Chiba, M. Sawicki, Y. Nishitani, Y. Nakatani, F. Matsukura, and H. Ohno, *Nature*, **455**, 515 (2008).

190 第 4 章 スピントロニクス素子とデバイス物理

[87] T. Maruyama, Y. Shiota, T. Nozaki, K. Ohta, N. Toda, M. Mizuguchi, A. A. Tulapurkar, T. Shinjo, M. Shiraishi, S. Mizukami, Y. Ando, and Y. Suzuki, *Nat. Nanotechnol.*, **4**, 158 (2009).

[88] T. Nozaki, Y. Shiota, M. Shiraishi, T. Shinjo, and Y. Suzuki, *Appl. Phy. Lett.* **96**, 022506 (2010).

[89] Y. Shiota, T. Maruyama, T. Nozaki, T. Shinjo, M. Shiraishi, and Y. Suzuki, *Appl. Phys. Exp.*, **2**, 063001 (2009).

[90] T. Nozaki, M. Endo, M. Tsujikawa, T. Yamamoto, T. Nozaki, M. Konoto, H. Ohmori, Y. Higo, H. Kubota, A. Fukushima, M. Hosomi, M. Shirai, Y. Suzuki, and S. Yuasa, *APL Mater.*, **8**, 011108 (2020).

[91] T. Nozaki, A. Kozioł-Rachwał, M. Tsujikawa, Y. Shiota, X. Xu, T. Ohkubo, T. Tsukahara, S. Miwa, M. Suzuki, S. Tamaru, H. Kubota, A. Fukushima, K. Hono, M. Shirai, Y. Suzuki, and S. Yuasa, *NPG Asia Mater.*, **9**, e451 (2017).

[92] T. Nozaki, T. Ichinose, J. Uzuhashi, T. Yamamoto, M. Konoto, K. Yakushiji, T. Ohkubo, and S. Yuasa, *APL Mater.*, **11**, 121106 (2023).

[93] T. Nozaki, T. Yamamoto, S. Miwa, M. Tsujikawa, M. Shirai, S. Yuasa, and Y. Suzuki, *Micromachines*, **10**, 327 (2019).

[94] Y. Shiota, T. Nozaki, F. Bonell, S. Murakami, T. Shinjo, and Y. Suzuki, *Nat. Mater.*, **11**, 39 (2012).

[95] S. Kanai, M. Yamanouchi, S. Ikeda, Y. Nakatani, F. Matsukura, and H. Ohno, *Appl. Phys. Lett.*, **101**, 122403 (2012).

[96] T. Yamamoto, R. Matsumoto, T. Nozaki, H. Imamura, and S. Yuasa, *J. Magn. and Magn. Mater.*, **560**, 169637 (2022).

[97] Y. Shiota, T. Nozaki, S. Tamaru, K. Yakushiji, H. Kubota, A. Fukushima, S. Yuasa, and Y. Suzuki, *Appl. Phys. Exp.*, **9**, 013001 (2016).

[98] T. Yamamoto, T. Nozaki, H. Imamura, Y. Shiota, S. Tamaru, K. Yakushiji, H. Kubota, A. Fukushima, Y. Suzuki, and S. Yuasa, *J. Phys. D: Appl. Phys.*, **52**, 164001 (2019).

[99] R. Matsumoto, T. Sato, and H. Imamura, *Appl. Phys. Exp.*, **12**, 053003

(2019).

[100] R. Matsumoto, T. Nozaki, S. Yuasa, and H. Imamura, *Phys. Rev. Appl.*, **9**, 014026 (2018).

[101] T. Nozaki, Y. Shiota, S. Miwa, S. Murakami, F. Bonell, S. Ishibashi, H. Kubota, K. Yakushiji, T. Saruya, A. Fukushima, S. Yuasa, T. Shinjo, and Y. Suzuki, *Nat. Phys.*, **8**, 491 (2012).

[102] B. Rana and YC. Otani, *Communications Physics*, **2**, 90 (2019).

[103] D. Chiba, M. Kawaguchi, S. Fukami, N. Ishiwata, K. shimamura, K. Kobayashi, and T. Ono, *Nat. Commun.*, **3**, 888 (2012).

[104] T. Nozaki, Y. Jibiki, M. Goto, E. Tamura, T. Nozaki, H. Kubota, A. Fukushima, Shinji Yuasa, and Yoshishige Suzuki, *Appl. Phys. Lett.*, **114**, 012402 (2019).

[105] M. Schott, A. Bernand-Mantel, L. Ranno, S. Pizzini, J. Vogel, H. Béa, C. Baraduc, S. Auffret, G. Gaudin, and D. Givord, *Nano Lett.*, **17**, 3006 (2017).

[106] A. Fukushima, T. Yamamoto, T. Nozaki, K. Yakushiji, H. Kubota, and S. Yuasa, *APL Mater.*, **9**, 030905 (2021).

[107] H. Nomura, T. Furuta, K. Tsujimoto, Y. Kuwabiraki, F. Peper, E. Tamura, S. Miwa, M. Goto, R. Nakatani, and Y. Suzuki, *Jpn. J. Appl. Phys.*, **58**, 070901 (2019).

[108] T. Taniguchi, A. Ogihara, Y. Utsumi, and S. Tsunegi, *Sci. Rep.*, **12**, 10627 (2022).

[109] G. Q. Yan, S. Li, T. Yamamoto, M. Huang, N. J. Mclaughlin, T. Nozaki, H. Wang, S. Yuasa, and C. R. Du, *Phys. Rev. Appl.*, **18**, 064031 (2022).

[110] M. Niknam, M.. F. F. Chowdhury, M. M. Rajib, W. A. Misba, R. N. Schwartz, K. L. Wang, J. Atulasimha, and L.-S. Bouchard, *Communications Physics*, **5**, 284 (2022).

[111] S. I. Kiselev, J. C. Sankey, I. N. Krivorotov, N. C. Emley, R. J. Schoelkopf, R. A. Buhrman, and D. C. Ralph, *Nature*, **425**, 380 (2003).

[112] W. H. Rippard, M. R. Pufall, S. Kaka, T. J. Silva, and S. E. Russek,

192　第 4 章　スピントロニクス素子とデバイス物理

Phys. Rev. B, **70**, 100406 (2004).

[113] A. M. Deac, A. Fukushima, H. Kubota, H. Maehara, Y. Suzuki, S. Yuasa, Y. Nagamine, K. Tsunekawa, D. D. Djayaprawira, and N. Watanabe, *Nat. Phys.*, **4**, 803 (2008).

[114] H. Maehara, H. Kubota, Y. Suzuki, T. Seki, K. Nishimura, Y. Nagamine, K. Tsunekawa, A. Fukushima, A. M. Deac, K. Ando, and S. Yuasa, *Appl. Phys. Expr.*, **6**, 113005 (2013).

[115] W. H. Rippard, A. M. Deac, M. R. Pufall, J. M. Shaw, M. W. Keller, S. E. Russek, G. E. W. Bauer, and C. Serpico, *Phys. Rev. B*, **81**, 014426 (2010).

[116] H. Kubota, K. Yakushiji, A. Fukushima, S. Tamaru, M. Konoto, T. Nozaki, S. Ishibashi, T. Saruya, S. Yuasa, T. Taniguchi, H. Arai, and H. Imamura, *Appl. Phys. Expr.*, **6**, 103003 (2013).

[117] D. Houssameddine, U. Ebels, B. Delaet, B. Rodmacq, I. Firastrau, F. Ponthenier, M. Brunet, C. Thirion, J. P. Michel, L. Prejbeanu-Buda, M. C. Cyrille, O. Redon, and B. Dieny, *Nat. Mater.*, **6**, 441 (2007).

[118] V. S. Pribiag, I. N. Krivorotov, G. D. Fuchs, P. M. Braganca, O. Ozatay, J. C. Sankey, D. C. Ralph, and R. A. Buhrman, *Nat. Phys.*, **3**, 498 (2007).

[119] S. Tsunegi, K. Yakushiji, A. Fukushima, S. Yuasa, and H. Kubota, *Appl. Phys. Lett.*, **109**, 252402 (2016).

[120] W. Rippard, M. Pufall, S. Kaka, T. Silva, S. Russek, and J. Katine, *Phys. Rev. Lett.*, **95**, 067203 (2005).

[121] S. Kaka, M. R. Pufall, W. H. Rippard, T. J. Silva, S. E. Russek, and J. A. Katine, *Nature*, **437**, 389 (2005).

[122] F. B. Mancoff, N. D. Rizzo, B. N. Engel, and S. Tehrani, *Nature*, **437**, 393 (2005).

[123] S. Tsunegi, T. Taniguchi, R. Lebrun, K. Yakushiji, V. Cros, J. Grollier, A. Fukushima, S. Yuasa, and H. Kubota, *Sci. Rep.*, **8**, 13475 (2018).

[124] P. M. Braganca, B. A. Gurney, B. A. Wilson, J. A. Katine, S. Maat,

and J. R. Childress, *Nanotechnology*, **21**, 235202 (2010).

[125] T. Srimani, B. Manna, A. K. Mukhopadhyay, K. Roy, and M. Sharad, in: *2016 74th Annual Device Research Conference (DRC)*, pp. 1-2, (2016).

[126] K. Mizushima, K. Kudo, T. Nagasawa, and R. Sato, *J. Appl. Phys.*, **107**, 063904 (2010).

[127] T. Nagasawa, H. Suto, K. Kudo, T. Yang, K. Mizushima, and R. Sato, *J. Appl. Phys.*, **111**, 07C908 (2012).

[128] J.-G. Zhu, X. Zhu, and Y. Tang, *IEEE Trans. Mag.*, **44**, 125 (2008).

[129] S. Tamaru, H. Kubota, K. Yakushiji, S. Yuasa, and A. Fukushima, *Sci. Rep.*, **5**, 18134 (2015).

[130] A. Slavin and V. Tiberkevich, *IEEE Trans. Mag.*, **45**, 1875 (2009).

[131] A. A. Tulapurkar, Y. Suzuki, A. Fukushima, H. Kubota, H. Maehara, K. Tsunekawa, D. D. Djayaprawira, N. Watanabe, and S. Yuasa, *Nature* **438** (7066), 339 (2005).

[132] Y. Suzuki and H. Kubota, *J. Phys. Soc. Jpn.*, **77**, 031002 (2008).

[133] X. Cheng, C. T. Boone, J. Zhu, and I. N. Krivorotov, *Phys. Rev. Lett.*, **105**, 047202 (2010).

[134] S. Miwa, S. Ishibashi, H. Tomita, T. Nozaki, E. Tamura, K. Ando, N. Mizuochi, T. Saruya, H. Kubota, K. Yakushiji, T. Taniguchi, H. Imamura, A. Fukushima, S. Yuasa, and Y. Suzuki, *Nat. Mater.*, **13** (1), 50 (2014).

[135] M. Goto, Y. Yamada, A. Shimura, T. Suzuki, N. Degawa, T. Yamane, S. Aoki, J. Urabe, S. Hara, H. Nomura, and Y. Suzuki, *Nat. Commun.*, **12** (1), 1 (2021).

[136] R. Sharma, R. Mishra, T. Ngo, Y.-X. Guo, S. Fukami, H. Sato, H. Ohno, and H. Yang, *Nat. Commun.*, **12**, 2924 (2021).

[137] M. Goto, Y. Wakatake, U. K. Oji, S. Miwa, N. Strelkov, B. Dieny, H. Kubota, K. Yakushiji, A. Fukushima, S. Yuasa, and Y. Suzuki, *Nat. Nanotech.*, **14**, 40 (2019).

[138] K. Uchida and R. Iguchi, *J. Phys. Soc. Jpn.*, **90**, 122001 (2021).

194 第 4 章 スピントロニクス素子とデバイス物理

[139] H. Adachi, K. Uchida, E. Saitoh, and S. Maekawa, *Rep. Prog. Phys.*, **76**, 036501 (2013).

[140] I. Prigogine, *"Modern Thermodynamics"*, Wiley (1998).

[141] S. Hu, H. Itoh, and T. Kimura, *NPG Asia Mater.*, **6**, e127 (2014).

[142] H. Nakayama, B. Xu, S. Iwamoto, K. Yamamoto, R. Iguchi, A. Miura, T. Hirai, Y. Miura, Y. Sakuraba, J. Shiomi, and K. Uchida, *Appl. Phys. Lett.*, **118**, 042409 (2021).

[143] A. Tulapurkar and Y. Suzuki, *Phys. Rev. B*, **83**, 012401 (2011).

[144] T. Taniguchi, *Appl. Phys. Expr.*, **9**, 073005 (2016).

[145] C. D. Stanciu, F. Hansteen, A. V. Kimel, A. Kirilyuk, A. Tsukamoto, A. Itoh, and Th. Rasing, *Phys. Rev. Lett.*, **99**, 047601 (2007).

[146] T. Kampfrath, M. Battiato, P. Maldonado, G. Eilers, J. Nötzold, S. Mährlein, V. Zbarsky, F. Freimuth, Y. Mokrousov, S. Blügel, M. Wolf, I. Radu, P. M. Oppeneer, and M. Münzenberg, *Nat. Nanotech.*, **8**, 256 (2013).

[147] S. D. Ganichev, E. L. Ivchenko, V. V. Bel'kov, S. A. Tarasenko, M. Sollinger, D. Weiss, W. Wegscheider, and W. Prettl, *Nature*, **417**, 153 (2002).

[148] M. Matsubara et al., *Nat. Commun.*, **13**, 6708 (2022).

[149] B. T. Matthias, R. M. Bozorth, and J. H. Van Vleck, *Phys. Rev. Lett.*, **7**, 160 (1961).

[150] A. V. Komarov, S. M. Ryabchenko, O. V. Terletskii, I. I. Zheru, and R. D. Ivanchuk, *Zh. Eksp. Teor. Fiz.*, **73**, 608 (1977) [*Sov. Phys. JETP*, **46**, 318 (1977)].

[151] H. Munekata, H. Ohno, R. R. Ruf, R. J. Gambino, and L. L. Chang, *J. Cryst. Growth*, **111**, 1011 (1991).

[152] H. Ohno, D. Chiba, F. Matsukura, T. Omiya, E. Abe, T. Dietl, Y. Ohno, and K. Ohtani, *Nature* **408**, 944 (2000).

[153] D. Chiba, M. Sawicki, Y. Nishitani, Y. Nakatani, F. Matsukura, and H. Ohno, *Nature*, **455**, 515 (2008).

[154] N. T. Tu, P. N. Hai, L. D. Anh, and M. Tanaka, *Appl. Phys. Lett.*, **108**, 192401 (2016), and N. T. Tu, P. N. Hai, L. D. Anh, and M. Tanaka, *Appl. Phys. Expr.*, **11**, 063005 (2018).

[155] S. Datta and B. Das, *Appl. Phys. Lett.*, **56**, 665 (1990).

[156] J. Nitta, T. Akazaki, H. Takayanagi, and T. Enoki, *Phys. Rev. Lett.*, **78**, 1335 (1997).

[157] S. Mathias, A. Ruffing, F. Deicke, M. Wiesenmayer, I. Sakar, G. Bihlmayer, E. V. Chulkov, Yu. M. Koroteev, P. M. Echenique, M. Bauer, and M. Aeschlimann, *Phys. Rev. Lett.*, **104**, 066802 (2010).

[158] B. Huang, D. J. Monsma, and I. Appelbaum, *Phys. Rev. Lett.*, **99**, 177209 (2007).

[159] R. Ishihara, Y. Ando, S. Lee, R. Ohshima, M. Goto, S. Miwa, Y. Suzuki, H. Koike, and M. Shiraishi, *Phys. Rev. Appl.*, **13**, 044010 (2020).

[160] S. Joo, T. Kim, S. H. Shin, J. Y. Lim, J. Hong, J. D. Song, J. Chang, H.-W. Lee, K. Rhie, S. H. Han, K.-H. Shin, and M. Johnson, *Nature*, **494**, 72 (2013).

[161] B. E. Kane, *Nature*, **393**, 133 (1998).

[162] M. Veldhorst, C. H. Yang, J. C. C. Hwang, W. Huang, J. P. Dehollain, J. T. Muhonen, S. Simmons, A. Laucht, F. E. Hudson, K. M. Itoh, A. Morello, and A. S. Dzurak, *Nature*, **526**, 410 (2015).

[163] 水落憲和, 日本物理学会誌, **64**, 910 (2009).

[164] E. D. Herbschleb, H. Kato, Y. Maruyama, T. Danjo, T. Makino, S. Yamasaki, I. Ohki, K. Hayashi, H. Morishita, M. Fujiwara, and N. Mizuochi, *Nat. Commun.*, **10**, 3766 (2019).

[165] H. Morishita, S. Kobayashi, M. Fujiwara, H. Kato, T. Makino, S. Yamasaki, and N. Mizuochi, *Sci. Rep.*, **10**, 792 (2020).

第5章

スピントロニクスの応用

この章ではスピントロニクスがこれまでに寄与した応用と，今後期待される応用について述べる．

5.1 磁気センサ

5.1.1 ハードディスク用磁気センサ

1) 再生ヘッドの概要

ハードディスク (HDD) の情報読み出し用の磁気センサを再生ヘッドという．図 5.1(a) のように，再生ヘッドは磁気記録媒体上に記録された微小な磁区（磁気ビット）からの漏洩磁界を検出することで，記録情報を再生する装置であり，微小な磁気センサから構成される．再生ヘッドと記録ヘッドを合わせて磁気ヘッドと呼び，磁気ヘッドの記録媒体に対面する部分を Air bearing surface (ABS) という．図 5.1(b) に HDD の面記録密度の推移と再生ヘッドの種類の変遷を示す．面記録密度の増大とともに，再生ヘッドは誘導ヘッド（記録ヘッドと併用）から，異方性磁気抵抗ヘッド，面内電流巨大磁気抵抗 (CIP-GMR) ヘッド，現行 (2024 年) の強磁性トンネル接合 (MTJ) を用いたトンネル磁気抵抗 (TMR) ヘッドへと進化した．図 5.1(c) は ABS から見たスピンバルブ型 [2] の TMR ヘッドの模式図である．図の中央の台形部分が TMR センサであり，シード層／反強磁性体層／固定層／交換結合層／参照層／トンネル障壁層／自由層／キャップ層の積層構造からなる．センサ膜の上下の Ni–Fe 合金（パーマロイ）からなる磁気シールド層は電極を兼ねており，センサ膜面に垂直に通電される．固定層および参照層の磁化は紙面垂直方向に，IrMn など反強磁性体の交換バイアスによって固着される．センサの左右方向に CoPt など硬磁性体によるハードバ

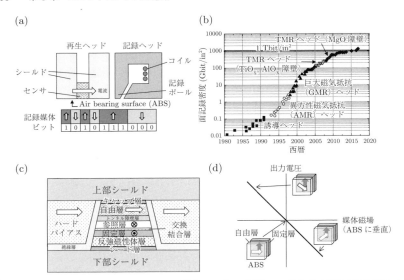

図 5.1 (a) ハードディスク (HDD) の再生ヘッド・記録ヘッドと垂直磁気記録媒体の配置，(b) HDD の面記録密度と再生ヘッド用磁気センサの種類の推移，(c) ABS 側から見たハードバイアスを有する TMR ヘッドの模式図，(d) 自由層の磁化回転（白矢印）によるセンサの線形な出力電圧．

イアスが形成され，紙面横方向に着磁されている．自由層の磁化は，ハードバイアスからの漏洩磁界により紙面横方向に安定化（磁気バイアス）され，参照層と直交磁化配列を構成する．図 5.1(d) のように，記録媒体の磁気ビットからの漏洩磁界により磁化自由層の磁化が回転し，センサは磁気ビットの漏洩磁界の大きさ，すなわち磁気ビットの長さに比例した出力を示す．現行の HDD における面記録密度（慣例として 1 平方インチ (in^2) あたりの記録 bit 数で表記する）は 1 [Tbit/in^2] 程度であるが，最小の記録ビットの寸法は，幅 50 [nm]，長さ 10 [nm] 程度である．

現行の記録方式である，垂直磁気記録の面記録密度は，1.5 [Tbit/in^2] 程度で飽和しているが，熱アシスト記録など，エネルギーアシスト記録を用いることで，2 [Tbit/in^2] を超える面記録密度が実現される [3]．面記録密度の増大に伴い記録ビットが縮小すると，再生ヘッドの寸法も微細化する必要がある．それ

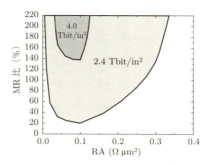

図 5.2 面記録密度 2.4 [Tbit/in^2] と 4.0 [Tbit/in^2] に対する再生ヘッド用磁気センサの RA 値と MR 比の要求範囲 [1].

により，再生ヘッドの電気抵抗が増加するとともに，強磁性体層の体積が減少するため，センサの雑音が増大し，信号雑音比が悪化する．そのため，再生ヘッドの開発課題は，空間分解能の改善，雑音の低減，出力の増大に大別される．空間分解能は再生ヘッドのサイズ，構造と材料で決まり，雑音はヘッドの抵抗値と自由層の磁化と体積に影響される．出力は磁気抵抗比とバイアス電圧で決まる．

図 5.2 は 2.4 [Tbit/in^2] および 4.0 [Tbit/in^2] の面記録密度に対する，再生ヘッドの電気抵抗と接合面積の積（RA 値：慣例として接合面積 1 [μm^2] のときの抵抗値を用いるため単位が Ω μm^2）と磁気抵抗比（MR 比：4.1.4 項参照）の要求範囲を示す．RA 値は再生ヘッドの熱雑音（Johnson ノイズ）を，MR は出力電圧を決定する．いずれの面記録密度においても，要求される MR は RA = 0.1 [Ω μm^2] 程度で最低値をとるが，それは RA > 0.1 [Ω μm^2] 以上では，再生ヘッドの熱雑音と，再生ヘッドの抵抗と配線の浮遊容量による高周波信号の減衰の両方の効果による．例えば 2.4 [Tbit/in^2] への適用可能領域に入るためには，RA < 0.3 [Ω μm^2] で 100%以上の MR を実現する必要がある．

2) TMR ヘッド

トンネル磁気抵抗効果（TMR 効果：4.1.4 項参照）を用いた再生ヘッドを TMR ヘッドという．TMR ヘッド用 MTJ 素子の典型的な断面構造を図 5.3(a) に示す（各層の厚さは一例）．下部シールドの上にシード層（通常 Ta/Ru）を積層し，

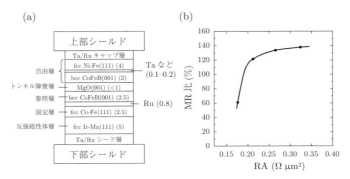

図 **5.3** (a) TMR 再生ヘッド用の MTJ 素子の典型的な断面構造．各層の右側の括弧内は厚さ (nm)．(b) TMR 再生ヘッド用に最適化された MTJ 素子の MR 比の抵抗–面積 (RA) 依存性（データ提供：キヤノンアネルバ株式会社）[8]．

その上に fcc(111) 配向した IrMn 層と CoFe 層（固定層）を積層する．IrMn 層からの交換バイアス磁界により，CoFe 固定層の磁化が膜面内の一方向に固定される．CoFe 固定層の上に Ru 層と CoFeB 参照層を積層する．Ru 層の厚さが約 0.8 [nm] のとき，CoFe 層と CoFeB 層の間に反強磁性的な層間交換相互作用が生じ，CoFeB 参照層の磁化が一方向（CoFe と反対向き）に固定される．CoFeB 層は成膜時にはアモルファスであり，その上に配向性多結晶の MgO(001) 層が成長する [4, 5]．MgO(001) 層の上にアモルファス CoFeB 層を積層し，成膜後に約 250 [℃] 以上でアニールするとアモルファス CoFeB と MgO(001) の界面から固相エピタキシャル成長が起こる．その結果，上下の CoFeB 層は MgO(001) と格子整合する bcc(001) 構造に結晶化し，bcc Fe 系合金の高スピン分極したトンネル電子状態による巨大な TMR 効果が発現する [4, 5]．また，MgO 層と CoFeB 層の間に厚さ約 1 [nm] 以下の CoFe 層を挿入すると，TMR 特性が向上することがある．実際には成膜時から CoFe 中に B 原子が拡散して，MgO 界面近傍で B 濃度が低い傾斜組成のアモルファス CoFeB 層が形成される．その結果，MgO 界面からの固相エピタキシャル成長が促進され，TMR 特性が向上する．

MTJ 素子の上部強磁性電極は自由層として機能するため，高い帯磁率や低い磁歪定数が必要となる．CoFeB 単層では比較的大きな正磁歪を示すが，負磁

歪をもつ高 Ni 組成の Ni–Fe を積層することで，CoFeB/Ni–Fe 2 層膜のトータルの磁歪をほぼゼロにすることができる．ただし，アモルファス CoFeB 上に直接 Ni–Fe を積層すると fcc(111) 配向した Ni–Fe 層が成長し，アニール中に Ni–Fe 界面側から CoFeB が固相エピタキシャル成長して fcc(111) 構造に結晶化し，MR 比が著しく低下してしまう．これを防ぐために，通常は図 5.3(a) のように CoFeB と Ni–Fe の間に Ta, Mo, W などの超薄層を挿入する．これにより Ni–Fe 界面からの結晶化を抑制し，CoFeB を bcc(001) 構造に結晶化させる．Ta 等の厚さが約 $0.1 \sim 0.2$ [nm] と非常に薄い場合，CoFeB 層と Ni–Fe 層は強固に強磁性的に結合して 1 枚の強磁性層（自由層）として機能する．MTJ の主要部分である参照層／MgO トンネル障壁層／自由層が薄いため，反強磁性層やシード層，キャップ層も含めた厚さを約 20 [nm] 程度に抑えることができ，高い再生分解能が得られる．

　前節で述べたように，TMR センサの RA を低減することが重要であるが，MgO トンネル障壁層の厚さを 1 [nm] 未満にすることにより，1 $[\Omega\,\mu m^2]$ 未満の低 RA を実現することができる．ただし，アモルファス CoFeB 上に積層する MgO 層が薄くなると (001) 配向しにくくなるため，MgO 層厚さが 1 [nm] 未満の領域では MR 比が大きく低下する傾向がある [6, 7]．しかし，MgO 層の成膜条件や MTJ の積層構造を最適化することにより，現在では $RA = 0.2\,[\Omega\,\mu m^2]$ において約 120％という大きな MR 比が実現されている（図 5.3(b)）．このような超低 RA 値かつ高 MR 比の高性能 MTJ 素子は，すでに高面記録密度 1 Tbit/in^2 を超える HDD の再生ヘッドとして製品化されており，2.4 [Tbit/in^2] を超える面記録密度にも対応可能な基本性能を有している．

3) サイドシールド構造

　再生分解能を高めるには，シールド間隔と再生ヘッドセンサ幅の低減が必要である．センサの上下にはパーマロイシールドがあり，記録ビットの長さ方向の再生分解能の向上に寄与するが，従来の TMR ヘッドの構造では，幅方向に硬磁性体からなるハードバイアスがあるため，記録ビットの幅方向の再生分解能の向上に限界がある．また，センサ寸法の縮小に伴い，CoPt など硬磁性体を用いたハードバイアス膜の結晶粒サイズや結晶方位のばらつきに由来する，再

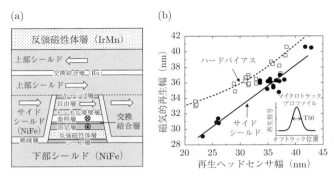

図 5.4　(a) サイドシールドを有する TMR ヘッド構造．(b) ハードバイアスおよびサイドシールドを有する再生ヘッドに対する，再生ヘッドセンサ幅とマイクロトラックプロファイルの半値幅による磁気的再生幅の関係 [10].

生ヘッド特性のばらつきが顕在化する．このため，2010 年代前半にハードバイアス構造は，図 5.4(a) に示すサイドシールド構造に置き換えられた [9, 10]．サイドシールド構造ではセンサの左右に，Ni–Fe 薄膜（サイドシールド）が形成されている．サイドシールドは上部シールドと直接接続しており，さらにその上部に積層した IrMn 反強磁性体層との交換結合による一方向性磁気異方性によって，サイドシールドの磁化は左右方向ピン止めされている．サイドシールドからのセンサ膜への漏洩磁界が，自由層に対する磁気バイアスとして作用する．サイドシールドは結晶粒間で交換結合した軟磁性体であるため，磁気バイアスの強度や方向の微視的分布が，ハードバイアスに比べて一様である．これにより再生ヘッド特性の個体間ばらつきが低減される．また，サイドシールドの磁化は，交換バイアスによって強固に固定されているわけではなく，記録媒体からの漏洩磁束密度（数十ミリテスラ）で回転する程度である．すなわち，サイドシールドは ABS に垂直方向に有限の透磁率をもつため，隣接する記録トラックからの漏洩磁界をシールドすることができ，トラック幅方向の再生分解能が向上する．図 5.4(b) に再生ヘッドセンサ幅と，マイクロトラックプロファイルの半値幅で定義される磁気的再生幅 (T50) の関係を示す [10]．ハードバイアスでは再生ヘッドセンサの減少に対する再生幅の減少，すなわち再生分解能の改善が飽和傾向にあるのに対し，サイドシールドでは再生ヘッドセンサ幅の

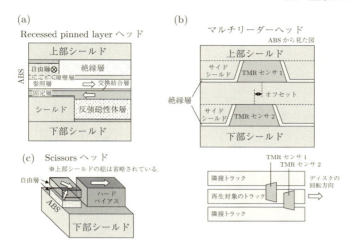

図 5.5 (a) Recessed pinned layer ヘッド，(b) マルチリーダー，および (c) Scissors ヘッドの模式図．

減少に対し再生分解能が線形に改善する．

4) 新規 TMR ヘッド構造

4-1) Recessed pinned layer

スピンバルブ構造の反強磁性体層は再生ヘッドの動作に重要であるが，それ自体が再生に寄与するわけではないため，シールド間隔縮小の観点から，反強磁性体層が ABS に露出していない再生ヘッド構造が考えうる．現在では，図 5.5(a) のように，反強磁性体層と固定層の一部が ABS から引っ込んだ構造の再生ヘッドが一部のメーカーから量産されており，Recessed pinned layer (RPL) ヘッドと呼ばれる [11]．RPL ヘッドでは，シールド間隔を短縮することができ，ビット方向の再生分解能の改善が実現される．また，トンネル障壁層が平坦なシールド上に形成されるため，固定層と自由層の磁気結合が低減され，MR 比が増加する．さらに，電流が IrMn 反強磁性体層を通らないために，静電気放電による IrMn の交換バイアスの劣化が抑制される．そのうえ IrMn 層が ABS 上に露出しないので，腐食防止用のダイアモンドライクカーボン厚を薄くできるた

204　第 5 章　スピントロニクスの応用

め，ヘッド–記録媒体間距離が短縮されることにより再生分解能を上げられる．

4–2) マルチリーダー

　　従来，磁気ヘッドは 1 個の記録ヘッドに対し，1 個の TMR センサをもつものであるが，図 5.5(b) のように，2 個の TMR センサをもつヘッドが実用化され，大容量 HDD の実現に寄与している [12]．このような再生ヘッドはマルチリーダーと呼ばれ，その再生原理は 2 次元磁気記録 (TDMR: Two-Dimensional Magnetic Recording) と呼ばれる [13, 14]．TMR センサの成膜とウエハープロセスを繰り返すことによって，ウエハーの上下方向に 2 個の TMR センサが重なった構造をもち，これらのセンサはウエハー面内方向に位置のオフセットをもって作製される．それぞれの TMR センサは再生対象の記録トラックだけでなく，隣接トラックからの漏洩磁界を含んだ信号を再生する．これらを信号処理することで，隣接トラックからのノイズをキャンセルするとともに，再生対象のトラックからの再生信号の質を改善することができ，記録密度の向上に寄与する．

4–3) Scissors ヘッド

　　図 5.5(c) のように，自由層／トンネル障壁層／自由層の 3 層構造からなる再生ヘッドを Scissors ヘッドと呼ぶ．当初，Scissors ヘッドは CIP-GMR センサにおいて提案されたが [15]，TMR など電流面直 (CPP) 型センサにも適応可能である．2 つの強磁性自由層の磁化は，外部磁界が存在しない場合には反平行に静磁結合しており，外部磁界の印加によって両磁化が回転する．この磁化回転があたかもハサミの刃の回転のようであるため Scissors センサと呼ばれる．記録媒体からの漏洩磁界に対し線形な出力応答を得るために，ABS から見てセンサの奥に設置したハードバイアスによって，直交磁化配列にバイアスさせることが提案されている．Scissors センサには，Co/Cu/Co で知られているような強磁性層間の反強磁性層間交換結合 [16] は必須ではなく，一般に強い反強磁性層間交換結合の存在しない TMR センサにも適用可能である．Scissors センサは反強磁性層をもたないため，センサの膜厚を低減することが可能であり，ビット方向の再生分解能の改善が期待できる．さらに，スピンバルブ型と異な

5.1 磁気センサ　205

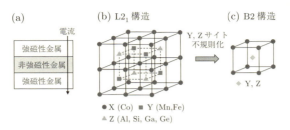

図 5.6 (a)CPP-GMR センサの積層構成．Heusler 合金 X_2YZ の (b) $L2_1$ および (c) B2 構造．

り，Scissors センサでは 2 つの自由層の磁化が回転するため，磁化回転範囲の利用率が大きくなり，出力電圧が大きいという利点がある．一方，Scissors センサの問題点は，自由層の磁気バイアスが自由層間の静磁結合とハードバイアスからの漏洩磁界の微妙なバランスによって実現されているため，ヘッド間の特性ばらつきが大きく量産性に問題があることである．

5) その他のセンサ原理

5–1) CPP-GMR

面直電流巨大磁気抵抗 (CPP-GMR: Current-Perpendicular-to-Plane Giant Magnetoresistance) は，図 5.6(a) のように，強磁性金属／非磁性金属／強磁性金属の 3 層構造を基本とし，TMR 同様，スピンバルブ構造や Scissors ヘッド構造で用いることが可能である．すべてが金属薄膜で構成されているため，0.1 $[\Omega\,\mu m^2]$ 以下の超低 RA が得られ，雑音の低い再生ヘッドとして期待される．CoFe/Cu/CoFe など従来の材料系における MR 比は数%と実用には程遠い値であったが [17]，伝導電子のスピン分極率の高い強磁性体を用いることで，より大きな磁気抵抗比を実現することができる．その代表は，Co_2MnSi や $Co_2Fe(Ga_{0.5}Ge_{0.5})$ などの Heusler 合金であり，スペーサー層に Ag を用いることで，MgO 基板上にエピタキシャル成長させた単結晶素子において，500 [℃] 以上の高温でのアニールによって，図 5.6(b) に示す $L2_1$ 構造に規則化した Heusler 合金層と Ag スペーサー層との急峻な界面が実現され，50～80%もの大きな MR が得られる [18–20]．再生ヘッドとしての実用を考えると，多結晶のスピンバル

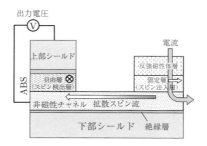

図 **5.7** 非局所スピンバルブヘッドの模式図.

ブ構造である必要があり，アニール温度は 300 [℃] 程度に制限される．そのような低温アニール条件では，L2$_1$ 構造を実現することは困難であるが，図 5.6(c) に示す B2 構造でも高いスピン分極率が得られる．B2 規則度の高い薄膜を得る観点から，Co$_2$MnGe や Co$_2$(Mn, Fe)Ge が有効である [21–23]．Ag は Heusler 合金と格子不整合率が 2%と小さく (Cu の場合 10%程度)，相互拡散が起きにくく，さらに Heusler 合金との up スピン電子のバンド構造の整合性が良い優れたスペーサー材料である [24, 25]．Ag は磁気ヘッド製造プロセスの 1 つであるラッピングプロセス中に腐食する懸念があるが，Ag–Sn(～10 at.%) 合金とすることで腐食耐性が改善すると同時に，平坦なスペーサー層が得られる [26].

　CPP-GMR センサの材料に関する新しい知見として，スペーサー層に Ag と透明電極材料である In–Zn–O を同時成膜した，Ag–In–Zn–O を使用すると，MR 比が増大し，多結晶素子において 50%を超える MR が得られる [27]．電子顕微鏡による微細組織観察によると，実際のスペーサー層は，Ag–In–Zn–O と Co$_2$(Mn,Fe)Ge Heusler 合金中の Mn の酸化還元反応によって形成した，Mn–Zn–O マトリックス中に Ag–In 合金が存在するナノコンポジット構造である．スペーサー層中の Ag–In 合金部分に電流が集中することにより MR が増大することが説明されており，アルミナマトリックス中に Cu が分散した電流狭窄パス (CCP: Current-Confined-Path) スペーサーと同様である [28].

5–2) 非局所スピンバルブ

　図 5.7 のように，Cu など非磁性チャネル上に固定層と自由層が離れて形成さ

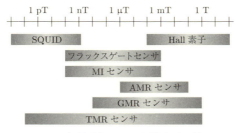

図 5.8 各種磁気センサと検出磁界範囲.

れた構造を非局所スピンバルブと呼ぶ [29, 30]. ABS には非磁性チャネルと自由層のみが面しているため，通常のスピンバルブと比べてシールド間隔の縮小が期待できる．固定層と非磁性チャネル間に電流を流し，注入されたスピンが自由方向に拡散（スピン流）する．自由層と非磁性チャネル間に電流は流れないが，固定層と自由層の磁化の角度に応じた電圧（スピン注入信号）が発生し，これを用いて再生するものである．大きな再生信号を得るためには，自由層に到達するスピン流のスピン分極率を大きくすることが必要であり，固定層および自由層に高スピン分極 Heusler 合金を用いること，および固定層と自由層の距離を短くすることが効果的である [31, 32]. $Co_2(Mn_{0.6}Fe_{0.4})Si$ Heusler 合金を用いた実験では，1 [mV] を超えるスピン注入信号が得られている [32]. 固定層・自由層と非磁性チャネルの接合は必ずしも金属接合である必要はなく，トンネル接合や界面抵抗の大きい酸化物を介することで，大きなスピン注入信号が報告されている [29, 33, 34].

5.1.2 高感度磁界センサ TMR, NV センター

磁気センサは，磁気記録以外にも回転，角度，位置検知，電流検知，方位測定など一般に広く用いられている．検出する磁界強度も様々であり，図 5.8 のように磁界強度に応じて様々なセンサが用いられている [35, 36]. また，測定対象が小さな場合にはセンサの空間分解能も重要となる．スピントロニクスの代表的な素子の1つである磁気トンネル接合素子 (MTJ) は，サイズが小さく空間分解能が高い．また，磁界感度が大きく向上しており，最近では室温において

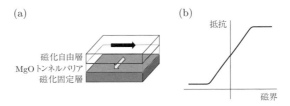

図 5.9 強磁性トンネル接合素子を磁界センサとして用いる場合の磁化配置.

生体磁気信号も検出できるようになっている．本項では，強磁性トンネル接合を用いた磁気センサの動作原理と応用を中心について述べる．

1) 磁気抵抗高感度磁界センサ

強磁性トンネル接合を磁界センサとして用いる場合は，図 5.9(a) に示すように磁化固定層の磁化容易軸と磁化自由層のそれがゼロ磁界で直交させる．このような磁化配置では図 5.9(b) に示すようなゼロ磁界近傍で直線的でヒステリシスの小さな抵抗変化が得られる．したがって，検出する磁界に比例した出力信号を得ることが原理的には可能になる．しかしながら実際には，比例からずれた非線形性が現れ，ヒステリシスも完全になくすことは難しい．そのため様々な材料開発，プロセス開発がなされている．

図 5.10 は，強磁性トンネル接合素子を用いて生体磁気信号である脳磁界を検出した実験の例である [37, 38]．図 5.10(a, b) に示すようにセンサは，主に 3 つの部分から構成されている．1 つは，T 字型の磁界収束構造 (MFC: Magnetic Flux Concentrator) のペアであり，厚さ 0.5 [mm] のパーマロイが対称な形で向かい合っている．横幅 26 [mm] であり，この範囲の磁力線を先端 5 [mm] に集束させている．先端部には，FeCuNbSiB (300 [nm]) 軟磁性薄膜（薄膜 MFC）が配置されている．2 つの薄膜 MFC の間に強磁性トンネル接合アレイが配置されている．MFC によりアレイに働く磁束密度は 100 倍に増大している．アレイは，Si/SiO$_2$/下部電極/磁化自由層 (Co$_{70.5}$Fe$_{4.5}$Si$_{15}$B$_{10}$ 140/Ru 0.4/Co$_{40}$Fe$_{40}$B$_{20}$ 3)/MgO/磁化固定層 (Co$_{40}$Fe$_{40}$B$_{20}$ 3/Ru 0.9/Co$_{75}$Fe$_{25}$ 2/Ir$_{22}$Mn$_{78}$ 10)/保護層 (Ta 5/Pt 5/Ru 5) (nm) からなる薄膜を微細加工プロセスによりフリー層を 100 [μm]×150 [μm] のサイズに加工し，74 個の接合を直列に接続したものであ

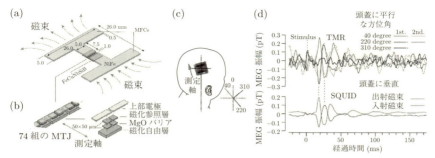

図 5.10 強磁性トンネル接合素子のアレイをベースとする高感度磁界センサ．(a) センサ全体，および (b) 強磁性トンネル接合アレイの構造模式図．(c) 頭部表面にセンサを取り付けた場合の模式図．(d) 脳磁界の測定結果 [39]．センサの取り付け角度に対応した信号が得られている．

る．このセンサを含めたブリッジ回路，低ノイズアンプ（ゲイン 120 [dB]）および，フィルタを組み合わせた回路において，検出可能な最小磁界強度は 0.94 [pT/Hz$^{0.5}$] (1 [Hz]) であり非常に高い感度が達成されている．この回路を用いて頭皮表面の磁界を検出し，正中神経刺激に対する体性感覚誘発野が測定された．図 5.10(c) に示すように頭部表面に対してセンサの位置を 3 通りの場合について測定を行ったところ，図 5.10(d) の上図に示すように対応した結果が得られた．40° と 220° は，脳磁界とセンサの感磁軸が平行の場合でどちらも刺激の後に N20, P30 と示される脳活動に起因した磁界を検出し，かつ，ピークの極性が逆転している．310° の場合は脳磁界とセンサの感磁軸が直交するためピークが見られない．脳磁界強度は 1 [pT] 以下と極めて微弱な信号であるが，図 5.10(d) の下図に示す SQUID 脳磁界計を用いた測定結果とほぼ一致することも確かめられている．この実験では，磁気シールド内において数千回の測定の平均処理を行い測定しているが，さらに感度が向上すれば平均処理回数の低減，さらには磁気シールド外での測定が可能になると期待される．

2) 量子磁界センサ

ダイアモンドの NV センター（4.3.3 項参照）を磁界センサとして用いる応用が急速に広がっている．図 5.11 には NV センターを用いた ^{19}F 原子核の核磁気

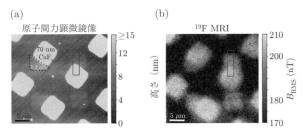

図 5.11 ダイアモンドの NV センターを用いて測定された CaF$_2$ ドットパターン中の ^{19}F 原子核の核磁気共鳴像 [40]．(a) 原子間力顕微鏡像 (AFM)．(b) NV センター核磁気共鳴顕微鏡像 (MRI)．

共鳴顕微鏡像 (MRI) を示す．試料は膜厚が 1.2 および 70 [nm] の CaF$_2$ 薄膜をドット状に加工したものである．どちらの膜厚でも像が得られていることが分かる．NV センターを用いることにより室温において漏れ磁界の像，漏れ電界の像なども得られることから磁性体のみならず生物学・医学などへの応用が広がるものと期待される．

5.2 メモリ

5.2.1 磁気抵抗効果型ランダムアクセスメモリ (MRAM)

磁気抵抗効果素子（4.1 節参照）は高密度磁気記録媒体用磁気ヘッドに代表される高感度磁気センサとして大きな市場の獲得に成功したが（5.1 節参照），もう 1 つの重要な応用技術として期待されているのが磁気抵抗効果型ランダムアクセスメモリ (MRAM: Magnetoresistive Random Access Memory) である．MRAM は磁気抵抗素子における記録層の磁化の向きを "0" と "1" のバイナリー情報として記録を行い，磁気抵抗効果により抵抗値の違いとしてその情報を読み出すことを基本動作とする．磁性体の特徴を活かし，高速書き換え，高書き換え耐性，大容量性を備えた不揮発性ワーキングメモリの実現が期待されている．

最初の MRAM は金属多層膜からなる巨大磁気抵抗 (GMR) 素子（4.1.2 項参照）を用いた研究が米国にて発足し，1994 年には Honeywell から GMR-MRAM が製品化されている．GMR 素子は抵抗，MR 変化率ともに小さいため読み出

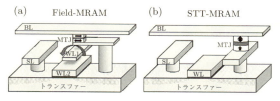

図 5.12 (a) Field-MRAM，および (b) STT-MRAM の構造模式図．

し／書き込みが遅く，集積度も低いことから民生機器への導入には至らなかった．しかし，MRAM の高い耐放射線耐性に注目した軍事・宇宙等の特殊な用途に利用された．その後，1995 年に AlOx をトンネル障壁層に用いた強磁性トンネル接合 (MTJ) 素子 [41, 42] において室温で大きなトンネル磁気抵抗 (TMR) 効果が見出されたことをきっかけに，MTJ を用いる MRAM の世界的な開発競争が始まった．2004 年には Infineon と IBM が 16Mbit-MRAM の試作に成功している．図 5.12(a) がこれら初期の MRAM の構造例である．MTJ 素子はビット線 (BL) とワード線 (WL) の交点に配置され，素子選択用の MOS トランジスタと組み合わせて 1MTJ-1 トランジスタで 1 ビットを構成する．ワード線 1 (WL1) に電流を流すことで発生する電流磁界によって記録層の磁化を反転させることで情報が書き込まれる (Field-MRAM)．読み出し時は WL2 で CMOS トランジスタを選択状態とし，ソース線 (SL)–BL 間で MTJ の素子抵抗値を読む．直接抵抗値の大きさを判別する方法は抵抗のバラツキに弱くなるため，通常は中央抵抗値を参照セルとして，参照セルと MTJ の抵抗の大小関係を比較することで判定される．

　Field MRAM は書き込みによる MTJ 素子へのダメージがなく，ほぼ無限の書き換えが行える高い信頼性を有するメモリであり，現在も Everspin から 64Mbit 品が出荷されている．しかしながら大容量化を進める上で大きな課題があった．まず，電流磁界方式は配線から離れた位置に配置された磁性体の磁化を操作しようとする間接的な相互作用であり，エネルギー変換効率が非常に低い．また，微小素子になるほど情報熱安定性を確保するために大きな磁気異方性（形状磁気異方性等）を付与するが，素子の高密度化が難しい上に磁化反転誘起に大きな電流印加が必要となる．これは消費電力の増大を招くだけでなく，配線のエ

212 第 5 章 スピントロニクスの応用

レクトロマイグレーション不良にも関わる．これらの課題に対して大きな技術
革新をもたらしたのがスピントランスファートルク (STT) 磁化反転（4.2.2 項
参照）の発見である [43–46]．

STT 磁化反転では MTJ 素子に直接通電し，スピン偏極した伝導電子（s 電
子）と記録層の局在磁気モーメントを担う電子（d 電子）の間で相互作用させる
（スピン角運動量トランスファー）ことで磁化反転制御を行う．この現象は量
子力学効果を利用した直接的な相互作用のため，電流磁界と比べてエネルギー
変換効率が高い．STT 磁化反転の場合は磁界発生用の WL は必要ないため，
Field-MRAM と比べてよりシンプルな構造となる（図 5.12(b)）．また，STT 磁
化反転に必要な電流は記録層の体積に比例するため，微小素子ほど書き込みエ
ネルギーが小さくなるスケーラブルな書き込み方式であり，大容量化に適して
いる．ただし，書き込み時間を数ナノ秒オーダーに高速化すると磁化反転過程
が熱活性型から STT 誘起歳差運動が支配的な反転過程となるため，必要な電流
が急激に上昇し [47]，繰り返し書き込み耐性の劣化を招く．

STT-MRAM の開発は面内磁化 CoFeB 磁性層と AlOx トンネル障壁からなる
MTJ 構造をベースに始まったが [48]，2004 年に MgO(001) 配向トンネル障壁層
を用いた巨大 TMR 効果（4.1.4 項参照）[49, 50] が見出されるとすぐにトンネル障
壁層の置き換えが進み，2005 年にはソニーから面内磁化型 CoFeB/MgO/CoFeB–
MTJ をベースとした初の STT-MRAM 試作が発表された．しかしこの面内磁
化型の STT-MRAM では記録層の情報熱安定性を形状磁気異方性で確保するた
め，高アスペクト比の素子形状とする必要が有り，Field-MRAM と同様に Gbit
級の大容量化は難しいとされていた．次の大容量化，および低書き込みエネル
ギー化のアプローチとして提案されたのが垂直磁化記録層の導入である．

垂直磁化記録層導入の利点は ① 面内磁化膜よりも大きな熱安定性が得られや
すい，② 円形素子化が可能であり大容量化に適している，③ 面内磁化と比較し
低電圧な書き込みが可能，などが挙げられる．面内磁化膜の場合，通常 MTJ 素
子を長方形型とし，形状磁気異方性を利用して熱安定性を確保するが，形状ア
スペクト比を大きくしながら大容量性を確保することが難しい．一方，垂直磁
化膜の場合，界面磁気異方性や結晶磁気異方性により高い熱安定性を確保しつ
つ，形状アスペクト比は 1 を維持できる．③ の低書き込み電圧に関しては STT

による反転過程に面内磁化膜と垂直磁化膜で大きな違いがある.

面内磁化, および垂直磁化記録層の反転電圧 $V_{c,0}$ は以下の式で表される [51].

$$面内磁化膜: V_{c,0} = \pm \frac{\alpha}{G^S} k_B T \left(\Delta + \frac{\mu_0 M_s^2 vol}{2k_B T} \right) \tag{5.1}$$

$$垂直磁化膜: V_{c,0} = \pm \frac{\alpha}{G^S} k_B T \left(\Delta + \Delta \right) \tag{5.2}$$

ここで, α は磁気ダンピング定数, G^S は単位電圧あたりのスピントルク, Δ は異方性付与による熱安定性定数, M_s は記録層の飽和磁化, vol は記録層体積である (4.2.1 項 2) 参照).

面内磁化膜の場合は, スピン偏極電流注入により磁化の歳差運動を励起する際に, 磁化に膜面垂直成分をもたせる必要が有るため, 反磁界エネルギー成分 (式 (5.1) 括弧内の第 2 項) が含まれる. 一方, 垂直磁化膜の場合は異方性により付与した熱安定性 Δ のみで決まるためエネルギー効率が高い.

垂直磁化型 STT-MRAM は 2008 年に東芝・産総研から初めての試作が報告された [52]. 当初は $L1_0$ 構造合金の結晶磁気異方性を利用した垂直磁化膜が用いられたが, その後 CoFeB/MgO 界面で誘起される垂直磁気異方性を利用した垂直磁化 CoFeB 膜の実現により [53], 現在の垂直磁化型 STT-MRAM では CoFeB/MgO/CoFeB 接合が基盤構造となっている. ただし, CoFeB/MgO 単界面での垂直磁気異方性だけでは超 Gbit 級 STT-MRAM を実現する上で熱安定性確保が不十分であるため, CoFeB/MgO 界面の多層化 [54] や膜面直方向の形状異方性導入などによる改善が試みられている [55]. 垂直磁化型 STT-MRAM の書き込みエネルギーとしては, 基礎研究段階ではあるものの, スピン注入層を 2 層有するダブルピン構造で 45 [fJ/bit] の低書き込みエネルギーが報告されている [56].

垂直磁化型 STT-MRAM は 2023 年時点で Everspin から 1Gbit 品が出荷されており, その他 Samsung, Global Foundries, TSMC, Intel といった大手ファウンドリーや半導体メーカーが追従している. 現在はロジック混載 (embedded) メモリとして, embedded-Flash 代替 (情報保持特性・容量重視) や, embedded-SRAM 代替 (高速性重視) を狙った embedded-MRAM 開発が進められている. 単体 (Standalone) メモリとしての DRAM 代替は大きな市場として魅力的では

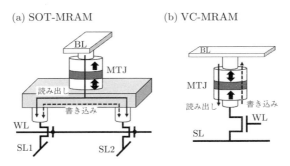

図 5.13 (a) SOT-MRAM, および (b) VC-MRAM の構造模式図.

あるが,さらなる大容量化と低コスト化が求められる.

次に STT-MRAM の次世代技術として注目されているスピン軌道トルク (SOT)-MRAM と電圧制御 (VC)-MRAM の概要について紹介する.

図 5.13(a) が SOT-MRAM の構造例である.書き込みの原理となっているスピン軌道トルクの詳細については 4.2.2 項を参照されたい.SOT-MRAM では 1 つの MTJ と 2 つのトランジスタから構成され,STT-MRAM とは異なる 3 端子構造である.書き込み用のスピン流を生成する非磁性チャネル層上に記録層が配置され,チャネル層に流す電流の向きによって記録層磁化の向きを制御する.記録層の磁化の向きによって 4 種類の構造が提案されており,面内磁化膜で磁化容易軸が電流と平行となる Type-X,電流と垂直な Type-Y,電流に対して斜め方向を向く Type-Φ,そして垂直磁化膜の Type-Z がある.Type-Y と Type-Φ は無磁界磁化反転が可能であるが,反転時間は STT-MRAM と同程度であり,かつ高速書き込みとなるほど大きな電流が必要となる.一方,Type-X と Type-Z は外部磁界を必要とするが,サブナノ秒の高速磁化反転も可能である.特に Type-Z は素子アスペクト比が不要なため大容量化に適しているが,応用視点ではメモリ回路内への磁界印加機構導入は望ましくないため,素子構造の工夫による無磁界化の検討が進められている [57–60].

SOT-MRAM の重要な特徴の 1 つは書き込みと読み出しの通電ルートが分離されている点であり,STT-MRAM と異なって MTJ 素子に大きな電流を通電する必要がない.そのため,高速化を進めつつ繰り返し動作耐性を確保できる

点で優位性がある．ただし，3 端子素子であるため，セル面積は 12〜18 F^2 [19]
程度と STT-MRAM (6〜10 F^2) と比較すると大きい．それでも複数のトランジ
スタを組み合わせて構成される SRAM (> 100 F^2) と比較すると小さいため，高
密度キャッシュメモリなどへの適用が期待されている．また，1 本の非磁性チャ
ネル上に複数の MTJ 素子を並べ，VCMA 効果を利用して書き込み素子を選択
しながら一度に複数の書き込みを実現することで大容量化を実現するアプロー
チ (VoCSM: Voltage Control Spintronics Memory) なども提案されている [61]．

VC-MRAM は電圧磁気異方性制御 (VCMA) 効果を利用した電圧ダイナミック
磁化反転により書き込みを行う MRAM である．書き込みの原理となる VCMA
効果の詳細については 4.2.6 項を参照されたい．構造は STT-MRAM と同じ
1MTJ-1 トランジスタで構成されるが，書き込み時に印加されるパルス電圧は
磁気異方性を低下させる符号側のみを利用するユニポーラ書き込みとなる．読
み出しは逆符号のバイアス方向を利用すれば書き込みと読み出しの極性分離が
可能であり，読み出し時に誤って書き込みが生じてしまうリードディスターブ
を避けることができる．通常 VCMA 効果はバイアス電圧に対して線形に変化
するため，書き込みとは逆符号の高バイアス電圧側で読み出すことにより，ゼロ
バイアス状態よりも磁気異方性（熱安定性）を向上させることもできる．この
特性を活かして誤書き込みの発生を抑制するアプローチも提案されている [62]．
VCMA を利用した電圧書き込みは，Joule 損失による不要な電力消費が小さく，
数 fJ/bit 程度の低書き込みエネルギーが実証されている [63, 64]．書き込みに
大きな電流を必要としない点は，スイッチングトランジスタの縮小にもつなが
る．また，STT-MRAM と比べてトンネル障壁層膜が厚くなるため，TMR 比
や破壊耐電圧，高繰り返し動作耐性等の改善も期待できる．ただし，書き込み
安定性の観点では課題が残されている．電圧ダイナミック磁化反転（4.2.4 項参
照）は反転確率が書き込み電圧のパルス幅に対して敏感であり，かつ現状で低
書き込みエラー率が得られているのはサブナノ秒の時間領域に限られている．
大容量メモリ回路内で精密に制御された高速パルス電圧の入力は容易ではない
ため，反転確率のパルス幅無依存化が検討されている [65]．また，磁化反転過

---

[19] F は加工寸法 (feature size).

216   第 5 章　スピントロニクスの応用

表 5.1　各種メモリの特性比較

	不揮発性	書込み時間 (ns)	書込み電力 (pJ/bit)	書き換え耐性	セル面積 (F^2)
SRAM	×	~ 1	< 0.01	$> 10^{15}$	> 100
DRAM	×	~ 10	< 0.1	$> 10^{15}$	6
NAND-Flash	○	> 100	~ 100	$\sim 10^{6}$	< 4
PCRAM	○	~ 100	~ 100	$\sim 10^{9}$	$4 \sim 30$
FeRAM	○	~ 20	~ 1	$\sim 10^{13}$	$15 \sim 35$
ReRAM	○	~ 20	~ 1	$\sim 10^{6}$	$4 \sim 12$
Field-MRAM	○	~ 30	~ 30	$\sim 10^{15}$	$10 \sim 20$
STT-MRAM	○	~ 10	$0.05 \sim 1$	$10^{10} \sim 10^{15}$	$6 \sim 10$
SOT-MRAM	○	$\sim$数ナノメートル	< 0.1	$\sim 10^{15}$	$12 \sim 18$
VC-MRAM	○	$\sim$数ナノメートル	< 0.01	$\sim 10^{15}$	$6 \sim 10$

程における歳差運動の軸を決める磁界が必要な点も実用回路上では好ましくないため，無磁界磁化反転の実現も必要である [66].

　表 5.1 に各種メモリの特性比較をまとめた．既存のコンピュータでは高速性が求められるワーキングメモリには揮発性の SRAM (Static Random Access Memory) や DRAM (Dynamic Random Access Memory) が，高速性よりも大容量性が求められるストレージには不揮発性の NAND Flash や HDD（ハードディスクドライブ）が用いられている．揮発性の SRAM および DRAM は電源を切ると情報が失われるため，動作時だけでなく待機時のエネルギー消費が問題となる．SRAM では待機時に電圧を印加してデータを保持しており，微細化が進むとともにトランジスタのリーク電流による電力消費が深刻となっている．キャパシタへの電荷蓄積を情報として取り扱う DRAM では，時間とともに生じる電荷放電による情報消失を回避するため，定期的に電荷を補充するためのリフレッシュ動作で待機電力を必要とする．NAND Flash は不揮発性メモリのため待機電力はゼロであるが，書き込み時間が非常に長いためワーキングメモリとしては利用できない．このメモリの階層化は各種メモリのメリットとデメリットを補完しあって構成されているといえる．このような状況から，不揮発性ワーキングメモリの実現を目指して様々な物理現象に基づく不揮発性メモリが提案されてきた.

5.2 メモリ **217**

代表的な不揮発性メモリとしては相変化メモリ (PCRAM)，強誘電体メモリ (FeRAM)，抵抗変化型メモリ (ReRAM) などが挙げられる．紙面の都合上詳細な動作原理の説明は省略するが，NAND-Flash と比較すると高速化が実現されている．しかし表 5.1 に示すように，揮発性メモリと比較した際に共通する特徴として書き込み電力が大きい傾向にある．これは情報を失わないために 2 値状態間に大きなエネルギー障壁を設けることは，書き込みにも大きなエネルギーを必要とするジレンマである．しかし，ナノスケールでのスピン制御技術の発展，および新物理現象の開拓により，STT-MRAM では DRAM と同等，SOT-MRAM および VC-MRAM では SRAM に近づく低書き込みエネルギー化が実現されようとしている．SOT-MRAM および VC-MRAM はまだ基盤研究開発の段階であるが，SRAM 並みの書き込みエネルギーと不揮発性が両立できればメモリ階層への適用範囲は大きく広がるため，今後の発展が期待される．

5.2.2　ハード磁気ディスクのマイクロ波アシスト書き込み (MAMR)

磁気記録では記録ビットの状態を室温で 10 年以上安定に保持するために熱安定化定数 (4.42) を 60 程度以上に保つ必要がある．このため高密度記録では記録ビットの体積に反比例して大きな磁気異方性 K_u をもつ物質を採用する必要がある．このためハード磁気ディスクの場合はその高密度化に伴い書き込み磁界が大きくなってしまうという問題が生じる．この問題を解決するために書き込み時に加熱することより一時的に K_u を小さくする熱アシスト方式 (HAMR) とマイクロ波を印加することにより書き込み磁界を小さくするマイクロ波アシスト方式 (MAMR) の実用化研究が進んでいる [67]．特に MAMR ではスピントルク発振器を高周波磁界の発生器として用いるためスピントロニクスが重要な役割を担う可能性がある．

5.2.3　レーストラックメモリ

レーストラックメモリとは磁性細線中の磁気構造を多ビット情報として取り扱うメモリであり，2008 年に IBM 社の Parkin らにより提案された [68, 69]．大容量記録デバイスの代表である HDD は記録媒体の高記録密度化と書き込み／読み出し用磁気ヘッドの高性能化を続けることで単位ビットあたりのコストを

218　第 5 章　スピントロニクスの応用

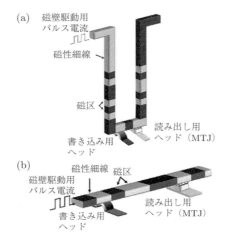

図 5.14　(a) Vertical 型，および (b) Horizontal 型レーストラックメモリの構造模式図

下げることに成功してきたが，磁気ヘッドの機械的な動作を伴うためアクセス速度が制限される．NAND フラッシュメモリは HDD で問題であった機械的な動作を必要とせず，3D 構造化などの技術革新によって急速なビット単価低減を実現し，スマートフォンやノート／タブレット PC の HDD ストレージを置き換えた．しかしながら，ランダムアクセスメモリ (RAM) と比較すると書き込み時間は数百マイクロ秒オーダーと長く，また繰り返し動作耐性も低い．レーストラックメモリはこれら大容量記録デバイスと RAM の長所を併せ持つ大容量性，高速性，高信頼性を目指した位置づけとなる．

　レーストラックメモリの動作原理として一般的に用いられるのがスピン注入による磁壁駆動である（4.2.3 項参照）．図 5.14(a) に Vertical 型レーストラックメモリの構造模式図を示す．磁性細線中に多数の磁区構造を形成し，各磁区の磁化の向きを記録ビットとして扱う．磁性細線を 3 次元的に形成することで単位面積当たりの記録密度を飛躍的に向上させることが可能となる．情報の読み出しは細線の一部をフリー層とする磁気トンネル接合 (MTJ) 素子を配置し，磁気抵抗効果を介して読み出す．書き込みは細線近傍に設置された配線への電流通電により発生する磁界や，この配線自体を磁性細線とし，磁区から発生する

漏れ磁界を利用して書き込みを行う手法などが提案されている．また，上記の読み出し用 MTJ を利用してスピン注入磁化反転により書き込むことも可能である．

3 次元構造の磁性細線の作製は容易ではないため，初期のレーストラックメモリ動作実証には細線を基板面と平行に配置する Horizontal 型レーストラックメモリが用いられた．Vertical 型に比べると高密度化のメリットは薄れるが，隣接する磁壁間距離を小さくできれば NAND フラッシュ並みの記録密度は可能であると考えられている [68]．

実際の構造では同サイズの 1 ビット磁区を形成するために，細線に対して構造的な欠陥（ノッチ構造など）や磁気特性の欠陥を周期的に導入することで，物理的に 1 ビット区間を定義することが多い．欠陥付近では磁壁がエネルギー的に安定となり，ある程度の外場（磁界やスピントランスファートルクなど）を与えない限り強くピン止めされる．このピン止め力が強いほど環境熱エネルギーや環境磁界に対して高い情報保持特性が得られるが，一方で情報書き込みに高いエネルギーが必要となるため，適切なピン止め力の設計が必要となる．

レーストラックメモリの動作速度はビット間距離と磁壁の移動速度で決定される．基礎研究段階ではあるが，反強磁性交換結合を用いた積層構造やフェリ磁性体において 0.75〜3 [km/s] の高速電流磁壁駆動が報告されている [70–72]．例えば 1 ビット 10 [nm] の磁区構造で 100 ビット記録する場合必要な細線長は 1 [μm] となり，仮に磁壁速度を 1 [km/s] とすると細線の端から端までの磁壁転送速度は 1 [ns] となる．実際には書き込み，および MTJ 素子による読み出しにも数 [ns]〜10 [ns] の時間を有するが，高速動作性の期待は高い．高密度化に関しては 3 次元化の実現が重要となるが，水溶性犠牲剥離層（$Sr_3Al_2O_6$ など）上に作製した磁性細線のリフトオフと凹凸を有する基板への転写を用いた方法などが提案されており [73]，磁壁の電流駆動も実証されるなど，今後の進展が期待される．

また，情報担体にスカーミオンを用いるスカーミオンレーストラックメモリ [74] も提案されている（スカーミオンの詳細に関しては 3.1.5 項を参照）．スカーミオンはトポロジカルに保護されたナノスケールの渦状磁気構造である．磁壁電流駆動と異なって不純物や欠陥でトラップされにくい特徴をもつため，駆動

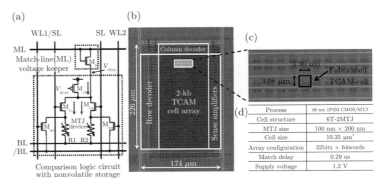

図 5.15 内容読み出しメモリ (CAM: Content addressable memory) に磁気抵抗素子を用いた例 [75]．(a) トンネル磁気抵抗素子を用いた TCAM (Ternary CAM) の回路．(b) 顕微鏡写真．(c) 拡大写真．(d) 設計パラメーター．

に必要な電流密度が小さく，磁区型レーストラックメモリよりも低エネルギーで高速に制御できる可能性が期待されている．

5.3 その他の応用

5.3.1 不揮発性論理回路

現在の計算機は基本的に von Neumann 型と呼ばれ，演算素子とメモリが分離しておりこの間がバスでつながっている．この結果，von Neumann bottle neck と呼ばれるバスの通信速度によるデータ処理速度の限界の問題を抱えている．そこで，演算素子と記録素子を近接させて計算を効率化・省エネ化しようとする考えを Memory-in-logic などと呼ぶ．このためには高速に書き換え可能なメモリが必要であり MRAM はその最も有力な候補と考えられている．Memory-in-logic にはいろいろな階層で種々の技法と回路構成があるがここでは比較的分かりやすい多機能メモリの一種である内容読み出しメモリ (CAM: Content Addressable Memory) について述べる．

図 5.15(a) には 6 つのトランジスタと 2 つの磁気抵抗素子で構成した 6T-2MTJ CAM の回路図の例を示す．下部の点線で示された枠内の 2-bit 回路により 0, 1,

don't care の 3 通りの情報が記録されるためこの回路は 3 値 CAM (TCAM) と呼ばれる. メモリ内容と検索語との一致・不一致が Match-line に出力される. 図 5.15(b–d) は実際の 2 kbit TCAM 回路を実装した素子の写真・拡大写真と設計パラメーターである. この回路を用いることにより通常の計算機が不得意とする検索演算を高速かつ低消費電力で行うことができる.

5.3.2 ニューロモルフィック回路

現在の主流である von Neumann 型コンピューティングの枠組を超え,より低消費電力で高度な演算を可能とするニューロモルフィックコンピューティングが注目されている. スピントロニクス素子は,小型,不揮発,高速動作などの優れた特性を有するためニューロモルフィック回路への応用の観点からも研究されている. ここでは,いくつかの研究例を示す.

・物理レザバー計算

レザバー計算は,非線形変換や記憶の機能をもつレザバーに外部から入力を与え,レザバーの状態を測定し,それと学習済みの重みを使って出力を求める計算手法である [76]. リカレントニューラルネットワークの 1 つとして考案され,レザバーは,その状態が現在の入力だけでなく過去の状態にも依存して決まるという特性をもつ. そのためダイナミクスを有する物理系もレザバーとして使うことができ,物理レザバー計算と呼ばれ注目されている. また,重みの学習に必要なコスト(電力)が小さく,デバイス実装の観点から大きなメリットがある.

スピントルク発振素子では,直流電流を流すと磁化がスピントルクにより発振軌道を描いて定常的に運動する. 電流を変調(入力)すると発振軌道が緩和し変化する. 緩和時間の間に次の入力があると発振軌道は,現在の入力と過去の状態で決まるようになりレザバーとして機能する. このような仕組みを利用して,音声認識や波形の識別が可能であることが示された [77]. この報告の後,単一 MTJ 素子の磁化反転,スピン波,スカーミオン,人工スピンアイスなど様々なスピントロニクス素子をレザバーとして用いる提案がなされた [78].

222 第 5 章 スピントロニクスの応用

・確率的磁化反転の特性を応用した乱数発生器および演算回路

スピントルク磁化反転は，熱揺らぎの影響を受けると磁化反転が確率的になる．反転確率は，電流によって精密に制御することができるため，反転確率を0.5になるように調整すれば，乱数発生器として機能する．このアイデアに基づいて MTJ を用いた乱数発生器スピンダイスが開発された．MgO トンネル障壁と垂直磁化 FeB を組み合わせた MTJ を 8 個用いた回路により，600 [kbit/s]の高速な乱数発生が実証され，乱数の各種検定にも合格している [79]．この確率的な磁化反転の原理に基づいた演算回路も提案され，p-bit と呼ばれている．p-bit により組み合わせ最適化問題を解くためのアイデアが提案され，16 都市の巡回セールスマン問題を解く回路の性能がシミュレーションにより示された[80]．また，実験的に最大 945 ($945 = 63 \times 15$) の因数分解がデモンストレーションされている [81].

・連想記憶回路

連想記憶回路では，あるパターンが入力されるとそれに対応して最も近いパターンが出力される．例えばノイズを含む，あるいは，ゆがんだ画像を入力すると対応する正しい画像が出力される．反強磁性体と強磁性体を積層した 36 個の素子の磁化をスピン軌道トルクで駆動し，9 ピクセル (3×3) からなる 3 つの画像の連想記憶が実験的に報告されている [82]．また，1 つのスピントルク発振素子を用いた仮想ネットワークにより 60 ピクセルからなる 9 つの画像の連想記憶がシミュレーションにより報告されている [83]．さらに低消費電力である VCMAを用いたアルファベット認識もシミュレーションにより報告されている [84].

5.3.3 量子標準

異常 Hall 効果は強磁性体中の不純物散乱により発現する場合と，強磁性体のバンド構造に由来する Berry 曲率により発現する場合がある．後者の真正な効果の場合，適当な条件下で異常 Hall 効果が量子化する．半導体における量子Hall 効果の量子化は既に量子抵抗標準として用いられているが，高磁界と低温が必要なために装置が大掛かりとなるという問題がある．これに対して強磁性体の量子化異常 Hall 効果を用いる場合は永久磁石で発生できる磁界での動作が

可能である．$Cr_x(Bi_{1-y}Sb_y)_{2-x}Te_3(2nm)/(Bi_{1-y}Sb_y)_2Te_3(4nm)$ の 2 層膜から
作製した素子において 20 [mK] での測定の結果，10^{-8} 程度の精度（国家一次標
準に匹敵）が得られている [85]．ちなみに量子 Hall 効果による量子抵抗は 15
桁の von Klitzing 定数として定められている．

第5章　演習問題

演習問題 5.1

スピントロニクスには今後どのような応用が拓けるだろうか? 夢を述べよ.

演習問題 5.2

これまでの半導体エレクトロニクスとは異なるスピントロニクスの特徴を 3
つ述べよ.

演習問題 5.3

MRAM と他の不揮発固体メモリの特徴を調べ，MRAM の長所と短所を述
べよ.

演習問題 5.4

量子ビットとして電子スピン以外に核スピン，光の偏光，超伝導状態，電子
の数，原子集団のレーザー冷却状態などが研究されている．これらの研究に
ついて調べ，それぞれの利点と欠点を述べよ.

参考文献

[1] G. Albuquerque, S. Hernandez, M. T. Kief, D. Mauri, and L. Wang, *IEEE Trans. Magn.*, **58**, 3100410 (2022).

[2] B. Dieny, V. S. Speriosu, and S. S. P. Parkin, B. A. Gurney, D. R. Wilhoit, and D. Mauri, *Phys. Rev. B*, **43**, 1297 (1991).

[3] S. Granz, J. Jury, C. Rea, G. Ju, J. U. Thiele, T. Rausch, and E. C. Gage, *IEEE Trans. Magn.*, **55**, 3100203 (2019).

[4] S. Yuasa and D. D. Djayaprawira, *J. Phys. D: Appl. Phys.*, **40**, R337 (2007).

[5] S. Yuasa, K. Hono, G. Hu, and D. C. Worledge, *MRS Bulletin*, **43**, 352 (2018).

[6] K. Tsunekawa, D. D. Djayaprawira, M. Nagai, H. Maehara, S. Yamagata, N. Watanabe, S. Yuasa, Y. Suzuki, and K. Ando, *Appl. Phys. Lett.*, **87**, 072503 (2005).

[7] S. Yuasa, Y. Suzuki, T. Katayama, and K. Ando, *Appl. Phys. Lett.*, **87**, 242503 (2005).

[8] 恒川孝二，私信.

[9] C. Haginoya, M. Hatatani, K. Meguro, C. Ishikawa, N. Yoshida, K. Kusukawa, and K. Watanabe, *IEEE Trans. Magn.*, **40**, 2221 (2004).

[10] T. Uesugi *et al.*, *The Magnetic Recording Conference 2013*, B2.

[11] S. Miura, K. Makino, T. Machita, N. Degawa, T. Uesugi, and T. Kagami, *The Magnetic Recording Conference 2016*, F6.

[12] 阿部将和，原武生，東芝レビュー **74**, 8 (2019).

[13] R. Wood, M. Williams, A. Kavcic, and J. Miles, *IEEE Trans. Magn.*, **45**, 917 (2009).

[14] R. Wood, *J. Magn. Magn. Mater.*, **561**, 169670 (2022).

[15] R. Lamberton, M. Seigler, K. Pelhos, H. Zhou, M. McCurry, M. Ormston, G. Yi, G. McClean, T. McLaughlin, P. Kolbo, O. Heininen, V. Sapozhnikov, and S. Mao, *IEEE Trans. Magn.*, **43**, 645 (2007).

[16] S. S. P. Parkin, *Phys. Rev. Lett.*, **67**, 3598 (1991).

[17] J. R. Childress, M. J. Carey, M.-C. Cyrille, K. Carey, Neil Smith, J. A. Katine, T. D. Boone, A. A. G. Driskill-Smith, S. Maat, K. Mackay, and Ching H. Tsang, *IEEE Trans. Magn.*, **42**, 2444 (2006).

[18] Y. Sakuraba, M. Ueda, Y. Miura, K. Sato, S. Bosu, K. Saito, M. Shirai, T. J. Konno, and K. Takanashi, *Appl. Phys. Lett.*, **101**, 252408 (2012).

[19] J. W. Jung, Y. Sakuraba, T. T. Sasaki, Y. Miura, and K. Hono, *Appl. Phys. Lett.*, **108**, 102408 (2016).

[20] T. Kubota, Y. Ina, Z. Wen, H. Narisawa, and K. Takanashi, *Phys. Rev. Mater.*, **1**, 044402 (2017).

[21] M. J. Carey, S. Maat, S. Chandrashekariaih, J. A. Katine, W. Chen, B. York, and J. R. Childress, *J. Appl. Phys.*, **109**, 093912 (2011).

[22] M. R. Page, T. M. Nakatani, D. A. Stewart, B. R. York, J. C. Read, Y.-S. Choi, and J. R. Childress, *J. Appl. Phys.*, **119**, 153903 (2016).

[23] T. Nakatani, S. Li, Y. Sakuraba, T. Furubayashi, and K. Hono, *IEEE*

226　第 5 章　スピントロニクスの応用

Trans. Magn., **54**, 3300211 (2018).

[24] T. Furubayashi, K. Kodama, T. M. Nakatani, H. Sukegawa, Y. K. Takahashi, K. Inomata, and K. Hono, *J. Appl. Phys.*, **107**, 113917 (2010).

[25] Y. Miura, K. Futatsukawa, S. Nakajima, K. Abe, and M. Shirai, *Phys. Rev. B*, **84**, 134432 (2011).

[26] J. C. Read, T. M. Nakatani, N. Smith, Y.-S. Choi, B. R. York, E. Brinkman, and J. R. Childress, *J. Appl. Phys.*, **118**, 043907 (2015).

[27] T. Nakatani, T. T. Sasaki, Y. Sakuraba, and K. Hono, *J. Appl. Phys.*, **126**, 173904 (2019).

[28] H. Fukuzawa, H. Yuasa, S. Hashimoto, K. Koi, H. Iwasaki, M. Takagishi, Y. Tanaka, and M. Sahashi, *IEEE Trans. Magn.*, **40**, 2236 (2004).

[29] F. J. Jedema, A. T. Filip, and B. J. van Wees: *Nature*, **410**, 345 (2001), and F. J. Jedema, H. B. Heersche, A. T. Filip, J. J. A. Baselmans, and B. J. van Wees, *ibid.* **416**, 713 (2002).

[30] S. Takahashi and S. Maekawa, *Phys. Rev. B*, **67**, 052409 (2003).

[31] Y. K. Takahashi, S. Kasai, S. Hirayama, S. Mitani, and K. Hono, *Appl. Phys. Lett.*, **100**, 052405 (2012).

[32] S. Shirotori, S. Hashimoto, M. Takagishi, Y. Kamiguchi, and H. Iwasaki, *Appl. Phys. Exp.*, **8**, 023103 (2015).

[33] M. Yamada, D. Sato, N. Yoshida, M. Sato, K. Meguro, and S. Ogawa, *IEEE Trans. Magn.*, **49**, 713 (2013).

[34] Y. Fukuma, L. Wang, H. Idzuchi, S. Takahashi, S. Maekawa, and Y. Otani, *Nat. Mater.*, **10**, 527 (2011).

[35] 脇若弘之, *IEEJ Journal*, **124**, 36 (2004).

[36] J. Lenz and S. Edelstein, *IEEE Sensors Journal*, **6**, 631 (2006).

[37] M. Oogane, K. Fujiwara, A. Kanno, T. Nakano, H. Wagatsuma, T. Arimoto, S. Mizukami, S. Kumagai, H. Matsuzaki, N. Nakasato, and Y. Ando, *Appl. Phys. Exp.*, **14**, 123002 (2021).

[38] A. Kanno, N. Nakasato, M. Oogane, K. Fujiwara, T. Nakano, T. Arimoto, H. Matsuzaki, and Y. Ando, *Sci. Rep.*, **12**, 6106 (2022).

[39] 大兼幹彦, 中野貴文, 藤原耕輔, *IEEJ Transaction*, (2023) *in press.*

[40] F. Ziem, M. Garsi, and J. Wrachtrup, *Sci. Rep.*, **9**, 12166 (2019).

[41] T. Miyazaki and N. Tezuka, *J. Magn. Magn. Mater.*, **139**, L231 (1995).

[42] J. S. Moodera, L. R. Kinder, T. M. Wong, and R. Meservey,*Phys. Rev. Lett.*, **74**, 3273 (1995).

[43] J. C. Slonczewski, *J. Magn. Magn. Mater.*, **159**, L1 (1996).

[44] L. Berger, *Phys. Rev. B,* **54**, 9353 (1996).

[45] E. B. Myers, D. C. Ralph, J. A. Katine, R. N. Louie, and R. A. Buhrman, *Science*, **285**, 867 (1999).

[46] J. A. Katine, F. J. Albert, R. A. Buhrman, E. B. Myers, and D. C. Ralph, *Phys. Rev. Lett.*, **84**, 3149 (2000).

[47] Z. Diao, Z. Li, S. Wang, Y. Ding, A. Panchula, E. Chen, L.-C. Wang, and Y. Hua, *J. Phys. Condens. Matter,* **19**, 165209 (2007).

[48] Y. Huai, F. Albert, P. Nguyen, M. Pakala, and T. Valet, *Appl. Phys. Lett.,* **84**, 3118 (2004).

[49] S. Yuasa, T. Nagahama, A. Fukushima, Y. Suzuki, and K. Ando,*Nat. Mater.,* **3**, 868 (2004).

[50] S. S. P. Parkin, C. Kaiser, A. Panchula, P. M. Rice, B. Hughes, M. Samant, and S.-H. Yang, *Nat. Mater.,* **3**, 862 (2004).

[51] S. Mangin, D. Ravelosona, J. A. Katine, M. J. Carey, B. D. Terris, and E. E. Fullerton, *Nat. Mater.,* **5**, 210 (2006).

[52] H. Yoda, T. Kishi, T. Nagase, M. Yoshikawa, K. Nishiyama, E. Kitagawa, T. Daibou, M. Amano, N. Shimomura, S. Takahashi, T. Kai, M. Nakayama, H. Aikawa, S. Ikegawa, M. Nagamine, J. Ozeki, S. Mizukami, M. Oogane, Y. Ando, S. Yuasa, K. Yakushiji, H. Kubota, Y. Suzuki, Y. Nakatani, T. Miyazaki, and K. Ando, *Curr. Appl. Phys.,* **10**, e87 (2010).

[53] S. Ikeda, K. Miura, H. Yamamoto, K. Mizunuma, H.D. Gan, M. Endo, S. Kanai, J. Hayakawa, F. Matsukura, and H. Ohno, *Nat. Mater.,* **9**, 721 (2010).

[54] H. Sato, M. Yamanouchi, S. Ikeda, S. Fukami, F. Matsukura, and H.

228　第 5 章　スピントロニクスの応用

Ohno, *Appl. Phys. Lett.*, **101**, 022414 (2012).

[55] K. Watanabe, B. Jinnai, S. Fukami, H. Sato, and H. Ohno, *Nat. Commun.*, **9**, 663 (2018).

[56] C. Safranski, G. Hu, J. Z. Sun, P. Hashemi, S. L. Brown, L. Buzi, C. P. D'Emic, E. R. J. Edwards, E. Galligan, M. G. Gottwald, O. Gunawan, S. Karimeddiny, H. Jung, J. Kim, K. Latzko, P. L. Trouilloud, S. Zare, and D. C. Worledge, *2022 IEEE Symposium on VLSI Technology and Circuits*, pp.288–289 (2022).

[57] S. Fukami, C. Zhang, S. DuttaGupta, A. Kurenkov, and H. Ohno, *Nat. Mater.*, **15**, 535 (2016).

[58] G. Yu, P. Upadhyaya, Y. Fan, J. G. Alzate, W. Jiang, K. L. Wong, S. Takei, S. A. Bender, L.-T. Chang, Y.Jiang, M. Lang, J. Tang, Y. Wang, Y. Tserkovnyak, P. K. Amiri, and K. L. Wang, *Nat. Nanotechnol.*, **9**, 548 (2014).

[59] L. Youa, OJ. Leea, D. Bhowmika, D. Labanowskia, J. Honga, J. Bokora, and S. Salahuddina, *Proc. Natl. Acad. Sci. USA,* **112**, 10310 (2015).

[60] Y.-C. Lau, D. Betto, K. Rode, J. M. D. Coey, and P. Stamenov, *Nat. Nanotechnol.*, **11**, 758 (2016).

[61] H. Yoda, N. Shimomura, Y. Ohsawa, S. Shirotori, Y. Kato, T. Inokuchi, Y. Kamiguchi, B. Altansargai, Y. Saito, K. Koi, H. Sugiyama, S. Oikawa, M. Shimizu, M. Ishikawa, K. Ikegami, and A. Kurobe, *IEDM Tech. Dig.*, 27.6 (2016).

[62] C. Grezes, H. Lee, A. Lee, S. Wang, F. Ebrahimi, X. Li, K. Wong, J. A. Katine, B. Ocker, J. Langer, P. Gupta, P. K. Amiri, and K. L. Wang, *IEEE Magn. Lett.*, **8**, 3102705 (2016).

[63] S. Kanai, F. Matsukura, and H. Ohno, *Appl. Phys. Lett.*, **108**, 192406 (2016).

[64] C. Grezes, F. Ebrahimi, J. G. Alzate, X. Cai, J. A. Katine, J. Langer, B. Ocker, P. K. Amiri, and K. L. Wang, *Appl. Phys. Lett.*, **108**, 012403 (2016).

[65] R. Matsumoto, T. Sato, and H. Imamura, *Appl. Phys. Exp.*, **12**, 053003 (2019).

[66] R. Matsumoto, T. Nozaki, S. Yuasa, and H. Imamura, *Phys. Rev. Appl.*, **9**, 014026 (2018).

[67] J. Zhu, X. Zhu, and Y. Tang, *IEEE Trans. Magn.*, **44**, 125 (2008).

[68] S. S. P. Parkin, M. Hayashi, and L. Thomas, *Science*, **320** 190 (2008).

[69] M. Hayashi, L. Thomas, R. Moriya, C. Rettner, and S. S. P. Parkin, *Science*, **320** 209 (2008).

[70] S.-H. Yang, K.-S. Ryu, and S. Parkin, *Nat. Nanotechnol.*, **10** 221 (2015).

[71] K.-J. Kim, S. K. Kim, Y. Hirata, S.-H. Oh, T. Tono, D.-H. Kim, T. Okuno, W. S. Ham, S. Kim, G. Go, Y. Tserkovnyak, A. Tsukamoto, T. Moriyama, K.-J. Lee, and T. Ono, *Nat. Mater.*, **16** 1187 (2017).

[72] S. Ghosh, T. Komori, A. Hallal, J. P. Garcia, T. Gushi, T. Hirose, H. Mitarai, H. Okuno, J. Vogel, M. Chshiev, J.-P. Attané, L. Vila, T. Suemasu, and S. Pizzini, *Nano Lett.*, **21** 2580 (2021).

[73] K. Gu, Y. Guan, B. K. Hazra, H. Deniz, A. Migliorini, W. Zhang, and S. S. P. Parkin, *Nat. Nanotechnol.*, **17** 1065 (2022).

[74] A. Fert, V. Cros, and J. Sampaio, *Nat. Nanotechnol.*, **8** 152 (2013).

[75] S. Matsunaga, A. Katsumata, M. Natsui, S. Fukami, T. Endoh, H. Ohno, and T. Hanyu, *2011 Symposium on VLSI Circuits-Digest of Technical Papers*, 28-2 (2011).

[76] G. Tanaka, T. Yamane, J. B. Heroux, R. Nakane, N. Kanazawa, S. Takeda, H. Numata, and D. Nakano, A. Hirose, *Neural networks : the official journal of the International Neural Network Society*, **115**, 100 (2019).

[77] J. Torrejon, M. Riou, F. A. Araujo, S. Tsunegi, G. Khalsa, D. Querlioz, P. Bortolotti, V. Cros, K. Yakushiji, A. Fukushima, H. Kubota, S. Yuasa, M. D. Stiles, and J. Grollier, *Nature*, **547**, 428 (2017).

[78] D. A. Allwood, M. O. A. Ellis, D. Griffin, T. J. Hayward, L. Manneschi, M. F. K. H. Musameh, S. O'Keefe, S. Stepney, C. Swindells, M. A. Tre-

230　第 5 章　スピントロニクスの応用

fzer, E. Vasilaki, G. Venkat, I. Vidamour, and C. Wringe, *Appl. Phys. Lett.*, **122**, 040501 (2023).

[79] A. Fukushima, T. Yamamoto, T. Nozaki, K. Yakushiji, H. Kubota, and S. Yuasa, *APL Mater.*, **9**, 030905 (2021).

[80] B. Sutton, K. Y. Camsari, B. Behin-Aein, and S. Datta, *Sci. Rep.*, **7**, 44370 (2017).

[81] W. A. Borders, A. Z. Pervaiz, S. Fukami, K. Y. Camsari, H. Ohno, and S. Datta, *Nature*, **573**, 390 (2019).

[82] W. A. Borders, H. Akima, S. Fukami, S. Moriya, S. Kurihara, Y. Horio, S. Sato, and H. Ohno, *Appl. Phys. Expr.*, **10**, 013007 (2016).

[83] Y. Imai and T. Taniguchi, *Sci. Rep.*, **13**, 15809 (2023).

[84] T. Taniguchi and Y. Imai, *Sci. Rep.*, **14**, 8188 (2024).

[85] Y. Okazaki, T. Oe, M. Kawamura, R. Yoshimi, S. Nakamura, S. Takada, M. Mogi, K. S. Takahashi, A. Tsukazaki, M. Kawasaki, Y. Tokura, and N.-H. Kaneko, *Nat. Phys.*, **18**, 25 (2022).

第6章

スピントロニクスの展開

本章では近年のスピントロニクスの進展について理論的な内容を含めて紹介する.

6.1 Berry 位相

1915 年に Einstein が一般相対性理論を発表すると時空間のゆがみを記述できる微分幾何（A.16 節）を用いた力学に興味がもたれるようになった. その結果, 1918 年頃から素粒子の分野ではゲージ場の理論（A.17 節）が次々と提案され成立してきた. 一方, 固体物理に直接関係する理論としては 1984 年に Berry 位相が定式化された（A.19 節）[1–4].

Einstein は空間のゆがみのために光でさえまっすぐ進まなくなることを予言した. 固体の量子論においては原子配列が作るポテンシャルを一種の空間のゆがみと考えることができ, このために波動関数には余分な幾何学的位相が現れる. Berry 位相のために電子は固体中で異常速度を獲得し, まっすぐ進まなくなる. この現象は内因性の異常 Hall 効果やスピン Hall 効果として現れるだけでなく種々の電磁気効果を生む可能性があるため [5], スピントロニクスにおいても重要である. これらの理論をはじめて学ぶ方は A.16〜A.20 節にある簡単なまとめ, あるいは文献 [4] などに目を通してから以下の文章を読むことをお勧めするが, 以下をざっと読んでこの分野を概観するのもよいだろう.

6.1.1 内因性異常 Hall 効果

さて, 基底として位置の固有状態 $|\mathbf{x}\rangle$ をとると位置はただの数となり運動量の演算子は $\hat{\mathbf{p}} = -i\hbar\boldsymbol{\nabla}$ となることを第 1 章で学んだ. 一方, 運動量の固有状態

232 第6章 スピントロニクスの展開

$|\mathbf{p}\rangle$ を基底とすると座標の演算子は $\hat{\mathbf{x}} = i\hbar\boldsymbol{\nabla}_{\mathbf{p}}$ となり運動量はただの数となる．ここで $\boldsymbol{\nabla}_{\mathbf{p}}$ は運動量による微分である．さて，周期的なポテンシャルを有する結晶中の電子の波動関数は波数 $\mathbf{k}$ の平面波と結晶と同じ周期性をもつ関数の積により表される（A.20 節）[6]．この関数 $\psi_{n,\mathbf{k}}(x) = e^{i\mathbf{k}\cdot\mathbf{x}}u_{n,\mathbf{k}}(\mathbf{x})$ は Bloch 関数と呼ばれる．ここで n はバンドの指数である．スピン軌道相互作用があってもよい．電子が第 n バンド内を運動すると仮定し（断熱近似），Bloch 関数を基底とすると，座標の演算子は $\hat{\mathbf{x}} = i\boldsymbol{\nabla}_{\mathbf{k}} + \mathbf{A}^{(n)}(\mathbf{k})$ と共変微分で表される．ここに現れた $\mathbf{A}^{(n)}(\mathbf{k}) \equiv i\langle u_{n,\mathbf{k}}|\partial/\partial\mathbf{k}|u_{n,\mathbf{k}}\rangle$ は Berry 接続と呼ばれ，曲がった空間内（ここでは $\mathbf{k}$ 空間内）のベクトル（波動関数）の平行移動を表現するために現れる関数である．結晶の中では周期ポテンシャルの影響で $\mathbf{k}$ 空間（関数空間）が曲がっていると考えてよい．

結晶に電界 $\mathbf{E}$ が加わっているときのハミルトニアンを k–表示（Bloch 波表示）にすると（A.20 節），

$$\hat{H} = \varepsilon_n(\mathbf{k}) + e\hat{\mathbf{x}}\cdot\mathbf{E} \tag{6.1}$$

となる．ここで，$\varepsilon_n(\mathbf{k})$ は第 n バンドのエネルギーである．速度を Heisenberg の運動方程式から求めると以下のようになる．

$$\dot{\hat{\mathbf{x}}} = -\frac{i}{\hbar}\left[\hat{\mathbf{x}}, \hat{H}\right] = \frac{1}{\hbar}\frac{\partial\varepsilon_n(\mathbf{k})}{\partial\mathbf{k}} + \frac{e}{\hbar}\mathbf{E}\times\mathbf{B}^{(n)}(\mathbf{k}) \tag{6.2}$$

導出には式 (A.87) の交換関係を用いた．第 1 項は群速度，第 2 項は異常速度と呼ばれる．第 2 項に現れた $\mathbf{B}^{(n)}(\mathbf{k}) = rot\mathbf{A}^{(n)}(\mathbf{k})$ は Berry 曲率と呼ばれる．k 空間における磁界と呼ばれることもある．第 2 項は電界とは垂直な方向を向いた速度を与え，内因性，すなわち不純物散乱に起因しない異常 Hall 効果の原因となる．電流が $\mathbf{j}^{\mathrm{C}} = \sum_{\mathbf{k}\in 1\mathrm{st\,BZ}}f_n^0(\mathbf{k})\langle\psi_{n,\mathbf{k}}|-e\dot{\hat{x}}|\psi_{n,\mathbf{k}}\rangle$ で与えられることを用いると，この項は以下の Hall 伝導率を与える．

$$\sigma_{xy}^{(n)} = -\frac{e^2}{\hbar}\sum_{\mathbf{k}\in 1\mathrm{st\,BZ}}f_n^0(\mathbf{k})B_z^{(n)}(\mathbf{k}) \tag{6.3}$$

ここで $f_n^0(\mathbf{k})$ は Fermi-Dirac の分布関数 (A.26) であり，$\mathbf{k}$ の和は第 1 Brillouin ゾーンでとる．式 (6.3) は不純物散乱のない系についての線形応答理論 [6] と同

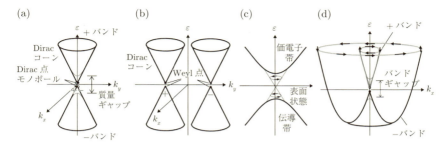

図 6.1 Berry 位相を考える際に基本となる電子状態. (a) Massless Dirac Fermion, (b) Weyl 半金属, (c) 3 次元トポロジカル絶縁体, (d) 2 次元 Rashba 電子状態.

じ結果を与える [4, 7].

Berry 曲率 **B** は 2 つのバンドが近接している場合に大きくなる (A.88). その顕著な例は 2 つのバンドが k 空間の 1 点で接する Dirac 点 (Weyl 点) をもつ場合である. 図 6.1 にいくつかの例を示した. 図 6.1(a) の点線は質量をもつ 3 次元 Dirac 粒子のエネルギー分散を示している (図 A.3). 質量をもつためギャップが開いている. 化合物半導体のバンドも同様であり, 有効質量が小さくなるとバンドギャップは小さくなる. 質量ゼロの極限が massless Dirac Fermion (図 6.1(a) 実線) であり分散は線形な Dirac cone となる. ギャップが閉じて原点は縮退した Dirac 点となる (図では上下のバンドの Dirac 点が見やすいように離して書いてあるが実際には重なっている). 時間と空間の反転対称性がある場合は Dirac 点は 4 重に縮退しており, 正負のエネルギーのバンドの上下端には $\pm 2\pi$ の大きさのモノポールがそれぞれのバンドにある. このモノポールが作る k 空間内の磁界 (Berry 曲率) は同じバンド内の電子の運動に影響を与え, 異常速度式 (6.2) を生じる.

図 6.1(a) の状態に対して y 軸方向に大きな磁界を印加すると Dirac 点は k 空間内で磁界の方向に分裂してカイラルな Weyl 点となる (図 6.1(b))[20][8]. 図には書かれていないが結晶の表面には Fermi アークと呼ばれる表面状態が発生する. 必要な磁界は非常に大きいので実際には結晶内の電子の相互作用が分裂に

---

[20] グラフェンにおける Dirac 点の分裂の仕方は Weyl 半金属とは異なる.

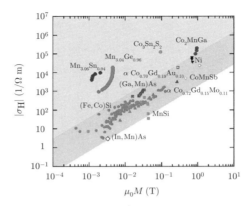

図 6.2 種々の磁性体の異常 Hall 伝導率と磁化の関係. Mn_3Sn と Mn_3Ge は図の左上に位置する [12].

必要な有効磁界を作っていると考えられる．カイラリティーを破ることによっても分裂は生じる．化学ポテンシャルが Weyl 点の近くにある場合はこの物質は Weyl 半金属と呼ばれる．TlAs[9], Mn_3Sn, Mn_3Ge[10], $Co_3Sn_2S_2$[11] などは Weyl 半金属であると考えられている．これらの物質に外場を加えると異常 Hall 効果などの応答を示す[†21]．図 6.2 には種々の磁性体の異常 Hall 伝導率を磁化の関数としてプロットしてある [12]．Mn_3Sn, Mn_3Ge, $Co_3Sn_2S_2$ は磁化が小さいにもかかわらず大きな異常 Hall 伝導率を示しており Berry 位相による内因性の効果の存在をうかがわせる．

図 6.1(c) には 3 次元のトポロジカル絶縁体のバンドの模式図を示した．価電子帯は完全に占有され，伝導体に電子はいない．絶縁体であるが表面には点線で示した表面状態がギャップ内に現れるため伝導性を示す．2 次元の表面状態は図に示すような Dirac cone となり，Rashba 状態（A.15 節）と同様なスピン－運動量ロッキングを示す．このため表面には永久スピン流が流れている．表面状態がこのように価電子帯と伝導体を必ずつなぐように発生するのはギャップの成因がスピン軌道相互作用にあり，Z_2 と呼ばれるトポロジカル指数が 1 であるためである [4]．このように自明でないトポロジカル指数をもつ物質をトポロ

[†21] Chiral anomaly のために種々の交差物性が現れると予言されている [7].

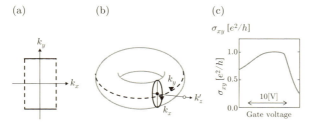

図 6.3 2次元強磁性トポロジカル絶縁体における量子化異常 Hall 効果. (a) 2次元の Brillouin ゾーン. Brillouin ゾーンは周期的. (b) 左右のヘリをつなぎ合わせて筒状にした上で上下のヘリをつなぐとトーラスになる. さらにトーラスの表面を突き抜けるように仮想的な第3のパラメーター軸をとり k'_z とする. トーラス内部のモノポールから出た磁束 (Berry 曲率ベクトルの束) はすべてトーラス表面を突き抜ける [6]. (c) $Cr_{0.15}(Bi_{0.1}Sb_{0.9})_{1.85}Te_3$ における異常 Hall 効果の量子化の実験例 [12] の概念図.

ジカル物質と呼ぶ.

2次元のトポロジカル絶縁体の場合, 図 6.3(a) のように Brillouin ゾーンは周期的でありヘリをつなぐとトーラスになる (図 6.3(b)). ここに仮想的なパラメーター軸をトーラス表面を突き抜けるように考え k'_z 軸とする. k'_z 軸上でトーラスの中に Dirac 点があるなら内部のモノポールから出た磁束 (Berry 曲率ベクトルの束) はすべてトーラス表面を突き抜ける [4]. その結果, 式 (6.3) の和はトーラス全面の積分になりガウスの法則から内部の磁化 (モノポール) の総量となる (式 (6.4)). Berry 曲率をトーラス表面全体で積分して 2π で割ったものを Chern 数と呼び, トポロジカル数の一種である. これは内部にあるモノポールの数に対応し整数となることが示せる [4]. この結果, Hall 伝導度は e^2/h を単位として量子化される.

$$\begin{cases} \sigma_{xy}^{(n,)} = -\dfrac{e^2}{h} \sum_{n,\, \varepsilon_n < \mu} \mathrm{Ch}^{(n)} & \text{(6.4a)} \\ \mathrm{Ch}^{(n)} \equiv \displaystyle\int_{\mathbf{k} \in 1\mathrm{st\,BZ}}^{d^2 k} \dfrac{B_z^{(n)}(\mathbf{k})}{2\pi} & \text{(6.4b)} \end{cases}$$

図 6.3(c) に $Cr_{0.15}(Bi_{0.1}Sb_{0.9})_{1.85}Te_3$ 薄膜を用いて行われた伝導率測定の結果の概念図を示す. e^2/h に明白なプラトーが出ている. 第5章で紹介したよ

236 第 6 章 スピントロニクスの展開

うにこの効果を計量標準に利用しようとする試みもなされており 10^{-8} の精度
が得られている.

図 6.1(d) には半導体の 2 次元電子ガスや物質の表面界面などの電界の加わっ
た結晶中に現れる Rashba の電子状態を示した. Rashba 系では z 方向の電界に
よるスピン軌道相互作用のために 2 つのスピンサブバンドが k_x–k_y 面内で分裂
している (A.15 節). スピントロニクスで用いる多層構造では様々な界面でこ
の電子状態が実現していると考えられる.

通常の強磁性体に近いモデルとして, A.15 節の Rashba 系にスピン分裂 Δ の
ある場合を考えよう [2, 7].

$$\hat{H}_{\mathrm{R}} = \frac{(\hbar k)^2}{2m} + \alpha_{\mathrm{R}} \hat{\boldsymbol{\sigma}} \cdot (\mathbf{k} \times \mathbf{e}_z) - \Delta \sigma_z \tag{6.5}$$

スピン分裂がゼロの場合のバンドは図 6.1(d) にあるように原点に Dirac 点をも
つ. スピン分裂があると原点にギャップが開く (図中の点線). 化学ポテンシャ
ルがギャップの中にあれば内因性の異常 Hall 伝導率は $e^2/(2h)$ に近い値となる
ことが理論的に予想される [2]. 化学ポテンシャルが小さく (大きく) なり下方
(上方) のバンドに Fermi 面ができるようになると異常 Hall 伝導率は小さくな
る. 不純物散乱を取り入れた理論では Rashba 系の内因性異常 Hall 効果は消失
するとの理論も提出されている [14]. 実験上は内因性と skew 散乱などによる外
因性の効果が同時に生じるので区別が難しい.

6.1.2 内因性スピン Hall 効果

A.10 節においてスピン軌道相互作用を伴う不純物散乱によるスピン Hall 効
果について述べている. 一方, バルク結晶自体にスピン軌道相互作用があるな
ら内因性のスピン Hall 効果が生じることが期待される. 内因性の効果は始め村
上により GaAs などの価電子帯の 4 重縮退した状態について理論的に予言され
[15], その後, Rashba 系 [16] や 4d, 5d 遷移金属 [17] についても理論的な予言
がなされた. その一方で Rashba 系のスピン Hall 効果は不純物散乱により消失
するとの指摘もある [18]. さらにスピン軌道相互作用の大きな系ではスピン流
の定義自体に困難がある. そこで, SOT の効率から注入されたスピン角運動量
を見積り, これがスピン Hall 効果によるものであるとしてスピン Hall 伝導率

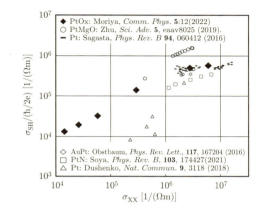

図 6.4 PtO$_x$ とその他の金属のスピン Hall 伝導率と伝導率の関係（森谷裕幸氏，安藤和也氏作成）．

を求めた実験結果を縦伝導率の関数として図 6.4 にプロットした [19]．縦伝導率が上がるとスピン Hall 伝導率がほぼ一定になる結果が得られており，内因性のスピン Hall 効果の寄与が示唆されている．

表 6.1 にはトポロジカル物質のスピン Hall 角（スピントルクなどから求めた有効スピン Hall 角）を示す．通常の金属（表 4.3）に比べて大きな値を示していることが分かる．

トポロジカル絶縁体では量子化スピン Hall 効果の存在が期待されているが現在までに直接的な観察結果は得られていない [20]．今後の研究の発展が期待される．

6.1.3 光学応答における Berry 位相の効果

Berry 曲率のある物質では光遷移に伴いシフト電流やシフトスピン流が発生することが理論的に予想され [21, 22]，トポロジカル絶縁体 Bi$_2$Se$_3$ に円偏光を照射してスピンシフト流が流れることが観察されている（図 6.5）[23]．今後のさらなる発展が期待される．

表 6.1 トポロジカル物質のスピン Hall 角（日比野有岐氏作成）．記入のないものは室温．Py = Permalloy は Ni と Fe の合金で軟磁気特性を示す．DL = Damping like torque はスピントランスファーを意味する．FL はフィールドライクトルクである．

構造	スピントルク効率（DL成分）or スピンHall 角	スピントルク効率（FL 成分）	スピンHall材料の抵抗率 $\times 10^{-8}$ Ωm	磁化配置	測定手法	文献
Bi_2Se_3/Py	1.9～3.51	2.46～2.81	1754	面内	ST-FMR	Mellnik et. al, *Nature*, **511**, 449 (2014).
Bi_2Se_3/CoFeB	0.08	0.05	750	面内	ST-FMR	Wang et. al, *Phys. Rev. Lett.*, **114**, 257202 (2015).
Bi_2Se_3/CoFeB (50K)	0.2	0.25	450	面内	ST-FMR	Wang et. al, *Phys. Rev. Lett.*, **114**, 257202 (2015).
Bi_2Se_3/CoTb	0.16		1060	面直	磁化反転	Han et. al, *Phys. Rev. Lett.*, **119**, 077702 (2017).
$(Bi,Sb)_2Te_3$/CoTb	0.4		4020	面直	磁化反転	Han et. al, *Phys. Rev. Lett.*, **119**, 077702 (2017).
Bi–Se/CoFeB	18.62		12800	面内	ω-2ω 法	Mahendra et. al, *Nat. Mater.*, **17**, 800 (2018).
Bi–Se/CoFeB	8.67		12800	面内	ST-FMR	Mahendra et. al, *Nat. Mater.*, **17**, 800 (2018).
Bi–Sb/Pt/CoTb	3.2		3703	面直	ω-2ω 法	Khang et. al, *Sci. Rep.*, **10**, 12185 (2020).
YBiPt/Co–Pt multilayer	1.3		2630	面直	ω-2ω 法	T. Shirokura et. al, *Sci. Rep.*, **12**, 2426 (2022).

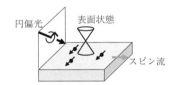

図 6.5 トポロジカル絶縁体 Bi_2Se_3 の光シフト電流に関する実験の概念図．

6.2 スピン電磁場

スピントロニクスでは電子の電荷とスピンを同時に用いるが，そのためには局在性が高く大きな磁気モーメントをもつ d 電子と伝導性の高い s 電子が同時に存在する系が興味ある対象となることを第 1 章で述べた．d 電子は磁化の源であり，磁気ドメインがある場合，そのスピンは場所に依存して空間の様々な

方向を向く．この d-texture と相互作用しながら運動する s 電子は曲がった空間の中を運動していると感じる．その様子は d-texture が作るゲージ場として表現される．簡単な近似のもとではこのゲージ場は通常の電磁界と同じように電子の運動に影響を与える．

s–d 電子系の s 電子の運動に関するハミルトニアンを以下のように与える．

$$\begin{cases} \hat{H} = \dfrac{\hat{\mathbf{p}}^2}{2m} + \Delta_{sd}\mathbf{n}\left(x\right)\cdot\hat{\boldsymbol{\sigma}} & \text{(6.6a)} \\[2mm] x \equiv \left(\mathbf{x}, t\right) & \text{(6.6b)} \end{cases}$$

$\mathbf{n}\left(x\right) \equiv \left(\sin\theta\left(x\right)\cos\phi\left(x\right), \sin\theta\left(x\right)\sin\phi\left(x\right), \cos\theta\left(x\right)\right)$ は d 電子が作る磁化の方向ベクトルである．ここで，s–d 相互作用を対角化する以下のユニタリ行列 $\hat{U}(x)$ による変換を考える．

$$\begin{cases} \hat{U}\left(x\right)\mathbf{n}\left(x\right)\cdot\hat{\boldsymbol{\sigma}}\hat{U}\left(x\right)^{\dagger} = \sigma_z & \text{(6.7a)} \\[2mm] \hat{U}\left(x\right) \equiv \mathbf{m}\left(x\right)\cdot\hat{\boldsymbol{\sigma}} & \text{(6.7b)} \\[2mm] \mathbf{m}\left(x\right) \equiv \left(\sin\dfrac{\theta\left(x\right)}{2}\cos\phi\left(x\right), \sin\dfrac{\theta\left(x\right)}{2}\sin\phi\left(x\right), \cos\dfrac{\theta\left(x\right)}{2}\right) & \text{(6.7c)} \end{cases}$$

Schrödinger 方程式をユニタリ変換すると

$$\begin{cases} \left(i\hbar\dfrac{d}{dt} + e\phi\right)\tilde{\psi} = \left(\dfrac{1}{2m}\left(\hat{\mathbf{p}} + e\mathbf{A}\right)^2 + \Delta_{sd}\hat{\sigma}_z\right)\tilde{\psi} & \text{(6.8a)} \\[2mm] \tilde{\psi} \equiv \hat{U}\psi & \text{(6.8b)} \\[2mm] A_k \equiv -i\dfrac{\hbar}{e}\hat{U}\left(\dfrac{\partial}{\partial x_k}\hat{U}^{\dagger}\right) = \dfrac{\hbar}{e}\left(\mathbf{m}\times\dfrac{\partial}{\partial x_k}\mathbf{m}\right)\cdot\hat{\boldsymbol{\sigma}} & \text{(6.8c)} \\[2mm] \phi \equiv i\dfrac{\hbar}{e}\hat{U}\left(\dfrac{\partial}{\partial t}\hat{U}^{\dagger}\right) = -\dfrac{\hbar}{e}\left(\mathbf{m}\times\dfrac{\partial}{\partial t}\mathbf{m}\right)\cdot\hat{\boldsymbol{\sigma}} & \text{(6.8d)} \end{cases}$$

となり微分が共変微分に変わり，電磁場中の電子の Schrödinger 方程式と似た式が得られた．しかし，ϕ, $\mathbf{A}$ は $\boldsymbol{\sigma}$ があるために 2×2 行列で表される SU(2) ゲージ場となっている．そこで簡単のために s 電子のスピン分裂が非常に大きい場合を考える．この場合は down spin を無視できるので，

$$\begin{cases} A_k \cong \dfrac{\hbar}{e}\left(\mathbf{m}\times\dfrac{\partial}{\partial x_k}\mathbf{m}\right)_z & \text{(6.9a)} \\[2mm] \phi \cong -\dfrac{\hbar}{e}\left(\mathbf{m}\times\dfrac{\partial}{\partial t}\mathbf{m}\right)_z & \text{(6.9b)} \end{cases}$$

240   第 6 章　スピントロニクスの展開

となり U(1) の電磁ポテンシャルが得られる．すなわち d 電子が作る磁気構造は s 電子にとっては通常の電磁場とまったく同じように働く．これは，s–d 相互作用によって作られる電磁場なのでスピン電界，スピン磁界などと呼ばれる [24].

　実際のデバイス内の磁壁の運動に伴う 300 [nV] 程度のスピン起電力が観察されている [25]. また，スカーミオンの磁気構造が作る大きなスピン磁界は Hall 効果により観察されている [26]. さらにこの原理を利用してナノサイズのインダクタを作ろうという提案がなされ研究が進んでいる [27].

6.3　反強磁性スピントロニクス

　反強磁性体は正味の磁化をもたないために磁界による制御が困難であり，これまで磁気センサの参照層の磁化を固定する目的以外にほとんど利用されてこなかった．しかし，近年のスピントロニクスの技術はスピン流の制御などを通して反強磁性体の利用を可能としつつある．反強磁性体には漏れ磁界が小さい，歳差運動の周波数が高いなどの特徴があり応用の範囲が拡がることが期待される．

6.3.1　高速磁壁移動

　単純に考えると細線の角運動量がゼロである反強磁性体では磁壁の速度に異常があると考えられる．しかし磁界による駆動はできない．一方フェリ磁性体の場合は角運動量補償点でも正味の磁化をもつため磁界駆動が可能であり補償温度では walker Breakdown を生じない高速の磁壁移動が可能であることが実験的に示されている（図 6.6）[28, 29].

6.3.2　反強磁性ドメインの電流スイッチ

　反強磁性体ドメインの電流スイッチングについては CuMnAs において初期的な結果が示され [30], その後すぐに NiO において SOT を使った明確な結果が示された [31]. 後者の試料は MgO(111) 上にスパッタで成長した Pt 4 [nm]/NiO(111) 10 [nm]/Pt 4 [nm] のサンドイッチ膜であり Néel type のコリニアーな反強磁性秩序を示す．Pt 層に通電すると SHE でスピンが NiO 層に注入されスイッチングが生じる（図 6.7(a)). Hall 抵抗により状態を読み出した後に 90° 異なる方向

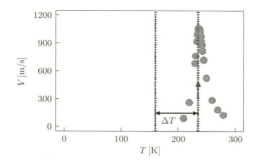

図 6.6 角運動量補償点近傍における磁壁速度の増大 [28]．160 [K] 付近の点線は磁化補償点を，240 [K] 付近の点線は角運動量の補償点を示している．

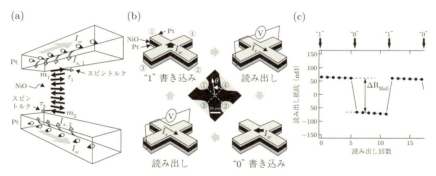

図 6.7 反強磁性体 NiO のドメインの電流によるスイッチ [29.2]．(a) Pt からのスピン注入とスピントルクの方向．(b) 測定・書き込みのサイクル．(c) 測定された Hall 電圧の例．

に偏極したスピンを注入する（図 6.7(b)）．再び読み出すと Hall 抵抗が変化しており反強磁性体の量子化軸の方向がスイッチしたことが分かる（図 6.7(c)）．

その他にもカイラル磁性を示す $MnAu_2$ のカイラリティーを磁界アシスト下の電流によりスイッチし，さらに隣接する Pt 層に発生する ISHE で検出したとの報告がある [32]．

6.3.3 Altermagnetism と Mn_3Sn

Altermagnet はコリニアーな反強磁性体だが副格子が並進や鏡面対称性では

242 第 6 章 スピントロニクスの展開

なく回転対称性などで結び付いている．その結果，時間反転対称性が破れており，k 空間の各点でそれぞれのスピンバンドは縮退していない．この物質群は，強磁性体のみに見られると考えられていた異常 Hall 効果などの種々の強磁性体的な電磁応答を示すことを特徴としている．現在この研究は始まったばかりであり今後の発展が期待される [33].

Mn$_3$Sn や Mn$_3$Ge はノンコリニアーな反強磁性体であり時間反転対称性を破っている．このため小さな寄生強磁性を示す．前述したようにこの物質は Weyl 半金属であり大きな異常 Hall 効果や異常 Nernst 効果を示す [34]．さらにスピン注入による磁化反転 [35] が可能でありトンネル磁気抵抗効果を示す [36] などスピントロニクス材料としても注目されている．

6.4　軌道流とフォノンの角運動量

これまでのスピントロニクスは主にスピン角運動量の輸送現象に注目してきた．しかし，固体中では電子の軌道運動によっても，あるいは，フォノンによっても角運動量が運ばれる．これらの角運動量の流れは単にスピン流の緩和の結果と考えられていたが，近年，これらの流れを意図的に作り検出・利用できる可能性が出てきた．しかも，その大きさはスピン流の 10 倍程度になると見られている．

6.4.1　軌道流

電流が流れるとスピンのみでなく軌道角運動量の流れも生じることは 2005 年に Zhang 等 [37] により指摘されていたが，2009 年に軌道 Hall 効果がスピン Hall 効果の 10 倍程度大きいことが指摘 [38] されてもなお実験的研究は進んでいなかった．しかし，2016 年にスピン軌道相互作用があまり大きくない Cu の酸化物が大きな SOT を生じるとの実験結果が報告され [39]，さらに，軌道 Hall 効果はスピン軌道相互作用がなくても生じること（ただし，スピントルクを発生するためにはスピン軌道相互作用が必要）が理論的に指摘されると [40]，にわかに関心が高まり急速に実験・理論ともに研究が進んでいる [41–43].

軌道 Hall 効果の特徴は以下の通りである．

6.4 軌道流とフォノンの角運動量　　243

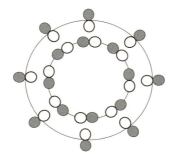

図 **6.8** 軌道流の発生のもととなる p 軌道の k 空間におけるテクスチャの例 [40].

a. 非磁性物質にスピン軌道相互作用がなくても発生し，その角運動量の流れの大きさはスピン Hall 効果の 10 倍にもなる．ただし，スピントルクを発生して検出するためにはスピン軌道相互作用が必要．

b. 非磁性体には複数のバンドが接近して存在することにより軌道テクスチャができていることが必要．

c. 軌道 Hall 効果により発生するトルクは強磁性元素の種類に強く依存する．Ni は有効的なスピン軌道相互作用が大きく軌道流から受けるトルクも大きくなる．

d. 温度や結晶の乱れに対して堅固である可能性がある．

これらのことが事実なら，我々はスピン流に着目するあまり，その背後にあった 10 倍もの大きさの軌道流に気づかずに多くの実験をしてきたことになる．今後はこれまでに行われた SOT の実験結果も見直して軌道流の実態を明確にしていく必要がある．さらに，上に挙げた特徴は応用上も好ましいものが多く，軌道流の制御がさらなる応用を生むことを期待したい．

　図 6.8 には Go [40] が軌道流の発生の説明に用いている図を示した．2 次元的な物質において p_x 軌道と p_y 軌道が混成して k 空間内で図 6.8 のように軌道

244 第6章 スピントロニクスの展開

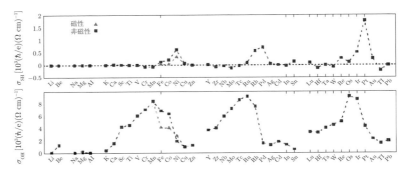

図 6.9 第一原理計算で求めたスピン Hall 効果 σ_{SH} と軌道 Hall 効果 σ_{OH} の大きさの元素依存性 [44].

が円周方向を向くバンド ψ_t と半径方向を向くバンド ψ_r に分かれたとする．これらの軌道は s 軌道とも混成している．ここに，面内の電界が加わると ψ_t と ψ_r に混成が生じ角運動流が発生する．Berry 接続で考える場合は複数のバンドを考えるために非可換な Berry 接続を扱うことになる．Berry 位相の非可換性のために軌道 Hall 効果が生じる．図 6.9 には第一原理計算により求めたスピン Hall 効果 σ_{SH} と軌道 Hall 効果 σ_{OH} の大きさの元素依存性を示した [44]．軌道 Hall 効果のほうが全体的に大きくかつ軽元素でも発生することが見てとれる．

6.4.2 角運動量をもつフォノン

これまでのスピントロニクスはスピン角運動量の流れであるスピン流に注目し，それが固体中において想像していた以上によく保存し，電流と同じように使え，新しい機能を生み出すということを発見・実証してきた．しかし，実際にはスピン流は緩和し，その角運動量は電子の軌道運動や結晶格子の運動であるフォノンに引き渡される．この過程はスピントロニクスにおいては副次的なものとみなされてきたが前述した軌道流の重要性の認識とともにフォノンの運ぶ角運動量の重要性についても興味がもたれるようになっている [45–47]．今後，これらの重要性と役割が明らかになることにより角運動量の流れを巧みに扱う新しいスピントロニクスの全体像が明らかになるものと思われる．

Rooster and Hem

「理論家は雄鶏．大きな声で詠うが卵を産まない」という言葉を聞いたことがある．しかし，理論家が実験を先導した例が多く見られるのも事実だ．スピントランスファー，スピン Hall 効果，トポロジカル物質，軌道流ときりがないほどだ．本書は実際に卵を産み世に送り出す応用を志す学生・研究者のために書かれた．でもこんなに役に立つのだから，実験家でも理論家の詩を楽しんで聞こう...と思う [48]．

（イラスト 土井梨夏）

6.5 その他の発展

6.5.1 分子スピントロニクスと CISS

2000 年代の初頭に分子を介したトンネル磁気抵抗効果が示され [49]，その後，分子を介したスピン流の伝達があることも見出されている [50]．近年はさらに CISS (Chirality Induced Spin Selectivity) という現象が分子系を中心に話題になっている．発端は 1999 年に Ray ら [51] が Au に吸着した DNA からスピン

246　第6章　スピントロニクスの展開

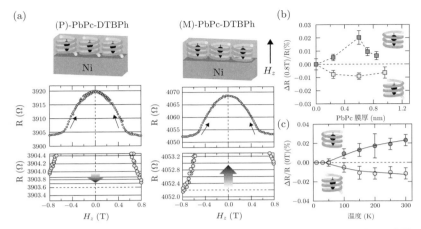

図 6.10　(P)- and (M)-PbPc-DTBPh/Ni 接合の磁気抵抗効果 [50]．(a) 異なる掌性の分子をつけた場合の磁気抵抗曲線．(b) 磁気抵抗効果の PbPc 膜厚依存性．(c) 磁気抵抗効果の温度依存性．

偏極した電子が真空中に光放出されると主張したことに始まる．最近では1枚の強磁性体薄膜と掌性をもつ分子からなる SAM 膜 (Self-assembled molecular system) の間で室温で 20%の磁気抵抗効果が出るなどといった不思議な結果も報告されている [52]．さらに強磁性体の表面には磁化状態によって掌性の異なる分子が吸着しやすいという報告もある [53]．

図 6.10 には Ni 上に掌性の異なる分子を吸着して磁気抵抗効果を測定した例を示す [54]．掌性により飽和磁界が変わり，飽和時の抵抗値も変わることが観測されている．興味深いことに抵抗値の非対称性は低温で存在せず温度の上昇とともに大きくなる（室温で 0.02%）．まだ不明な点の多い効果であるが，室温の分子で生じることから，今後，化学・生物学などの分野にも広がりをもつ現象となる可能性がある．また，前述した軌道流および角運動量をもつフォノンとの関係にも興味がもたれる．

6.5.2　超伝導／強磁性体接合

これまで強磁性体と超伝導体は相入れないものという考えが支配的であった

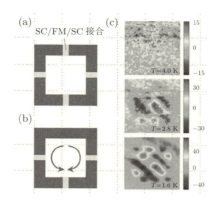

図 6.11 強磁性 π 結合を用いた超伝導回路を流れる自発電流 [53]．(a)((b)) 偶数（奇数）個の π 接合．(c) 6 × 6 の π Josephson 接合に発生する自発電流による漏れ磁束のパターン．

が，近年になり強磁性体／超伝導体接合を作ると超伝導臨界電流に非対称性が出る超伝導ダイオード効果 [55] が見つかるなどその研究が盛んになっている．

研究の 1 つの動機は強磁性体のスピン分裂を用いた超伝導体の位相制御である．これによりバイアスのない状態で Josephson 接合の位相差を π にすることができる [56]．図 6.11 には 6 × 6 の π 接合のアレイを作り内部の磁束の温度変化を観測した例を示す [57]．(a) 偶数個の π 接合が 1 つのループにある場合にはフラストレーションは発生しないが，(b) 奇数個の場合はフラストレートしてしまう．(c) 6 × 6 の π 接合のアレイ内にはフラストレートした結果，複雑な電流パターンが自発的に発生する．量子計算などへの応用が検討されている．

2 つ目の動機は 3 重項超伝導（p 波）に関するものである．例えば Nb と Fe との Josephson 接合を作る際に界面にわずかな Cr を挿入すると 1 重項から 3 重項 Cooper 対への変換が起こり 3 重項 Cooper 対が Fe 中を比較的長距離（5 [nm] 程度）にわたり伝達するとの報告がある [58]．

3 つ目の動機は超伝導体／強磁性体接合による Majorana 粒子の生成である．Majorana 粒子は自分自身がその反粒子であり，例えばトポロジカル超伝導体のエッジに現れると考えられている [59]．そこで，例えば超伝導体と強磁性体との組み合わせにより Majorana 粒子を実現しロバストな量子計算に活用しよう

248 第 6 章 スピントロニクスの展開

という研究が盛んに行われている [60, 61].

スピントロニクスはエレクトロニクスの分野のみでなく，現在では固体物理の中の重要な一分野となり，さらに化学・生物学などの分野でも必要な知識となりつつある．

第6章 演習問題

演習問題 6.1

$A_j^{(n)} \equiv i \langle \psi_n(\mathbf{k}) | \, \partial_j \, | \psi_n(\mathbf{k}) \rangle$ が実数となることを示せ.

演習問題 6.2

式 (A.88) を導出せよ.

演習問題 6.3

式 (6.2) を導け.

演習問題 6.4

Berry 位相を用いた理論の利点と欠点を述べよ.

演習問題 6.5

スピン分裂によりバンドギャップの開いた Rashba 系についてギャップ内に化学ポテンシャルがあるときの異常 Hall 伝導率が $e^2/(2h)$ に近い値となることを Berry 曲率の積分によって示せ.

演習問題 6.6

トポロジカル物質に期待される応用について述べよ.

演習問題 6.7

スカーミオンの内部に発生するゲージ場 (磁界) を求めよう. ただし, スカーミオンの形状を以下の関数で近似する.

$$
\begin{cases}
\mathbf{n}(r, \phi) = \begin{pmatrix} \sin\theta \sin\varphi \\ \sin\theta \cos\varphi \\ \cos\theta \end{pmatrix} : 2\,\text{次元平面上の位置}\,(r,\phi)\,\text{における磁化の} \\
\qquad\qquad\qquad\qquad\qquad\quad\, 方向 \\[2mm]
\theta = 2\tan^{-1}\left(\dfrac{\sinh(r/\Delta)}{\sinh(R/\Delta)} \right) : R\,\text{はスカーミオン半径},\, \Delta\,\text{は遷移領域の幅} \\[2mm]
\varphi = \phi
\end{cases}
$$

$R = 5$ [nm], $\Delta = 1$ [nm] として以下の問いに答えよ.

(1) スカーミオン内部を通る磁束 (Berry 曲率) の総量を求めよ.

(2) スカーミオン内部に発生する等価な磁界のおおよその大きさを求めよ.

参考文献

[1] M. V. Berry, *Proc. R. Soc. Lond. A*, **392**, 45 (1984).

[2] D. Xiao, M.-C. Chang, and Q. Niu, *Rev. Mod. Phys.*, **82**, 1959 (2010).

[3] M. P. Marder, *"Condensed Matter Physics"*, 2nd eds. Wiley (2010).

[4] 齊藤英治，村上修一 著，『スピン流とトポロジカル絶縁体 —量子物性とスピントロニクスの発展— (基本法則から読み解く物理学最前線 1)』，共立出版 (2014).

[5] Y. Araki, and J. Ieda, *J. Phys. Soc. Jpn.* **92**, 074705 (2023).

[6] 井上順一郎，伊藤博介 著，『スピントロニクス —基礎編— (現代講座・磁気工学 3)』，共立出版 (2010).

[7] N. Nagaosa, J. Sinova, S. Onoda, A. H. MacDonald, and N. P. Ong, *Rev. Mod. Phys.*, **82**, 1539 (2010).

[8] N. P. Armitage, E. J. Mele, and A. Vishwanath, *Rev. Mod. Phys.*, **90**, 015001 (2018).

[9] S.-Y. Xu, I. Belopolski, N. Alidoust, M. Neupane, G. Bian, C. Zhang, R. Sankar, G. Chang, Z. Yuan, C.-C. Lee, S.-M. Huang, H. Zheng, J. Ma, D. S. Sanchez, B. Wang, A. Bansil, F. Chou, P. P. Shibayev, H. Lin, S. Jia, and M. Z. Hasan, *Science*, **349**, 613 (2015).

[10] J. Kübler and C. Felser, *Euro Phys. Lett.*, **108**, 67001 (2014).

[11] N. Morali, R. Batabyal, P. K. Nag, E. Liu, Q. Xu, Y. Sun, B. Yan, C. Felser, N. Avraham, and H. Beidenkopf, *Science*, **365**, 1286 (2019).

[12] T. Chen, T. Tomita, S. Minami, M. Fu, T. Koretsune, M. Kitatani, I. Muhammad, D. Nishio–Hamane, R. Ishii, F. Ishii, R. Arita, and S. Nakatsuji, *Nat. Commun.*, **12**, 572 (2021).

[13] C.-Z. Chang, J. Zhang, X. Feng, J. Shen, Z. Zhang, M. Guo, K. Li, Y. Ou, P. Wei, L.-L. Wang, Z.-Q. Ji, Y. Feng, S. Ji, X. Chen, J. Jia, X. Dai, Z. Fang, S.-C. Zhang, K. He, Y. Wang, L. Lu, X.-C. Ma, and Q.-K. Xue, *Science*, **340**, 167 (2013).

[14] J. Inoue, T. Kato, Y. Ishikawa, H. Itoh, G. E. W. Bauer, and L. W. Molenkamp, *Phys. Rev. Lett.*, **97**, 046604 (2006).

[15] S. Murakami, N. Nagaosa, and S. C. Zhang, *Science*, **301**, 1348 (2003).

[16] J. Sinova, D. Culcer, Q. Niu, N. A. Sinitsyn, T. Jungwirth, and A. H. MacDonald, *Phys. Rev. Lett.*, **92**, 126603 (2004).

[17] T. Tanaka, H. Kontani,1 M. Naito, T. Naito, D. S. Hirashima, K. Yamada, and J. Inoue, *Phys. Rev. B*, **77**, 165117 (2008).

[18] J. Inoue, G. E. W. Bauer, and L. W. Molenkamp, *Phys. Rev. B*, **70**, 041303(R) (2004).

[19] H. Moriya, A. Musha, S. Haku, and K. Ando, *Comm. Phys.* (2022) 5:12.

[20] M. König, S. Wiedmann, C. Brüne, A. Roth, H. Buhmann, L. W. Molenkamp, X.-L. Qi, and S.-C. Zhang, *Science*, **318**, 766 (2007).

[21] K. W. Kim, T. Morimoto, and N. Nagaosa, *Phys. Rev. B*, **95**, 035134 (2017).

[22] J.-X. Hu, Y.-M. Xie, and K. T. Law, *Phys. Rev. B*, **107**, 075424 (2023).

[23] J. W. McIver, D. Hsieh, H. Steinberg, P. Jarillo-Herrero, and N. Gedik, *Nat. Nanotech.*, **7**, 96 (2012).

[24] S. Zhang and S. S.-L. Zhang, *Phy. Rev. Lett.*, **102**, 086601 (2009).

[25] S. A. Yang, Geoffrey S. D. Beach, C. Knutson, D. Xiao, Q. Niu, M. Tsoi, and J. L. Erskine, *Phys. Rev. Lett.*, **102**, 067201 (2009).

[26] M. Lee, W. Kang, Y. Onose, Y. Tokura, and N. P. Ong, *Phys. Rev. Lett.*, **102**, 186601 (2009).

[27] N. Nagaosa, *Jpn. J. Appl. Phys.*, **58**, 120909 (2019).

[28] K.-J. Kim, S. K. Kim, Y. Hirata, S.-H. Oh, T. Tono, D.-H. Kim, T. Okuno, W. S. Ham, S. Kim, G. Go, Y. Tserkovnyak, A. Tsukamoto, T. Moriyama, K.-J. Lee, and T. Ono, *Nat. Matt.*, **16**, 1187 (2017).

[29] Y. Hirata, D.-H. Kim, T. Okuno, T. Nishimura, D.-Y. Kim, Y. Futakawa, Hiroki Yoshikawa, A. Tsukamoto, K.-J. Kim, S.-B. Choe, and T. Ono, *Phys. Rev. B*, **97**, 220403 (R) (2018).

[30] P. Wadley, B. Howells, J. Železný, C. Andrews, V. Hills, R. P. Cam-

pion, V. Novák, K. Olejník, F. Maccherozzi, S. S. Dhesi, S. Y. Martin, T. Wagner, J. Wunderlich, F. Freimuth, Y. Mokrousov, J. Kuneš, J. S. Chauhan, M. J. Grzybowski, A. W. Rushforth, K. W. Edmonds, B. L. Gallagher, and T. Jungwirth, *Science*, **351**, 587 (2016).

[31] T. Moriyama, K. Oda, T. Ohkochi, M. Kimata, and T. Ono, *Sci. Rep.*, **8**, 14167 (2018).

[32] H. Masuda, T. Seki, J. Ohe, Y. Nii, H. Masuda, K. Takanashi, and Y. Onose, *Nat. Commun.*, **15**, 1999 (2024).

[33] L. Šmejkal, J. Sinova, and T. Jungwirth, *Phys. Rev. X*, **12**, 040501 (2022).

[34] M. Mizuguchi, and S. Nakatsuji, *Sci. Tech. Adv. Mat.*, **20**, 262 (2019).

[35] H. Tsai, T. Higo, K. Kondou, T. Nomoto, A. Sakai, A. Kobayashi, T. Nakano, K. Yakushiji, R. Arita, S. Miwa, Y. Otani, and S. Nakatsuji, *Nature*, **580**, 608 (2020) and T. Higo, K. Kondou, T. Nomoto, M. Shiga, S. Sakamoto, X. Chen, D. Nishio-Hamane, R. Arita, Y. Otani, S. Miwa, and S. Nakatsuji, *Nature*, **607**, 474 (2022).

[36] X. Chen, T. Higo, K. Tanaka, T. Nomoto, H. Tsai, H. Idzuchi, M. Shiga, S. Sakamoto, R. Ando, H. Kosaki, T. Matsuo, D. Nishio-Hamane, R. Arita, S. Miwa, and S. Nakatsuji, *Nature*, **613**, 490 (2023).

[37] B. A. Bernevig, T. L. Hughes, and S.-C. Zhang, *Phys. Rev. Lett.*, **95**, 066601 (2005).

[38] H. Kontani, T. Tanaka, D. S. Hirashima, K. Yamada, and J. Inoue, *Phys. Rev. Lett.*, **102**, 016601 (2009).

[39] H. An, Y. Kageyama, Y. Kanno, N. Enishi, and K. Ando, *Nat. Commun.*, **7**, 13069 (2016).

[40] D. Go, D. Jo, C. Kim, and H.-W. Lee, *Phys. Rev. Lett.*, **121**, 086602 (2018).

[41] S. Ding, Z. Liang , D. Go, C. Yun, M. Xue, Z. Liu, S. Becker, W. Yang, H. Du, C. Wang, Y. Yang, G. Jakob, M. Kläui, Y. Mokrousov, and J. Yang, *Phys. Rev. Lett.*, **128**, 067201 (2022).

[42] J. Kim, D. Go , H. Tsai, D. Jo, K. Kondou, H.-W. Lee, and Y. Otani, *Phys. Rev. B*, **103**, L020407 (2021).

[43] S. Lee, M.-G. Kang, D. Go, D. Kim, J.-H. Kang, T. Lee, G.-H. Lee, J. Kang, N. J. Lee, Y. Mokrousov, S. Kim, K.-J. Kim, K.-J. Lee, and Byong-Guk Park, *Commun. Phys.*, **4**, 234 (2021).

[44] L. Salemi and P. M. Oppeneer, *Phys. Rev. Matter.*, **6**, 095001 (2022).

[45] L. Zhang and Q. Niu, *Phys. Rev. Lett.*, **112**, 085503 (2014).

[46] D. Kobayashi, T. Yoshikawa, M. Matsuo, R. Iguchi, S. Maekawa, E. Saitoh, and Y. Nozaki, *Phys. Rev. Lett.*, **119**, 077202 (2017).

[47] R. Takahashi, H. Chudo, M. Matsuo, K. Harii, Y. Ohnuma, S. Maekawa, and E. Saitoh, *Nat. Commun.*, **11**, 3009 (2020).

[48] 鈴木義茂, まぐね, **17**, 123 (2022).

[49] Z. H. Xiong, D. Wu, Z. V. Vardeny, and J. Shi, *Nature*, **427**, 821 (2004).

[50] K. Ando, S. Watanabe, S. Mooser, E. Saitoh, and H. Sirringhaus, *Nat. Matter.*, **12**, 622 (2013).

[51] K. Ray, S. P. Ananthavel, D. H. Waldeck, R. Naaman, *Science*, **283**, 814 (1999).

[52] S. P. Mathew, P. C. Mondal, H. Moshe, Y. Mastai, and R. Naaman, *Appl. Phys. Lett.*, **105**, 242408 (2014).

[53] K. Banerjee-Ghosh, O. B. Dor, F. Tassinari, E. Capua, S. Yochelis, A. Capua, S.-H. Yang, S. S. P. Parkin, S. Sarkar, L. Kronik, L. T. Baczewski, R. Naaman, and Y. Paltiel, *Science*, **10**.1126, 4265 (2018).

[54] K. Kondou, M. Shiga, S. Sakamoto, H. Inuzuka, A. Nihonyanagi, F. Araoka, M. Kobayashi, S. Miwa, D. Miyajima, and Y. Otani, *J. Am. Chem. Soc.*, **144**, 7302 (2022).

[55] F. Ando, Y. Miyasaka, T. Li, J. Ishizuka, T. Arakawa, Y. Shiota, T. Moriyama, Y. Yanase, and T. Ono, *Nature*, **584**, 373 (2020).

[56] T. Yamashita, *IEICE Trans. Electron*, E104–C, 422 (2021).

[57] S. M. Frolov, M. J. A. Stoutimore, T. A. Crane, D. J. Van Harlingen, V. A. Oboznov, V. V. Ryazanov, A. Ruosi, C. Granata, and M. Russo,

Nat. Phys., **4**, 32 (2008).

[58] R. Cai, *Adv. Quantum Tech.*, **6**, 2200080 (2023).

[59] K.-R. Jeon, C. Ciccarelli, A. J. Ferguson, H. Kurebayashi, L. F. Cohen, X. Montiel, M. Eschrig, J. W. A. Robinson, and M. G. Blamire, *Nat. Mater.*, **17**, 499 (2018).

[60] A. Y. Kitaev, *Phys.-Usp.* **44**, 131 (2001).

[61] 例えば K. Imamura, S. Suetsugu, Y. Mizukami, Y. Yoshida, K. Hashimoto, K. Ohtsuka, Y. Kasahara, N. Kurita, H. Tanaka, P. Noh, J. Nasu, E.-G. Moon, Y. Matsuda, and T. Shibauchi, *Sci. Adv.* **10**, eadk3539 (2024).

付録 A : 基本的事項に関する説明

A.1 磁化と磁界の定義

1) Ampère の法則と Lorentz 力

　磁石の存在は紀元前から知られていたが，近代的な電磁気および磁性体物理の研究を可能にしたのは 1800 年の Volta 電池の発明である [1]．このことにより連続的な電流が得られるようになり，Øersted（エルステッド）が電流磁気作用を，Ampère は電流を流した 2 本の電線の間に力が働くことを見出した．Faraday はこのことを電流が周りの空間に磁束密度 $\mathbf{B}(\mathbf{x}, t)$ [T]（テスラ）を発生させたためと考えた．これらのことは以下のように定式化される [2]．

$$
\begin{cases}
rot\left(\dfrac{\mathbf{B}(\mathbf{x}, t)}{\mu_0}\right) = \mathbf{j}^{\mathrm{C,total}}(\mathbf{x}, t) & \text{(A.1a)} \\[2mm]
div\mathbf{B}(\mathbf{x}, t) = 0 & \text{(A.1b)} \\[2mm]
d\mathbf{F} = J^{\mathrm{C}} d\boldsymbol{\ell} \times \mathbf{B} & \text{(A.1c)}
\end{cases}
$$

上式で rot と div はそれぞれ「回転」と「発散」を表す微分演算子 [†22]（次元は m^{-1}），$\mathbf{j}^{\mathrm{C,total}}(\mathbf{x}, t)$ [A/m^2] は電流密度である．$\mu_0 = 4\pi \times 10^{-7}$[T/(A/m)] は，真空の透磁率と呼ばれる．式 (A.1a) から $\mathbf{B}/\mu_0$ の単位は A/m であることが分かる．式 (A.1a) は，Ampère の法則と呼ばれ，電流の周りには磁束密度 $\mathbf{B}(\mathbf{x}, t)$ の回転が発生することを示している．右ねじの進む方向を電流の方向にとると，ねじの回転方向が $\mathbf{B}$ の方向となる（図 A.1(a) 参照）．式 (A.1b) は磁束密度に関する Gauss の法則と呼ばれ，$\mathbf{B}(\mathbf{x}, t)$ には発散がないことを示している．式 (A.1c) は電流 J^{C} が流れる導線の微小部分 $d\boldsymbol{\ell}$ が $\mathbf{B}(\mathbf{x}, t)$ から受ける力 $d\mathbf{F}$ [N]

[†22] $rot\mathbf{A} = \nabla \times \mathbf{A} = \left(\frac{\partial A_z}{\partial y} - \frac{\partial A_y}{\partial z}, \frac{\partial A_x}{\partial z} - \frac{\partial A_z}{\partial x}, \frac{\partial A_y}{\partial x} - \frac{\partial A_x}{\partial y}\right)$, $div\mathbf{A} = \nabla \cdot \mathbf{A} = \frac{\partial A_x}{\partial x} + \frac{\partial A_y}{\partial y} + \frac{\partial A_z}{\partial z}$.

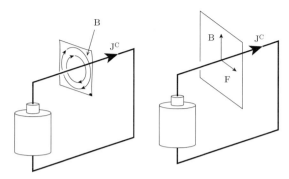

図 A.1 (a) 電流が周りに作る磁束密度と磁力線（Ampère の法則）(b) 磁束のある空間の中におかれた電線が受ける力の向き（Fleming の左手の法則）.

である（図 A.1(b)）．ここで，$d\mathbf{l}$ は電流の流れる方向を向き，大きさが電流素の長さに等しいベクトルである．力の方向に導線が dx だけ動けば $\varepsilon = d\mathbf{F}dx$ というエネルギーが取り出せる．したがって，式 (A.1c) より磁束密度 $\mathbf{B}$ の単位 T とエネルギーの単位 J には $J/m^3 = T\,A/m$ という関係があることが分かる．

電流の実体は電荷を帯びた粒子の流れである．1 つの荷電粒子の電荷を q，速度を $\mathbf{v}$ とすると導線に流れる電流は $J^C = qvn$ と書ける．ここで n は導線単位長さあたりの荷電粒子の数である．長さ $d\ell$ の電線の中には $n\,d\ell$ 個の荷電粒子があり，これらの粒子が全体として式 (1.2) で表される力を受けるので，1 粒子あたりの力は，

$$\mathbf{F} = q\mathbf{v} \times \mathbf{B} \tag{A.1c'}$$

となる．この力は Lorentz 力と呼ばれる．

2) 磁気モーメントと磁化

さて，物質は原子からできているが原子はさらに原子核とその周りを回る電子からなる（図 A.2(a)）．電子は $-e$（$e = 1.602 \times 10^{-19}$ [C]）の電荷をもつ荷電粒子である．この荷電粒子が原子核の周りを永久回り続けているので，原子内には円環状の永久電流があり，その周りに磁束密度を作ると考えられる（図 A.2(b)）．この記述のために，多少数学的になるが図 A.2(c) に示すような高さ

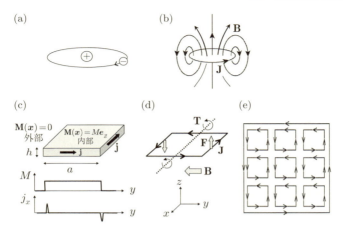

図 A.2 (a) Bohr の太陽系型原子模型．正の電荷をもつ原子核の周りを負の電荷をもつ電子が公転（軌道）運動を行い環状の永久電流を流す．(b) 環状電流が周りに作る磁束密度．原子は磁石になる．(c) 角柱磁化の側面には環状電流が流れる．(d) 環状電流が磁束密度から受ける偶力（トルク）．(e) 環状電流（磁化）がつまって物質ができると，内部の電流の効果は打ち消し合い，外周に沿って電流が流れているように見える．

の低い角柱を考える．角柱の底面は x–y 平面に平行な正方形であり1辺は a，高さは h とする．ここでベクトル場 $\mathbf{M}(\mathbf{x})$ を考える．$\mathbf{M}(\mathbf{x})$ は角柱の内部では $\mathbf{M}(\mathbf{x}) = M\mathbf{e}_z$（$\mathbf{e}_z$ は z 方向の単位ベクトル）で一定であり，外部では $\mathbf{M}(\mathbf{x}) = 0$ であるとする．すると，

$$\mathbf{j}^{\mathrm{m}}(\mathbf{x}) \equiv rot\mathbf{M}(\mathbf{x}) \tag{A.2}$$

は，角柱の側面に沿ったベクトル場となる（図 A.2(c)）．そこで式 (A.2) により原子内を流れる環状の永久電流を近似的に表現しよう[23]．電流の大きさは $J^{\mathrm{C}} = hM$ であり，$\mathbf{M}(\mathbf{x})$ の単位は $\mathbf{B}/\mu_0$ の単位と同じ A/m である．この角柱

---

[23]

$$rot\mathbf{M} = \boldsymbol{\nabla} \times \mathbf{M} = M \begin{pmatrix} \partial/\partial y \\ -\partial/\partial x \\ 0 \end{pmatrix} \theta\left(\frac{a}{2} - |x|\right) \theta\left(\frac{a}{2} - |y|\right) \theta\left(\frac{h}{2} - |z|\right)$$

ここで，$\theta(x) = \begin{cases} 1; x \geq 0 \\ 0; x < 0 \end{cases}$ は Heaviside のステップ関数である．

258　付録 A：基本的事項に関する説明

を一様な **B** の中に置くと式 (A.1)(A.2) により **B** と垂直な 2 辺は，図 A.2(d) に示したように，$ahMB$ なる大きさの力を受ける．力の和はゼロとなるがトルク（図 A.2(d) の点線を軸として角柱を回転しようとする偶力）はゼロにならない．そこで，角柱を軸の周りに 90 度回転すると 2 辺は力の方向に $a/2$ 移動するので a^2hMB の仕事が取り出せる．したがって，一様な磁束密度の中に置かれた角柱のエネルギーは，

$$U_{\text{Zeeman}} = -\boldsymbol{\mu} \cdot \mathbf{B} \tag{A.3}$$

と書ける．ここで，$\boldsymbol{\mu} = \int d^3x\, \mathbf{M}(\mathbf{x}) = a^2 J^{\mathrm{C}} \mathbf{e}_z = a^2 hM \mathbf{e}_z$ は**磁気双極子モーメント**と呼ばれ，その単位は J/T=Am^2 である．また $\mathbf{M}(\mathbf{x})$ は単位体積あたりの磁気双極子モーメントであり**磁化**と呼ばれる．

3) 磁界とはなにか

　物質を構成する原子の中には環状電流が発生している．ここで，それぞれの原子が $\mathbf{M}(\mathbf{x})$ をもち，$rot\mathbf{M}$ により環状電流 $\mathbf{j}^{\mathrm{m}}(\mathbf{x})$ が発生していると考える．しかし，図 A.2(e) から分かるように隣接する原子を流れる環状電流の影響は打ち消し合い，物質のヘリなど物質が不連続になる部分を流れる電流のみが外部に影響を与える．そこで，古典電磁気学では原子内部に流れる電流の詳細には言及せず，磁化 $\mathbf{M}(\mathbf{x})$ を物質内で連続なベクトル場として取り扱う．このことにより原子内部の永久電流の巨視的な効果のみを取り扱うことができる．

　さて，式 (A.1) における電流 $\mathbf{j}^{\text{total}}(\mathbf{x})$ には，原子内の環状電流 $\mathbf{j}^{\mathrm{m}}(\mathbf{x})$ のみでなく物体を横切って流れる巨視的な電流 $\mathbf{j}^{\mathrm{C}}(\mathbf{x})$ も含まれている．後者は原子にとらわれない自由電子によって運ばれる電流といってもよいだろう[†24]．ここで $\mathbf{j}^{\text{total}}(\mathbf{x}) = \mathbf{j}^{\mathrm{C}}(\mathbf{x}) + \mathbf{j}^{\mathrm{m}}(\mathbf{x})$ と分解して，式 (A.1a) に代入して式 (A.3) を考慮すると $rot(\mathbf{B}(\mathbf{x})/\mu_0) = \mathbf{j}^{\mathrm{C}}(\mathbf{x}) + rot\mathbf{M}(\mathbf{x})$ となる．そこで，$\mathbf{H}(\mathbf{x}) \equiv \mathbf{B}(\mathbf{x})/\mu_0 - \mathbf{M}(\mathbf{x})$ というベクトル場を定義すると以下の式を得る．

[†24] 例えば，超伝導体を磁束密度の中に置くと Meissner 効果により超伝導体中に巨視的な環状電流が流れる．この電流を $\mathbf{j}^{\mathrm{C}}$ に含めるか，$\mathbf{M}$ に含めるかについては明確な決まりはない．その結果，その人の定義によって $\mathbf{H}$ は異なるものとなる可能性があるので注意が必要である．一方，$\mathbf{B}$ の定義は一義的である．

A.1 磁化と磁界の定義　259

$$\begin{cases} rot\mathbf{H}\,(\mathbf{x}) = \mathbf{j}^{C}(\mathbf{x}) & \text{(A.4a)} \\[2mm] div\mathbf{H}\,(\mathbf{x}) = -div\mathbf{M}\,(\mathbf{x}) & \text{(A.4b)} \\[2mm] \mathbf{H}\,(\mathbf{x}) \equiv \dfrac{\mathbf{B}\,(\mathbf{x})}{\mu_0} - \mathbf{M}\,(\mathbf{x}) & \text{(A.4c)} \end{cases}$$

$\mathbf{H}\,(\mathbf{x})$ [A/m] は磁界と呼ばれる．磁界は式 (A.4a) から $\mathbf{j}^{C}\,(\mathbf{x})$ によって作られるだけでなく，式 (A.4b) から $div\mathbf{M}\,(\mathbf{x})$ によっても作られる．$-div\mathbf{M}\,(\mathbf{x})$ を磁荷と呼ぶ場合があるが磁気単極子とは異なる．

　さて，原子内には永久電流が存在するが，これが巨視的・平均的な量である磁化として観測されるためには，たくさんの原子内の環状電流が回転軸の向きを揃えて存在しなければならない（ここではスピンの寄与は無視している）．このような状態にある物質は磁化されたという．強磁性体は自発的に磁化を示す物質である．一方，銅などの常磁性体には外部から磁界を加えることにより弱い磁化が発生する．すべての物質には弱いながらも外部からの磁界を打ち消すように永久電流が発生し外部磁界と逆向きの磁化をもつ性質がある．これを反磁性という．常磁性および反磁性の磁化は印加した磁界に比例し ($\mathbf{M} = \chi\mathbf{H}$)，比例係数 χ は帯磁率と呼ばれる．

4) Maxwell 方程式

　1864〜1865 年，J. C. Maxwell は式 (A.1a) に電束密度 $\mathbf{D}$ の時間変化により生じる変位電流を加え，さらに，電磁誘導の法則と電束密度に関する Gauss の法則からなる Maxwell 方程式を以下のように提案した．

$$\begin{cases} rot\mathbf{H} - \dfrac{\partial \mathbf{D}}{\partial t} = \mathbf{j}^{C} & \text{(A.5a)} \\[2mm] div\mathbf{B} = 0 & \text{(A.5b)} \\[2mm] rot\mathbf{E} + \dfrac{\partial \mathbf{B}}{\partial t} = 0 & \text{(A.5c)} \\[2mm] div\mathbf{D} = \rho^{C} & \text{(A.5d)} \end{cases}$$

$$\begin{cases} \mathbf{H} = \dfrac{\mathbf{B}}{\mu_0} - \mathbf{M} & \text{(A.6a)} \\[2mm] \mathbf{D} = \varepsilon_0 \mathbf{E} + \mathbf{P} & \text{(A.6b)} \end{cases}$$

ここで，$\mathbf{E}$ は電界 [V/m]，$\mathbf{D}$ は電束密度 [C/m^2]，ρ^{C} は真電荷の密度 [C/m^3]，$\mathbf{j}^{C}$

260   付録 A： 基本的事項に関する説明

は巨視的な電流の密度 [A/m^2] である．これらはすべて場の量であり位置 x と時間 t の関数である．ここで，$\varepsilon_0 = \left(c^2\mu_0\right)^{-1}$ [C/(Vm)] は真空の誘電率である．

物質中では H と D は，物質の磁化 M と誘電分極 P [C/m^2] を用いて式 (A.6a)(A.6b) のように表される．特に**線形応答**の範囲では以下のようになる．

$$\begin{cases} \mathbf{j}^C = \hat{\sigma}\mathbf{E} & \text{(A.7a)} \\ \mathbf{M} = \hat{\chi}\mathbf{H} & \text{(A.7b)} \\ \mathbf{D} = \hat{\varepsilon}\mathbf{E} & \text{(A.7c)} \end{cases}$$

ここで $\hat{\sigma}, \hat{\chi}, \hat{\varepsilon}$ は**電気伝導率，帯磁率，誘電率**であり一般にはテンソルである．

式 (A.5) より，真空中では以下の電磁波に関する波動方程式を得る [25]．

$$\left(\Delta - \frac{1}{c}\frac{\partial^2}{\partial t^2}\right)\mathbf{E} = 0 \tag{A.8}$$

ここで，$c = 1/\sqrt{\mu_0\varepsilon_0}$ は真空中の光の速度である．

式 (A.5) は Faraday が提唱した近接作用の考え方が明瞭になるように微分を用いて書いてある．微分型と積分型の Maxwell 方程式は Gauss の定理と Stokes の定理によって結び付いている．以上により，電磁波の存在が予言されるとともに電磁気学は特殊相対論的に無矛盾な理論体系として完成した．

A.2　Schrödinger と Dirac の波動方程式

z 方向に進む光の平面波は式 (A.8) より $\psi(z,t) = e^{i(kz-\omega t)}$ と書ける．この式を波動方程式 $\left(\Delta - \partial^2/\partial(ct)^2\right)\psi(z,t) = 0$ に代入し，Einstein の光量子仮説 $\varepsilon = \hbar\omega$（$\varepsilon$ はエネルギー）と de Broglie の物質波の関係 $p = h/\lambda = \hbar k$ の関係を考慮すると $\varepsilon = \pm c|p|$ を得る．これは光子の分散関係である．そこで，電子の波動方程式として前述の式に定数項を加えた式 $\left(\Delta - \partial^2/\partial(ct)^2\right)\psi(z,t) = a^2\psi(z,t)$ を仮定する．この式は電磁気学のもつ特殊相対論的共変性（Lorentz 変換不変性）を保っている．この結果, 分散関係は $\varepsilon = \pm\sqrt{(ac\hbar)^2 + (cp)^2}$ となる．ここでルートの中の第 1 項が大きいとして Taylor 展開すると $\varepsilon = \pm\left(ac\hbar + cp^2/(2\hbar a)\right)$ となる．第 2 項が運動エネルギー $p^2/(2m)$ に等しいとして a を決めると $a = mc/\hbar$,

---
[25] $rot\,rot = \boldsymbol{\nabla} \times \boldsymbol{\nabla} \times = -\boldsymbol{\nabla}\cdot\boldsymbol{\nabla} + \boldsymbol{\nabla}(\boldsymbol{\nabla}\cdot)$, $\Delta \equiv \boldsymbol{\nabla}\cdot\boldsymbol{\nabla}$ を用いた．

A.2 Schrödinger と Dirac の波動方程式

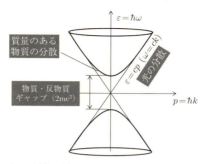

図 A.3 光の分散関係 (light cone) と自由電子の分散関係.

$\varepsilon = \pm\sqrt{(mc^2)^2 + c^2 p^2} \cong \pm\left(mc^2 + p^2/(2m)\right)$ となる．これは質量をもつ粒子（反粒子）の相対論的なエネルギーであり，質量をもつためにギャップが開いた（図 A.3）．分散関係を Taylor 展開（非相対論近似に対応）した式に基づき波動方程式を再構成すると，

$$i\hbar \frac{d}{dt} \psi(\mathbf{x}) = \left(-\frac{\hbar^2 \Delta}{2m} + u(\mathbf{x})\right) \psi(\mathbf{x}) \tag{A.9}$$

を得る．ここで非相対論的理論ではエネルギーの原点を移動してよいので静止質量の項は無視し，外部ポテンシャルの項 $u(\mathbf{x})$ を加えた．

この式は Schrödinger の波動方程式と呼ばれ，非相対論的な近似の範囲で量子力学的な粒子の運動を記述する．上式右辺の括弧の中は力学的エネルギーを運動量とポテンシャルエネルギーなどで表したものでありハミルトニアンと呼ばれ，$\hat{H}$ と書く．

一方，Taylor 展開による近似を用いないで波動方程式を書くと，$\left(\hbar^2\left(\partial_0^2 - \Delta\right) + (mc)^2\right)\psi(z,t) = 0$ となる．ここで $x^0 \equiv ct, x^1 \equiv x, x^2 \equiv y, x^3 \equiv z, \partial_\mu \equiv \partial/\partial x^\mu$ と定義した．さて，空間が d 次元（時空間は $d+1$ 次元）の場合について左辺の演算子を因数分解してみよう．

$$\left(\hbar^2\left(\partial_0^2 - \Delta\right) + m^2 c^2\right)\hat{I}$$
$$= \left(\sum_{\nu=0}^{d} \hat{\gamma}^\nu i\hbar \partial_\nu + mc\hat{I}\right)\left(-\sum_{\mu=0}^{d} \hat{\gamma}^\mu i\hbar \partial_\mu + mc\hat{I}\right)$$

上記の因数分解は $\hat{\gamma}^\mu$ が行列なら可能である．ここで $\hat{I}$ は単位行列である．こ

262 付録 A：基本的事項に関する説明

の因数分解を用いて 3 次元空間（4 次元時空）の場合について

$$\left(-\sum_{\mu=0}^{3} \hat{\gamma}^{\mu} i\hbar\partial_{\mu} + mc\hat{I}\right)\psi(x,t) = 0 \tag{A.10}$$

としたものが Dirac の相対論的波動方程式である．$\hat{\gamma}^{\mu}$ の具体的な表式は A.18
節にある．

　ここで，運動量演算子の x 表示について確認しておく．$\hat{x}$ と $\hat{p}$ の交換関係
(1.6)，および位置の基底 $\{|x\rangle\}$ の完全性と直交性を用いる．

$$\int dxdx' |x\rangle\langle x| [\hat{x},\hat{p}] |x'\rangle\langle x'| = \int dxdx' |x\rangle\langle x| i\hbar |x'\rangle\langle x'|$$

$$\left(\because \int dx |x\rangle\langle x| = 1 : 完全性\right)$$

したがって，

$$(x-x')\langle x| \hat{p} |x'\rangle = i\hbar\delta(x-x')$$

$$\left(\because \langle x \mid x'\rangle = \delta(x-x') : 直交性\right)$$

となる．$xf(x) = \delta(x)$ の解は $f(x) = -\frac{d}{dx}\delta(x)$ であることを用いて，

$$\langle x| \hat{p} |x'\rangle = \frac{\hbar}{i}\frac{d}{dx}\delta(x-x')$$

$$\therefore \hat{p} = \int dxdx' |x\rangle\langle x| \hat{p} |x'\rangle\langle x'| = \int dxdx' |x\rangle\frac{\hbar}{i}\frac{d}{dx}\delta(x-x')\langle x'|$$

$$= \int dx |x\rangle\frac{\hbar}{i}\frac{d}{dx}\langle x|$$

となる．すなわち運動量演算子の x 表示は以下の式となる．

$$\hat{p} = \frac{\hbar}{i}\frac{d}{dx} \tag{A.11}$$

A.3　Heisenberg の運動方程式と磁化の歳差運動

　力学的エネルギー $\hat{H}$，すなわち，ハミルトニアンは保存量であり時間変化
しない．またハミルトニアンと交換する物理量はエネルギーと同時に決定さ
れる量であるため，これも保存量となる．物理量の期待値の時間依存性は時

間に依存する状態ベクトルを用いて $\langle \hat{Q} \rangle = \langle \psi(t) | \hat{Q} | \psi(t) \rangle$ と書かれるが，Schrödinger 方程式から $|\psi(t)\rangle = \hat{U}(t)|\psi(0)\rangle$, $\hat{U}(t) = \exp\left[-i\hat{H}t/\hbar\right]$ となるので $\langle \hat{Q} \rangle = \langle \psi(0) | \hat{Q}(t) | \psi(0) \rangle$ と書くこともできる．ここで $\hat{Q}(t) \equiv \hat{U}(t)^\dagger \hat{Q} \hat{U}(t)$ は Heisenberg 描像の演算子と呼ばれる．$\hat{Q}(t)$ の満たす運動方程式は $\hat{U}(t)$ の時間依存性から以下のように簡単に求められる．

$$i\hbar \frac{d}{dt}\hat{Q}(t) = \left[\hat{Q}(t), \hat{H}\right] \tag{A.12}$$

この式は Heisenberg の運動方程式と呼ばれ，ハミルトニアンと交換しない物理量は時間変化することを表している．

物理量として磁気モーメントをとり，式 (A.5) のエネルギー（Zeeman エネルギー）をハミルトニアンと考えると $i\hbar d\boldsymbol{\mu}/dt = [\boldsymbol{\mu}, -\boldsymbol{\mu}\cdot\boldsymbol{B}]$ と書ける．ここで第 1 章 4) から $\boldsymbol{\mu} = \gamma'_J\mathbf{J}$ とし，角運動量の交換関係 (1.7) を完全反対称テンソルを用いて

$$[J_i, J_j] = i\hbar\varepsilon_{ijk}J_k \tag{A.13}$$

と書く．ε_{ijk} は以下の値をもち，ε_{ijk} を用いると外積を表すことができる．

$$\begin{cases} \varepsilon_{ijk} = \begin{cases} +1 : (i,j,k) = (1,2,3), (2,3,1), (3,1,2) \\ -1 : (i,j,k) = (3,2,1), (2,1,3), (1,3,2) \\ 0 : それ以外 \end{cases} \tag{A.14a} \\ \mathbf{A} = \sum_i A_i\mathbf{e}_i, \ \mathbf{B} = \sum_i B_i\mathbf{e}_i なら \ \mathbf{A}\times\mathbf{B} = \sum_{i,j,k} \varepsilon_{ijk}A_iB_j\mathbf{e}_k \tag{A.14b} \end{cases}$$

以上から次の運動方程式を得る．

$$\frac{d}{dt}\boldsymbol{\mu} = \gamma'_J\boldsymbol{\mu}\times\mathbf{B} \tag{A.15}$$

この式は磁気モーメントが磁界の中で．$\omega = -\mu_0\gamma'_S H$ [rad/s] の角振動数で歳差運動をすることを示しており，次に紹介する Bloch 方程式や本文にある LLG (Landau-Lifschtz-Gilbert) 方程式 (1.14) の基礎になっている．

原子の磁気モーメント $\boldsymbol{\mu}$ が環境と相互作用している場合は，式 (A.15) は修正され，以下の Bloch 方程式が用いられる．

264 付録 A : 基本的事項に関する説明

$$\frac{d}{dt}\langle\boldsymbol{\mu}\rangle = \gamma'_{\mathrm{J}}\langle\boldsymbol{\mu}\rangle \times \mathbf{B} - \frac{1}{T_1}\begin{pmatrix} 0 \\ 0 \\ \mu_z - \mu_{z,\mathrm{eq}} \end{pmatrix} - \frac{1}{T_2^*}\begin{pmatrix} \mu_x \\ \mu_y \\ 0 \end{pmatrix} \tag{A.16}$$

ここで T_1 は磁気モーメントの磁界方向成分が熱平衡の値に緩和する縦磁気緩和時間，T_2^* は磁気モーメントの磁界に垂直な成分がゼロに緩和する横磁気緩和時間である．多数の電子の集団を見る場合は各原子に加わる環境磁界が異なるために横磁気緩和時間は短くなり T_2^* となる．磁界の反転により時間発展をさかのぼるスピンエコー法を用いると環境磁界の分布の影響を打ち消して 1 原子の位相緩和時間 T_2 を測定することが可能である．Bloch 方程式では磁化の大きさと歳差運動の位相が緩和する，一方，強磁性体では外部磁界による磁気モーメントの大きさの変化は無視できるほど小さい．そこで，緩和により磁化の歳差角のみが緩和するとしたものが LLG 方程式 (1.14) である．

A.4 MOKE の 3 つの磁化配置

まず例として垂直磁化をもつ等方的なバルク物質の表面に垂直（z 軸下向き）に光が照射する場合を考える．膜内の波動方程式は

$$\left(-\Delta + \boldsymbol{\nabla}\left(\boldsymbol{\nabla}\cdot\ \right) - k_0^2\hat{\varepsilon}^r\right)\mathbf{E} = 0 \tag{A.17}$$

となる．ここで $k_0 \equiv \omega/c$，$\hat{\varepsilon}^{\mathrm{r}} \equiv \hat{\varepsilon}/\varepsilon_0$ は真空中の波数と比誘電率テンソルである．電気伝導による応答は誘電応答に含め，光学周波数では帯磁率による応答は無視できるとした．$\mathbf{E}(\mathbf{x},t) = \mathrm{Re}\,[\mathbf{E}e^{i(kz-\omega t)}]$ を代入すると，

$$\begin{pmatrix} k^2 - k_0^2\varepsilon_{xx}^{\mathrm{r}} & -k_0^2\varepsilon_{xy}^{\mathrm{r}} \\ k_0^2\varepsilon_{xy}^{\mathrm{r}} & k^2 - k_0^2\varepsilon_{xx}^{\mathrm{r}} \end{pmatrix}\begin{pmatrix} E_x \\ E_y \end{pmatrix} = 0 \tag{A.18}$$

となる．固有モードは

$$k_\pm^\nu = \nu k_0\sqrt{\varepsilon_{xx}^{\mathrm{r}} \pm i\varepsilon_{xy}^{\mathrm{r}}} \equiv \nu k_0\left(n_0 \pm \Delta n\right),\ \begin{pmatrix} E_x \\ E_y \end{pmatrix} = \begin{pmatrix} 1 \\ \pm i \end{pmatrix},\ \nu = \pm 1 \tag{A.19}$$

A.4 MOKE の 3 つの磁化配置   265

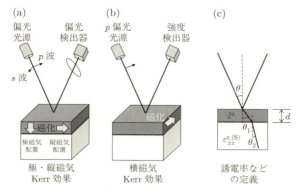

図 **A.4** MOKE の 3 つの磁化配置と各層の誘電率などの定義.

となり，円偏光である．±円偏光が入射し表面で反射した場合は界面における電界と磁界の連続から複素反射率が Fresnel の公式を用いて，

$$r_\pm = \frac{1-(n_0\pm\Delta n)}{1+(n_0\pm\Delta n)} \cong r_0\left(1\mp\frac{2\Delta n}{1-n_0^2}\right),\ r_0\equiv\frac{1-n_0}{1+n_0} \tag{A.20}$$

と求まる．直線偏光は円偏光の和なので x 偏光に対する反射電界は

$$\begin{pmatrix}E_x\\E_y\end{pmatrix} = \frac{1}{2}\left(r_+\begin{pmatrix}1\\i\end{pmatrix}+r_-\begin{pmatrix}1\\-i\end{pmatrix}\right) \cong r_0\begin{pmatrix}1\\-i\frac{2\Delta n}{1-n_0^2}\end{pmatrix}$$

$$\cong r_0\begin{pmatrix}1\\ \frac{\varepsilon_{xy}^{\rm r}}{\sqrt{\varepsilon_{xx}^{\rm r}(1-\varepsilon_{xx}^{\rm r})}}\end{pmatrix} \tag{A.21}$$

となる．効果が小さい場合，電界は複素 Kerr 回転角 $\Phi\equiv\phi_{\rm K}+i\eta_{\rm K}$ を用いて，$(E_x,E_y)=(1,\Phi)$ と書ける[26]ことから，以下のバルク表面の極磁気 Kerr 効果の公式を得る．

$$\phi_{\rm K}+i\eta_{\rm K}\cong\frac{\varepsilon_{xy}^{\rm r}}{\sqrt{\varepsilon_{xx}^{\rm r}(1-\varepsilon_{xx}^{\rm r})}} \tag{A.22}$$

同様な手順により超薄膜の場合の公式 (2.13) も得られる．

本文では最も感度の高い極磁気効果についてのみ述べたが，ここでは他の磁

---
[26]本書では光源を背にして光を見て，その電界が時計回りのとき，右楕円偏光と定義．同様に時計回りに電界が回転したときの Kerr 回転の符号を正とする．

266　付録 A : 基本的事項に関する説明

表 A.1　MOKE の 3 つの磁化配置における磁気光学効果の公式集（第 2 章の文献 [26]）.
各シンボルの定義は本文にある.

		極磁気 Kerr 効果	縦磁気 Kerr 効果	横磁気 Kerr 効果
バルク 表面	p 波	$\dfrac{\cos\theta}{\cos(\theta+\theta_1)}\Theta_{xy}$	$\dfrac{\cos\theta\tan\theta_1}{\cos(\theta+\theta_1)}\Theta_{yz}$	$-2\mathrm{Re}\left[\dfrac{\cos\theta\sin\sin\theta_1}{\cos^2\theta_1-\sin^2\theta}\Theta_{zx}\right]$
	s 波	$\dfrac{\cos\theta}{\cos(\theta-\theta_1)}\Theta_{xy}$	$-\dfrac{\cos\theta\tan\theta_1}{\cos(\theta-\theta_1)}\Theta_{yz}$	0
超薄膜	p 波	$\dfrac{\cos\theta\cos\theta_2}{\cos(\theta+\theta_2)}\Phi_{xy}$	$\dfrac{\cos\theta\sin\theta_1}{\cos(\theta+\theta_2)}\dfrac{n_s}{n_1}\Phi_{yz}$	$-2\mathrm{Re}\left[\dfrac{\cos\theta\cos\theta_2\sin\theta_1}{\cos^2\theta_2-\sin^2\theta}\dfrac{n_s}{n_1}\Phi_{zx}\right]$
	s 波	$\dfrac{\cos\theta\cos\theta_2}{\cos(\theta-\theta_2)}\Phi_{xy}$	$-\dfrac{\cos\theta\sin\theta_1}{\cos(\theta-\theta_2)}\dfrac{n_s}{n_1}\Phi_{yz}$	0

化配置についてもまとめておく. 図 A.4(a) における極磁気および縦磁気配置に
おいては反射光の偏光面の回転と楕円化が磁化状態に応じて生じる. 具体的な
表式を表 A.1 にまとめた. 表には極磁気および縦磁気光学効果については複素
Kerr 回転角が横磁気 Kerr 効果については強度変化の割合の公式が示されてい
る. 反射強度の変化率は $(I^+ - I^-)/(I^+ + I^-)$ で定義した. ここで $I^\pm$ は $\pm$
の磁化方位に対応する反射強度である. 表にある Θ_{ij} と Φ_{ij} は次のように定義
される.

$$\left\{\begin{array}{l} \Theta_{ij} \equiv \dfrac{\varepsilon_{ij}^{\mathrm{r}}}{\sqrt{\varepsilon_{xx}^{\mathrm{r}}}\left(1-\varepsilon_{xx}^{\mathrm{r}}\right)} \qquad\qquad\qquad (A.23a) \\[4mm] \Phi_{ij} \equiv -i\dfrac{4\pi d}{\lambda}\dfrac{\varepsilon_{ij}^{\mathrm{r}}}{1-\varepsilon_{xx}^{\mathrm{r,(S)}}} \qquad\qquad\quad (A.23b) \end{array}\right.$$

Θ_{xy} と Φ_{xy} は垂直入射のときのバルクと超薄膜の複素 Kerr 回転角に対応して
いる. θ_1 と θ_2 は θ と $\sqrt{\varepsilon_{xx}^{\mathrm{r}}}\sin\theta_1 = \sqrt{\varepsilon_{xx}^{\mathrm{r,(S)}}}\sin\theta_2 = \sin\theta$ という関係にあり, 一
般に複素数である. $\cos\theta_j = \sqrt{1-\sin^2\theta_j}$ であり $\sin\theta_j$ の実部は正にとる.

A.5　一般の磁化方向に対する磁気抵抗効果と異常 Hall 効果

演習問題 1.3 では磁界は膜面に垂直にかかっていると仮定されていた. 磁界が
極座標で (θ,ϕ) 方向（図 A.5(c)）を向いている場合の抵抗率テンソルは式 (1.3)
に回転行列による相似変換を施すことにより得られる. 得られた式から膜面が
x–y 平面にあり x–方向にのみ電流が流れている場合,

A.5 一般の磁化方向に対する磁気抵抗効果と異常 Hall 効果　　267

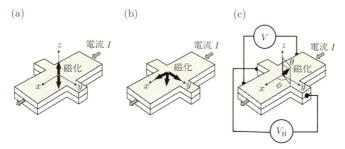

図 A.5 単層膜の磁気抵抗効果と Hall 効果. (a) 通常の磁気抵抗効果と Hall 効果を測定する配置. (b) 異方性磁気抵抗効果とプレーナー Hall 効果を測定する配置. (c) 座標のとり方.

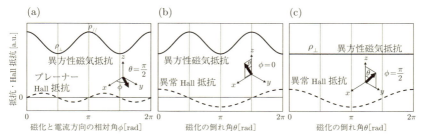

図 A.6 単層膜の磁気抵抗効果と Hall 効果. (a) 磁化を面内で回転した場合. (b) 磁荷を面直から磁化の方向に倒した場合. (c) 磁化と電流の角度を 90° としたまま磁化を回転した場合.

$$\begin{cases} V = \left(\rho_\perp + (\rho_{//} - \rho_\perp)\sin^2\theta\cos^2\phi\right)\dfrac{\ell}{wd}I & \text{(A.24a)} \\ V_\mathrm{H} = \left(\rho_H\cos\theta + \dfrac{1}{2}(\rho_{//} - \rho_\perp)\sin^2\theta\sin 2\phi\right)\dfrac{1}{d}I & \text{(A.24b)} \end{cases}$$

となる. ここで, $V, V_\mathrm{H}, I, w, d, \ell$ などの記号は 1.1.2 項 3) と同じだが, 抵抗率についてはその意味を考えて $\rho_{xx} \to \rho_\perp$, $\rho_{zz} \to \rho_{//}$, $\rho_{yx} \to \rho_H$ と置き換えた. 式 (A.24a) 第 1 項は通常の Ohm 抵抗, 第 2 項は異方性磁気抵抗効果を表す. 式 (A.24b) の第 1 項は異常 Hall 効果を, 第 2 項はプレーナー Hall 効果を表す.

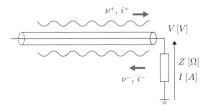

図 A.7 同軸線線路と負担抵抗.

A.6 高周波回路の考え方

GHz 帯の波長は cm 程度となる．したがって同軸ケーブルなどの波長より大きな素子は分布定数回路と考える必要がある．同軸ケーブルの芯線はインダクタ，芯線とシールド円筒との間はキャパシタンスと考える．特性インピーダンス Z_0 が 50 [Ω] のケーブルの左端に v^+ [V] の振幅の高周波電圧を印加すると $v^+/50$ [A] の電流が流れ，ケーブル中を高周波信号が伝達する．右端に達したとき，そこに 50 [Ω] の負担があれば v^+ [V] の電圧を発生し，負担に $v^+/50$ [A] の電流を流す．負担抵抗 Z が 50 [Ω] でない場合は，以下の式に従い反射波 v^- が発生して同軸ケーブルを逆行する．

$$\begin{cases} V = v^+ + v^- \\ I = i^+ - i^- \end{cases} \Rightarrow \frac{v^+ + v^-}{Z} = \frac{v^+ - v^-}{Z_0}$$
$$\therefore v^- = \frac{Z - Z_0}{Z + Z_0} v^+ \tag{A.25}$$

すなわち負担抵抗がゼロおよび無限大のときは反射率は -1 および $+1$，Z_0 に等しいときはゼロとなる．ベクトルネットワークアナライザーではこの反射振幅の周波数依存性を位相を含めて測定できる．さらに，この装置は 2 つのポートをもち，透過率の測定もできる．これらのスペクトルはポートの番号を付けて $S_{11}, S_{22}, S_{12}, S_{21}$ スペクトルと呼ばれる．前述の例では解放端のときは端子電圧は供給電圧の 2 倍になることが分かる．一方，短絡端の場合は供給点での電流が最大となる．

高周波発振器，オシロスコープなどには 50 [Ω] とインピーダンスマッチング

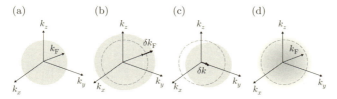

図 **A.8** Fermi 球の変形．(a) 絶対零度の Fermi 球．(b) 粒子数の増大（μ の増大）．(c) 中心のずれ（平均の速度がゼロでなくなる）．(d) 温度の上昇（Fermi 面がぼやける）．

したものとそうでないものがあるので注意を要する．例えば高インピーダンス入力のオシロスコープで 50 [Ω] 出力の発振器の出力を測定すると 2 倍になって測定される．

A.7　Boltzmann 方程式

Newton 力学では初期状態における粒子の位置 **x** と速度 **v** が分かれば将来の運動が定まる．一方，量子力学では位置 **x** と運動量 $\mathbf{p} = m\mathbf{v}\ (= \hbar\mathbf{k})$ を同時に定めることはできず，スピン軌道相互作用が小さい一様な結晶の中では量子状態は波数 **k** とスピン s のみによってよく指定され，$\{\mathbf{k}, s\}$ 状態の占有率 $f_s(\mathbf{k})$ が系の状態を表す．熱平衡状態では $f_s(\mathbf{k})$ は Fermi-Dirac の分布関数となる．

$$f_s^0(\mathbf{k}; \mu, T) = \left(1 + \exp\left[\frac{\varepsilon_{\mathbf{k},s} - \mu_{\mathrm{eq}}}{k_\mathrm{B} T}\right]\right)^{-1} \tag{A.26}$$

ここで $\varepsilon_{\mathbf{k},s}$[J] は $\{\mathbf{k}, s\}$ 状態の 1 粒子エネルギー，μ_{eq}[J] は熱平衡状態の化学ポテンシャルである．0 [K] で電子は $\varepsilon_{\mathbf{k},s} = \mu_{\mathrm{eq}}$ で定まる Fermi 面の内部に詰まる．自由電子の場合は $\varepsilon_{k_{\mathrm{F},s}} = \mu_{\mathrm{eq}}$ で決まる Fermi 波数 $k_{\mathrm{F},s}$ を半径とする Fermi 球を形成する．

乱れのある系では量子力学的な干渉長は短いため，空間的にある程度離れた系では量子力学的な遷移が独立に生じていると見ることができる．そこで，半古典的な近似として $f_s(\mathbf{k})$ をさらに位置 **x** と時間 t の関数 $f_s(\mathbf{x}, \mathbf{k}, t)$ とし，量子力学的な遷移は局所的に生じているとして扱うのが半古典的 Boltzmann 方程

270 付録 A： 基本的事項に関する説明

式の考え方である．

時刻 t においてスピンが s であり位置と波数が $\mathbf{x}, \mathbf{k}$ の近傍にある電子の数は $dN_s = (2\pi)^{-3} f_s(\mathbf{x}, \mathbf{k}, t) \, d^3x \, d^3k$ である [27]．$(2\pi)^{-3}$ の係数は長さ ℓ の領域に閉じ込められた電子の波数が $k_n = (2\pi/\ell)\, n$, $n \in$ 整数 と，とびとびになることに由来する．散乱がない場合は各スピンサブバンドごとに粒子数が保存するため連続の式 $\partial f_s/\partial t + \boldsymbol{\nabla}_x \cdot (\dot{\mathbf{x}} f_s) + \boldsymbol{\nabla}_k \cdot (\dot{\mathbf{k}} f_s) = 0$ が成り立つ [3]．ここで，$\dot{\mathbf{x}}$, $\hbar\dot{\mathbf{k}}$ はそれぞれ速度と力（＝運動量の時間変化）なので，外部磁界がない場合，

$$
\begin{cases}
\dot{\mathbf{x}} = \mathbf{v}_{\mathbf{k},s} = \boldsymbol{\nabla}_k \varepsilon_{\mathbf{k},s}/\hbar & \text{(A.27a)} \\
\hbar\dot{\mathbf{k}} = -e\mathbf{E} = e\boldsymbol{\nabla}_x \phi & \text{(A.27b)}
\end{cases}
$$

となる．$\boldsymbol{\nabla}_k \varepsilon_{\mathbf{k},s}/\hbar$ は群速度と呼ばれる (6.2)．$\mathbf{E}$, ϕ は電界と電気ポテンシャルである．上式右辺において $\dot{\mathbf{x}}$ の表式は位置を含まず，$\hbar\dot{\mathbf{k}}$ は波数を含まないので連続の式において微分の順序を交換して $\partial f_s/\partial t + \dot{\mathbf{x}} \cdot \boldsymbol{\nabla}_x f_s + \dot{\mathbf{k}} \cdot \boldsymbol{\nabla}_k f_s = 0$ とできる．さて，実際にはスピンフリップ散乱などのために各状態の占有粒子数は保存しない．この散乱は量子力学的であり局所的に生じるとして以下の Boltzmann 方程式を得る．

$$
\begin{aligned}
&\frac{\partial f_s(\mathbf{x}, \mathbf{k}, t)}{\partial t} + \frac{d\mathbf{x}}{dt} \cdot \boldsymbol{\nabla}_x f_s(\mathbf{x}, \mathbf{k}, t) + \frac{d\mathbf{k}}{dt} \cdot \boldsymbol{\nabla}_k f_s(\mathbf{x}, \mathbf{k}, t) \\
&= \left(\frac{df_s(\mathbf{x}, \mathbf{k}, t)}{dt} \right)_{\text{collision}}
\end{aligned} \tag{A.28}
$$

上式の左辺は Fermi 球の変形により生じるが，輸送現象にとって重要な変形は図にあるように粒子数の増大 $\delta\mu(\mathbf{x}, t)$，中心のずれ $\delta\mathbf{k}(\mathbf{x}, t)$，温度の上昇 $\delta T(\mathbf{x}, t)$ の 3 つによる変形である．これらの変形の程度が位置と時間に依存すると考える．変形が小さいとして線形化すると以下の近似式を得る．

$$
\begin{cases}
f_s(\mathbf{x}, \mathbf{k}, t) \cong f_s^0\left(\varepsilon_{\tilde{\mathbf{k}},s}\right) + (-\delta\mathbf{k}_s)\dfrac{\partial f_s^0}{\partial \mathbf{k}} + \delta\mu \dfrac{\partial f_s^0}{\partial \mu} + \delta T \dfrac{\partial f_s^0}{\partial T} \\[2mm]
\qquad \cong f_s^0\left(\varepsilon_{\mathbf{k},s}\right) + g_s(\mathbf{k}; \delta\mathbf{k}_s, \delta\mu_s, \delta T)\left(-\dfrac{\partial f_s^0}{\partial \varepsilon_{\mathbf{k},s}}\right) & \text{(A.29a)} \\[3mm]
g_s(\mathbf{k}; \delta\mathbf{k}_s, \delta\mu_s, \delta T) \equiv \delta\mathbf{k}_s \cdot \boldsymbol{\nabla}_k \varepsilon_{\mathbf{k},s} + \delta\mu_s + (\varepsilon_{\mathbf{k},s} - \mu_{eq})\delta T/T & \text{(A.29b)}
\end{cases}
$$

さらに簡単のために，物質は一様でありスピンスプリットした自由電子バンド

---

[27] ここでは磁化と磁界はともに z 軸方向を向いているとする．ノンコリニアーな場合はスピンの密度関数を考える必要がある（A.8 節参照）．

をもつとする.

$$\varepsilon_{\mathbf{k},s} = \frac{\hbar^2 \mathbf{k}^2}{2m} - \frac{1}{2}s\,\Delta, \ s = \pm 1 \tag{A.30}$$

絶対零度では $-df_s^0/d\varepsilon_{\mathbf{k},s} = \delta\,(\varepsilon_{\mathbf{k},s} - \mu)$ となる. すなわち Fermi 面の変形はその表面で生じる. 式 (A.29) を用いると Fermi 球の変形と電子の密度および流れの密度は以下のように結び付く.

$$\begin{cases} \text{粒子数密度}:n_s\,(\mathbf{x},t) = \dfrac{1}{(2\pi)^3} \int d^3k f_s\,(\mathbf{x},\mathbf{k},t) \cong n_{0,s} + N_\sigma\,(\mu_{\mathrm{eq}})\,\delta\mu_s \\[2mm] \hspace{9.5cm} \text{(A.31a)} \\[2mm] \text{粒子の流れの密度}:\mathbf{j}_s\,(\mathbf{x},t) = \dfrac{1}{(2\pi)^3} \int d^3k \,\mathbf{v}_{\mathbf{k},s} f_s\,(\mathbf{x},\mathbf{k},t) \cong n_{0,s}\dfrac{\hbar\delta\mathbf{k}_s}{m} \\[2mm] \hspace{9.5cm} \text{(A.31b)} \end{cases}$$

すなわち, 球が大きくなると粒子数が増え, 中心がずれると流れが生じる. ここで, $N_s\,(\mu_{\mathrm{eq}})$ は Fermi 準位における状態密度, $n_{0,s}$ は熱平衡状態におけるスピン s の粒子数密度である.

次に, 式 (A.27, 29, 30) を用いて Boltzmann 方程式 (A.28) を線形近似する. まず, 左辺は以下のように線形化される.

$$(\text{左辺}) \cong \left(\frac{\partial}{\partial t}g_s + \frac{\hbar\mathbf{k}}{m}\cdot\nabla_x\,(g_s - e\phi) \right)\left(-\frac{\partial f_s^0}{\partial \varepsilon_{\mathbf{k},s}} \right) \tag{A.32}$$

右辺には不純物による弾性散乱を考え, 量子力学的な遷移確率を適用する.

$$\left(\frac{df_s\,(\mathbf{x},\mathbf{k},t)}{dt} \right)_{\mathrm{collision}}$$
$$= \frac{1}{(2\pi)^3} \sum_{s'} \int_{-\infty}^{+\infty} d^3k' \left(\begin{array}{l} f_{s'}\,(\mathbf{x},\mathbf{k}',t)\,(1 - f_s\,(\mathbf{x},\mathbf{k},t))\,P_{\mathrm{in}}\,(\mathbf{k},\mathbf{k}',s,s') \\ -\,(1 - f_{s'}\,(\mathbf{x},\mathbf{k}',t))\,f_s\,(\mathbf{x},\mathbf{k},t)\,P_{\mathrm{out}}\,(\mathbf{k},\mathbf{k}',s,s') \end{array} \right) \tag{A.33}$$

$P_{\mathrm{in}},\,P_{\mathrm{out}}$ は $\{\mathbf{k},s\}$ 状態に入る遷移と $\{\mathbf{k},s\}$ から出る遷移の確率であり, 弾性散乱の範囲内では, 遷移行列 $\hat{T}$ を用いて以下のように書ける [4]^{†28}.

---

^{†28}ここでは $P_{\mathbf{k}\mathbf{k}'}^{ss'} = P_{\mathbf{k}'\mathbf{k}}^{s's}$ の場合を取り扱う. スピン Hall 効果がある場合は $P_{\mathbf{k}\mathbf{k}'}^{ss'} \neq P_{\mathbf{k}'\mathbf{k}}^{s's}$ となる (A.10 節参照).

272   付録 A： 基本的事項に関する説明

$$
\begin{cases}
P_{\mathrm{in}} \equiv P_{\mathbf{k}\mathbf{k}'}^{ss'} \delta\left(\varepsilon_s\left(\mathbf{k}\right) - \varepsilon_{s'}\left(\mathbf{k}'\right)\right) \\
\qquad = \dfrac{2\pi}{\hbar} \left|\left\langle \mathbf{k},s \middle| \hat{T}^+ \middle| \mathbf{k}',s' \right\rangle\right|^2 \delta\left(\varepsilon_s\left(\mathbf{k}\right) - \varepsilon_{s'}\left(\mathbf{k}'\right)\right) & \text{(A.34a)} \\
P_{\mathrm{out}} \equiv P_{\mathbf{k}'\mathbf{k}}^{s's} \delta\left(\varepsilon_{s'}\left(\mathbf{k}'\right) - \varepsilon_{s}\left(\mathbf{k}\right)\right) \\
\qquad = \dfrac{2\pi}{\hbar} \left|\left\langle \mathbf{k}',s' \middle| \hat{T}^+ \middle| \mathbf{k},s \right\rangle\right|^2 \delta\left(\varepsilon_{s'}\left(\mathbf{k}'\right) - \varepsilon_{s}\left(\mathbf{k}\right)\right) & \text{(A.34b)}
\end{cases}
$$

ここで，全粒子数は局所的に保存するので以下の式が成り立っている．

$$
\sum_s \int d^3k \left(\frac{df_s}{dt}\right)_{\mathrm{collision}} = 0 \tag{A.35}
$$

散乱項は以下のように緩和時間を用いて線形近似できる．

$$
\begin{cases}
(\text{右辺}) = -\left(\dfrac{\hbar^2 \mathbf{k}}{2m} \cdot \left(\delta\mathbf{k}_s\, {\tau'_s}^{-1} - \left(\dfrac{k_{-s}}{k_s}\right)^3 \delta\mathbf{k}_{-s}\tau_{\mathrm{mix},s}^{-1}\right)\right. \\
\qquad\qquad \left. + \left(\delta\mu_s - \delta\mu_{-s}\right)\tau_{\mathrm{sf},s}^{-1}\right)\left(-\dfrac{\partial f^0}{\partial \varepsilon_{\mathbf{k},s}}\right) & \text{(A.36a)} \\
\tau_s^{-1} \equiv N_s\left(\varepsilon_{\mathbf{k},s}\right)\left(\langle P_{\mathbf{k}\mathbf{k}'}^{ss}\rangle - \langle P_{\mathbf{k}\mathbf{k}'}^{ss}\rangle^{(1)}\right) & \text{(A.36b)} \\
\tau_{\mathrm{sf},s}^{-1} \equiv N_{-s}\left(\varepsilon_{\mathbf{k},s}\right)\langle P_{\mathbf{k}\mathbf{k}'}^{s-s}\rangle & \text{(A.36c)} \\
\tau_{\mathrm{mix},s}^{-1} \equiv N_s\left(\varepsilon_{\mathbf{k},s}\right)\dfrac{k_s}{k_{-s}}\left\langle P_{\mathbf{k}\mathbf{k}'}^{s-s}\right\rangle^{(1)} & \text{(A.36d)} \\
{\tau'_s}^{-1} \equiv \tau_s^{-1} + \tau_{sf,s}^{-1} & \text{(A.36e)} \\
\left\langle P_{\mathbf{k}\mathbf{k}'}^{ss'}\right\rangle \equiv \dfrac{1}{4\pi}\int d\Omega\, P_{\mathbf{k},\mathbf{k}'}^{ss'},\ \left\langle P_{\mathbf{k}\mathbf{k}'}^{ss'}\right\rangle^{(1)} \equiv \dfrac{1}{4\pi}\int d\Omega\ \cos\theta\, P_{\mathbf{k},\mathbf{k}'(\Omega)}^{ss'} & \text{(A.36f)}
\end{cases}
$$

ここで，τ_s，$\tau_{\mathrm{sf},s}$，$\tau_{\mathrm{mix},s}$ はスピン保存散乱，スピンフリップ散乱，および混合伝導に関する緩和時間である．また，Ω は散乱の立体角，θ は散乱角であり，$\left\langle P_{\mathbf{k}\mathbf{k}'}^{ss'}\right\rangle^{(1)}$ は前方散乱のとき正，後方散乱の場合は負となる．

式 (A.32) および式 (A.36a) を合わせると以下の 2 つの方程式を得る．

$$
\begin{cases}
\left(\dfrac{\partial}{\partial t}\delta\mu_s + \dfrac{\hbar\mathbf{k}}{m}\cdot\boldsymbol{\nabla}_x\delta\mathbf{k}_s\cdot\dfrac{\hbar^2\mathbf{k}}{m}\right)\left(-\dfrac{\partial f_s^0}{\partial\varepsilon_{\mathbf{k},s}}\right) = -\left(\delta\mu_s - \delta\mu_{-s}\right)\tau_{\mathrm{sf},s}^{-1}\left(-\dfrac{\partial f_s^0}{\partial\varepsilon_{\mathbf{k},s}}\right) \\
\hspace{12cm} \text{(A.37a)} \\
\dfrac{\hbar\mathbf{k}}{m}\cdot\boldsymbol{\nabla}_x\left(\delta\left(\mu_s - e\phi\right) + \left(\varepsilon_{\mathbf{k},s} - \mu_{\mathrm{eq}}\right)\dfrac{\delta T}{T}\right)\left(-\dfrac{\partial f_s^0}{\partial\varepsilon_{\mathbf{k},s}}\right) \\
\qquad = -\dfrac{\hbar^2\mathbf{k}}{m}\cdot\left(\delta\mathbf{k}_s{\tau'_s}^{-1} - \left(\dfrac{k_{-s}}{k_s}\right)^3\delta\mathbf{k}_{-s}\tau_{\mathrm{mix},s}^{-1}\right)\left(-\dfrac{\partial f_s^0}{\partial\varepsilon_{\mathbf{k},s}}\right) & \text{(A.37b)}
\end{cases}
$$

式 (A.37a) と (A.37b) はそれぞれ $\mathbf{k}$ について対称な式と反対称な式である．式 (A.37a) を k で積分することにより粒子数密度を，式 (A.37b) に $\mathbf{k}$ をかけて k で積分することにより粒子の流れの密度を計算すると以下の関係式を得る．

$$
\begin{cases}
\dfrac{\partial}{\partial t} n_s + div\mathbf{j}_s \cong -\left(\dfrac{n_s - n_{0,s}}{\tau_{\mathrm{sf},s}} - \dfrac{n_{-s} - n_{0,-s}}{\tau_{\mathrm{sf},-s}} \right) & \text{(A.38a)} \\[2ex]
\mathbf{j}_s \cong \dfrac{\sigma_s}{-e} grad \left(\dfrac{\bar{\mu}_s}{e} - S_s^{\mathrm{Seebeck}} T \right) + \dfrac{\sigma_{s,-s}^{\mathrm{mix}}}{-e} grad \left(\dfrac{\bar{\mu}_{-s}}{e} - S_{-s}^{\mathrm{Seebeck}} T \right) & \\[2ex]
 & \text{(A.38b)}
\end{cases}
$$

ここで，$\bar{\mu}_s = \mu_s - e\phi$ は電気化学ポテンシャル．また，$\sigma_s, S_s, \sigma_{s,-s}^{\mathrm{mix}}$ は以下に示す電気伝導率，Seebeck 係数，および混合伝導率である．

$$
\begin{cases}
\sigma_s \equiv \dfrac{e^2 n_{0,s} \tau'_s}{m} & \text{(A.39a)} \\[2ex]
\sigma_{s,-s}^{\mathrm{mix}} \equiv \dfrac{\tau'_s}{\tau_s^{\mathrm{mix}}} \sigma_{-s} & \text{(A.39b)} \\[2ex]
S_s^{\mathrm{Seebeck}} \equiv -\dfrac{\pi^2}{6e} (k_{\mathrm{B}} T)^2 \dfrac{1}{T} \dfrac{d}{d\varepsilon} \ln \sigma_s & \text{(A.39c)}
\end{cases}
$$

式の導出にあたっては以下の Sommerfeld 展開を用いた．

$$
\int_{-\infty}^{+\infty} K(\varepsilon) \left(-\frac{\partial f}{\partial \varepsilon} \right) d\varepsilon \cong K(\mu) + \frac{\pi^2}{6} (k_{\mathrm{B}} T)^2 \left. \frac{d^2 K}{d\varepsilon^2} \right|_{\varepsilon = \mu} \tag{A.40}
$$

また，Fermi 温度に比べて室温がとても小さいこと，および実験室の時間スケールに比べて電子の緩和時間がとても短いことから温度と流れの時間微分の項を無視している．式 (A.38) および式 (A.39) に現れる緩和時間などは Fermi 面における値である．

電気伝導率も Seebeck 係数もスピンに依存する．さらに，散乱に角度依存性がある場合はバルクの混合伝導率（ミキシングコンダクタンス）が現れる．式 (A.38) において混合伝導率をゼロとすると第 4 章の Valet-Fert の式 (4.8), (4.9) が導かれる．

A.8 Landauer-Bütticker 公式と Brataas のスピン流回路理論

GMR 素子などのスピントロニクス素子の膜厚は拡散長より十分に薄い場合

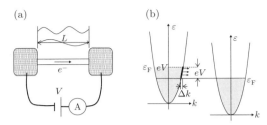

図 A.9 散乱のない 1 次元伝導体の電気伝導. (a) 電線への電極パッドと電源の接続. (b) 左右のパッドの電子状態.

が多く,この場合はむしろバリスティックな電気伝導を基本として考えることが望ましい場合がある.このような取り扱いには Landauer, Büttiker, Brattaas らが発展させた理論がある.

1) Landauer-Büttiker 公式

Landauer 公式は本シリーズの基礎編にも紹介されている.長さ ℓ の散乱のない 1 次元細線の両端に電極パッドがついている系を考える(図 A.9(a)).左のパッドから出る電子は $v_{k,s} = \hbar^{-1}\partial\varepsilon_{k,s}/\partial k$ なる群速度で右に向かい,$\ell/v_{k,s}$ [sec] の時間で細線を走り抜ける.エネルギー $\varepsilon_{k,s} \sim \varepsilon_{k,s} + d\varepsilon_{k,s}$ にある電子の数は k が $k = (2\pi/\ell)n$, $n \in$ 整数 と離散的になっていることを考慮すると $dN_L = f_s^0(\varepsilon_{k,s};\bar{\mu}_L)(\ell/2\pi)(d\varepsilon_{k,s}/dk)^{-1}d\varepsilon$ となる.ここで $f_s^0(\varepsilon_{k,s};\bar{\mu}_L)$ は電気化学ポテンシャルが $\bar{\mu}_L$ であるときの Fermi-Dirac の分布関数である.したがって左のパッドから右に向かう粒子の流れは数/時間なので,

$$dJ_{L,s} = \left(f_s^0(\varepsilon_{k,s};\bar{\mu}_L)\frac{\ell}{2\pi}\left(\frac{d\varepsilon_{k,s}}{dk}\right)^{-1}d\varepsilon\right)\left(\frac{1}{\ell}\frac{1}{\hbar}\frac{d\varepsilon_{k,s}}{dk}\right)$$
$$= \frac{1}{h}f_s^0(\varepsilon_{k,s};\bar{\mu}_L)d\varepsilon$$

となり群速度と状態密度が打ち消し合う.右のパッドからは逆向きに電流が流れるので全電流は非磁性体の場合,

$$J^C = \frac{e}{h}\sum_s\int d\varepsilon\left(f_s^0(\varepsilon_{k,s};\bar{\mu}_L) - f_s^0(\varepsilon_{k,s};\bar{\mu}_R)\right) \cong \frac{e}{h}2eV \ [A] \qquad (A.41)$$

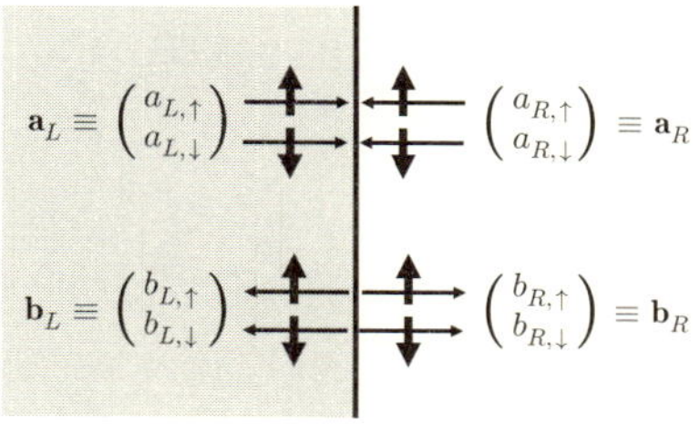

A.8 Landauer-Büttiker 公式と Brataas のスピン流回路理論　275

$$\mathbf{a}_L \equiv \begin{pmatrix} a_{L,\uparrow} \\ a_{L,\downarrow} \end{pmatrix} \qquad \begin{pmatrix} a_{R,\uparrow} \\ a_{R,\downarrow} \end{pmatrix} \equiv \mathbf{a}_R$$

$$\mathbf{b}_L \equiv \begin{pmatrix} b_{L,\uparrow} \\ b_{L,\downarrow} \end{pmatrix} \qquad \begin{pmatrix} b_{R,\uparrow} \\ b_{R,\downarrow} \end{pmatrix} \equiv \mathbf{b}_R$$

図 A.10　異種物質界面への電子の入射と反射. $a_{j,s}$, $b_{j,s}$ は入射波と出射波の振幅を表す係数.

となる. 2 の係数はスピンの自由度による. 上式では低温であるとして Fermi-Dirac の分布関数を階段関数で近似し, 印加電圧も小さいとした. ワイヤが太くなると横方向にも電子の定在波（横モード）ができる. これらのモードの分散が Fermi 準位を横切ると, 伝導に寄与するチャネルとなる. 結果的に電気伝導度は e^2/h の整数倍（チャネル数）となる. これを量子化伝導と呼ぶ [5]. さらに各チャネルにある散乱体の透過確率を考慮すると Landauer-Büttiker 公式 (4.14) を得る（第 4 章文献 [36]）.

2) 界面散乱の取り扱い

Fermi 準位付近のエネルギー ε をもつ電子状態を $a_{L,\uparrow}\psi_{L,\uparrow}^a(x)$ などと書く. a, b は入射波と反射波を L, R は左側と右側の物質内の状態であることを表す. 各波動関数は単位電流を流すように規格化しておく. すると入射波と反射波の波動関数の各係数は以下の散乱行列により結び付く.

$$\begin{pmatrix} \mathbf{b}_L \\ \mathbf{b}_R \end{pmatrix} = \begin{pmatrix} \hat{r}_{LL} & \hat{t}_{LR} \\ \hat{t}_{RL} & \hat{r}_{RR} \end{pmatrix} \begin{pmatrix} \mathbf{a}_L \\ \mathbf{a}_R \end{pmatrix} \tag{A.42}$$

ここで, $\hat{r}_{ii}$ と $\hat{t}_{ij}$ は各スピンをもつ状態の反射と透過を表す 2×2 の行列である. 簡単のために細線を 1 次元とし横モードを無視した. 電荷の保存から散乱行列はユニタリ行列となる. スピン軌道相互作用は無視する.

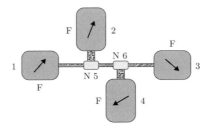

図 A.11 スピン流回路理論のモデルの例 [5]．F1 から F4 の強磁性電極パッドの間に散乱のない非磁性配線があり結合部には N5 と N6 と記されたノードがある．ノードは非磁性体でも強磁性体でもよい．

3) Brataas のスピン流回路理論

Brataas のスピン流回路理論 [5] は図 A.11 のような複雑な回路を取り扱うことができるが，その基本になるのは強磁性体と非磁性体の接合における電荷とスピンの伝導である．ここでは上記の散乱理論を Landauer-Bütticker 公式に適用してスピン流回路理論の基本公式を導く．

まず，入射波の大きさを決める．入射波を発生する物質のスピン量子化軸が z 方向であれば up spin $\mathbf{a}_{j,\uparrow} = a_{j,\uparrow}(1, 0)^t$ と down spin $\mathbf{a}_{j,\downarrow} = a_{j,\downarrow}(0, 1)^t$ の 2 つが入射モードとなる．これらの大きさ $|a_{j,\uparrow}|^2$, $|a_{j,\downarrow}|^2$ はそれぞれ状態の占有率，すなわち分布関数 $f_{j,\uparrow}$, $f_{j,\downarrow}$ に等しいと考える．このことは

$$\sum_s \mathbf{a}_{j,s}\mathbf{a}_{j,s}^\dagger = a_{j,\uparrow}\begin{pmatrix}1\\0\end{pmatrix}\left(a_{j,\uparrow}\begin{pmatrix}1\\0\end{pmatrix}\right)^\dagger$$
$$+ \left(a_{j,\downarrow}\begin{pmatrix}0\\1\end{pmatrix}\right)\left(a_{j,\downarrow}\begin{pmatrix}0\\1\end{pmatrix}\right)^\dagger$$
$$= \begin{pmatrix}|a_{j,\uparrow}|^2 & 0 \\ 0 & |a_{j,\downarrow}|^2\end{pmatrix} = \begin{pmatrix}f_{j,\uparrow} & 0 \\ 0 & f_{j,\downarrow}\end{pmatrix}$$

と表現できる．入射のスピンの量子化軸が $\mathbf{e}_j = (\sin\theta\cos\phi, \sin\theta\sin\phi, \cos\theta)$ 方向を向いている場合は $\mathbf{a}_{j,\uparrow} = a_{j,\uparrow}\left(\cos\frac{\theta}{2}, e^{i\phi}\sin\frac{\theta}{2}\right)^t$ と $\mathbf{a}_{j,\downarrow} = a_{j,\downarrow}\left(-\sin\frac{\theta}{2}, e^{i\phi}\cos\frac{\theta}{2}\right)^t$ が 2 つのモードとなる．これらの関数をスピン空間を回転するユニタリ行列

$U = \begin{pmatrix} \cos\frac{\theta}{2} & e^{-i\phi}\sin\frac{\theta}{2} \\ -\sin\frac{\theta}{2} & e^{-i\phi}\cos\frac{\theta}{2} \end{pmatrix}$ により z 方向に戻すことにより波動関数の振幅

と分布関数の密度行列との間の一般的関係を得ることができる.

$$
\begin{cases}
\begin{aligned}
\sum_s (U\mathbf{a}_{j,s})(U\mathbf{a}_{j,s})^\dagger &= a_{j,\uparrow}\begin{pmatrix}1\\0\end{pmatrix}\left(a_{j,\uparrow}\begin{pmatrix}1\\0\end{pmatrix}\right)^\dagger \\
&\quad + \left(a_{j,\downarrow}\begin{pmatrix}0\\1\end{pmatrix}\right)\left(a_{j,\downarrow}\begin{pmatrix}0\\1\end{pmatrix}\right)^\dagger \\
&= \begin{pmatrix} f_{j,\uparrow} & 0 \\ 0 & f_{j,\downarrow} \end{pmatrix}
\end{aligned} & \text{(A.43a)} \\[2mm]
\therefore \sum_s \mathbf{a}_{j,s}\mathbf{a}_{j,s}^\dagger = U^\dagger \begin{pmatrix} f_{j,\uparrow} & 0 \\ 0 & f_{j,\downarrow} \end{pmatrix} U = \hat{f}_j & \text{(A.43b)} \\[2mm]
\hat{f}_j \equiv f_j^0 \hat{\boldsymbol{\sigma}}_0 + f_j^S \mathbf{e}_j \cdot \hat{\boldsymbol{\sigma}} & \text{(A.43c)} \\[2mm]
f_j^0 \equiv \dfrac{f_{j,\uparrow}+f_{j,\downarrow}}{2}, \quad f_j^S \equiv \dfrac{f_{j,\uparrow}-f_{j,\downarrow}}{2} & \text{(A.43d)}
\end{cases}
$$

さて, 左側の電極を強磁性体, 右側を非磁性体とする. 強磁性体では磁化の方向 $\mathbf{e}_L$ に, 非磁性体では任意の方向 $\mathbf{e}_R$ に向いたスピンの蓄積が生じるとする.

ここで粒子の流れも密度行列の形で書くことにする. 図 A.10 から, 右側の物質中のエネルギー ε の粒子の流れは $\hat{J}_R(\varepsilon) = \frac{1}{h}\sum_s \left(\mathbf{b}_{R,s}\mathbf{b}_{R,s}^\dagger - \mathbf{a}_{R,s}\mathbf{a}_{R,s}^\dagger\right)$ である. ここで式 (A.40) の関係 $\mathbf{b}_{R,s} = \hat{t}_{RL}\mathbf{a}_{L,s} + \hat{r}_{RR}\mathbf{a}_{R,s}$ と式 (A.31) を使うと

$$
\begin{aligned}
\hat{J}_R(\varepsilon) &= \frac{1}{h}\sum_s \left((\hat{t}_{RL}\mathbf{a}_{L,s}+\hat{r}_{RR}\mathbf{a}_{R,s})(\hat{t}_{RL}\mathbf{a}_{L,s}+\hat{r}_{RR}\mathbf{a}_{R,s})^\dagger - \mathbf{a}_{R,s}\mathbf{a}_{R,s}^\dagger\right) \\
&= \frac{1}{h}\sum_s \left(\hat{t}_{RL}\left(\mathbf{a}_{L,s}\mathbf{a}_{L,s}^\dagger\right)\hat{t}_{RL}^\dagger + \hat{r}_{RR}\left(\mathbf{a}_{R,s}\mathbf{a}_{R,s}^\dagger\right)\hat{r}_{RR}^\dagger - \mathbf{a}_{R,s}\mathbf{a}_{R,s}^\dagger\right) \\
&= \frac{1}{h}\sum_s \left(\hat{t}_{RL}\hat{f}_L\hat{t}_{RL}^\dagger + \hat{r}_{RR}\hat{f}_R\hat{r}_{RR}^\dagger - \hat{f}_R\right) & \text{(A.44)}
\end{aligned}
$$

となる. ここで $\mathbf{a}_{L,s}\mathbf{a}_{R,s}^\dagger$ などの項は左の熱欲から飛び出した電子と右の熱欲から飛び出した電子の干渉項であるが, これらには位相関係がないとしてゼロと置いた. また, 反射率と透過率の行列は強磁性層の磁化の方向を主軸としているので以下のように書ける.

278 付録 A： 基本的事項に関する説明

$$\begin{cases} \hat{r}_{RR} \equiv r^0\hat{\sigma}_0 + r^{\mathrm{S}}\mathbf{e}_L \cdot \hat{\boldsymbol{\sigma}} & \text{(A.45a)} \\[2mm] \hat{t}_{RL} \equiv t^0\hat{\sigma}_0 + t^{\mathrm{S}}\mathbf{e}_L \cdot \hat{\boldsymbol{\sigma}} & \text{(A.45b)} \\[2mm] r_\uparrow \equiv r^0 + r^{\mathrm{S}}, \ r_\downarrow \equiv r^0 - r^{\mathrm{S}} & \text{(A.45c)} \\[2mm] t_\uparrow \equiv t^0 + t^{\mathrm{S}}, \ t_\downarrow \equiv t^0 - t^{\mathrm{S}} & \text{(A.45d)} \end{cases}$$

ここで，$r_\uparrow, r_\downarrow, t_\uparrow, t_\downarrow$ は反射率および透過率行列を対角化したときの対角要素である．

また，散乱行列のユニタリ性のために $\hat{r}_{RR}\hat{r}_{RR}^\dagger + \hat{t}_{RL}\hat{t}_{RL}^\dagger = \hat{\sigma}_0$ となり，上式を代入すると以下の関係を得る．

$$\begin{cases} |t_\uparrow|^2 + |t_\downarrow|^2 = 2\left(\left|t^0\right|^2 + \left|t^{\mathrm{S}}\right|^2\right) = 2\left(1 - \left|r^0\right|^2 - \left|r^{\mathrm{S}}\right|^2\right) = 2 - |r_\uparrow|^2 - |r_\downarrow|^2 \\[1mm] \hspace{10cm} \text{(A.46a)} \\[2mm] |t_\uparrow|^2 - |t_\downarrow|^2 = 2\left(t^0 t^{\mathrm{S}*} + t^{0*} t^{\mathrm{S}}\right) = -2\left(r^0 r^{\mathrm{S}*} + r^{0*} r^{\mathrm{S}}\right) = -|r_\uparrow|^2 + |r_\downarrow|^2 \\[1mm] \hspace{10cm} \text{(A.46b)} \end{cases}$$

以上の準備のもと，式 (A.31)–(A.33) および公式 $\hat{\sigma}_i\hat{\sigma}_j = \delta_{ij}\hat{\sigma}_0 + i\varepsilon_{ijk}\hat{\sigma}_k$ を用いると簡単だが少し長い計算の後，以下のスピン流回路の基本式を得る．

$$\begin{cases} \hat{J}_{\mathrm{N}} = \dfrac{1}{2}\left(\dfrac{J^{\mathrm{C}}}{-e}\hat{\boldsymbol{\sigma}}_0 + \dfrac{\mathbf{J}^{\mathrm{S}}}{\hbar/2}\cdot\hat{\boldsymbol{\sigma}}\right) & \text{(A.47a)} \\[3mm] J^{\mathrm{C}} = -\dfrac{1}{e}\displaystyle\int d\varepsilon\left(G^{\mathrm{C}}\left(f_{\mathrm{F}}^0 - f_{\mathrm{N}}^0\right) + G^{\mathrm{S}}\left(f_{\mathrm{F}}^{\mathrm{S}} - f_{\mathrm{N}}^{\mathrm{S}}(\mathbf{e}_{\mathrm{F}}\cdot\mathbf{e}_{\mathrm{N}})\right)\right) & \text{(A.47b)} \\[3mm] \mathbf{J}^{\mathrm{S}} = \dfrac{\hbar}{2}\dfrac{1}{e^2}\displaystyle\int d\varepsilon\left(\begin{array}{l}\left(G^{\mathrm{S}}\left(f_{\mathrm{F}}^0 - f_{\mathrm{N}}^0\right) + G^{\mathrm{C}}\left(f_{\mathrm{F}}^{\mathrm{S}} - f_{\mathrm{N}}^{\mathrm{S}}(\mathbf{e}_{\mathrm{F}}\cdot\mathbf{e}_{\mathrm{N}})\right)\right)\mathbf{e}_{\mathrm{F}} \\ -2f_{\mathrm{N}}^{\mathrm{S}}\mathrm{Re}\left[G_{\uparrow\downarrow}\right](\mathbf{e}_{\mathrm{F}}\times(\mathbf{e}_{\mathrm{N}}\times\mathbf{e}_{\mathrm{F}})) + 2f_{\mathrm{N}}^{\mathrm{S}}\mathrm{Im}\left[G_{\uparrow\downarrow}\right](\mathbf{e}_{\mathrm{N}}\times\mathbf{e}_{\mathrm{F}})\end{array}\right) \\[1mm] \hspace{10cm} \text{(A.47c)} \end{cases}$$

上式において J^{C} と $\mathbf{J}^{\mathrm{S}}$ は電荷電流およびスピン流である．また添え字を R，L から F (Ferromag) と N (Nonmag) に変えた．$G_\uparrow, G_\downarrow, G^{\mathrm{C}}, G^{\mathrm{S}}, G_{\uparrow\downarrow}$ はそれぞれ up spin の伝導度，down spin の伝導度，電荷伝導度，スピン流伝導度，ミキシング伝導度 [29] と呼ばれ，以下の式で定義した．

---

[29] ここに現れたミキシング伝導度は A.7 節に現れたバルクのミキシング伝導率とは異なる．

$$\begin{cases} G_\uparrow \equiv \dfrac{e^2}{h}\,|t_\uparrow|^2\,, G_\downarrow \equiv \dfrac{e^2}{h}\,|t_\downarrow|^2\,, & \text{(A.48a)} \\[2mm] G^{\mathrm{C}} \equiv \dfrac{e^2}{h}\left(|t_\uparrow|^2 + |t_\downarrow|^2\right) = \dfrac{e^2}{h}2\left(\left|t^0\right|^2 + \left|t^S\right|^2\right) & \text{(A.48b)} \\[2mm] G^{\mathrm{S}} \equiv \dfrac{e^2}{h}\left(|t_\uparrow|^2 - |t_\downarrow|^2\right) = \dfrac{e^2}{h}2\left(t^0\bar{t}^{\mathrm{S}} + \bar{t}^0 t^{\mathrm{S}}\right) & \text{(A.48c)} \\[2mm] G_{\uparrow\downarrow} \equiv \dfrac{e^2}{h}\left(1 - r_\uparrow^* r_\downarrow\right) = \dfrac{e^2}{h}\left(1 - \left|r^0\right|^2 + \left|r^{\mathrm{S}}\right|^2 + \bar{r}^0 r^{\mathrm{S}} - \bar{r}^{\mathrm{S}} r^0\right) & \text{(A.48d)} \end{cases}$$

式から見て明らかなように非磁性体にスピン蓄積があるとミキシング電導度は強磁性体の磁化と垂直方向のスピン流を注入する．ミキシング電導度の実部はスピントランスファーに虚部はフィールドライクトルクに寄与する．

実際の素子では非磁性体中のスピン蓄積は複数の強磁性体からのスピン注入と非磁性体内部でのスピン緩和の平衡により定まる．いくつもの接合がある回路では各ノードのスピン蓄積を未知数として連立方程式を解く．このことにより各回路の電流とスピン流を求めることができる．これがノンコリニアーな磁化配置に適用可能な Brataas のスピン流回路理論である．

A.9 スピン波とマグノン

原子列にある原子がスピン角運動量 S をもち，最近接原子間に交換相互作用 (1.13) が働くときのハミルトニアンは

$$\begin{aligned} \hat{H}_{\mathrm{Heisenberg}} &= -2\frac{J_{\mathrm{ex}}}{\hbar^2}\sum_i \hat{\mathbf{S}}_i \cdot \hat{\mathbf{S}}_{i+1} \\ &= -2\frac{J_{\mathrm{ex}}}{\hbar^2}\sum_i \left(\frac{\hat{S}_i^+ \hat{S}_{i+1}^- + \hat{S}_i^- \hat{S}_{i+1}^+}{2} + \hat{S}_{z,i}\hat{S}_{z,i+1}\right) \end{aligned} \qquad \text{(A.49)}$$

であり，スピン演算子の各成分は通常の角運動量の交換関係を満たす．i 番目のスピン関数の固有状態を $|S, S_z\rangle_i$ とする．$\hat{S}^\pm \equiv \hat{S}_x \pm i\hat{S}_y$ を定義すると $\hat{S}^\pm |S, S_z\rangle \propto |S, S_z \pm \hbar\rangle$ となる．ここで強磁性状態 $|\Phi_F\rangle$ はすべてのスピンが飽和した状態 $|\Phi_F\rangle = |S, S_z\rangle_0 \dots |S, S_z\rangle_i |S, S_z\rangle_{i+1} \dots$ と書け $J_{\mathrm{ex}} > 0$ なら基底状態となる．したがって，$|\Phi_j\rangle = \hat{S}_j^- |\Phi_F\rangle$ は j 番目のスピンの z 成分を $S - \hbar$ にした励起状態である．スピン波はこの励起を結晶全体に波として拡げることに

280 付録 A：基本的事項に関する説明

より得られる.

$$
\begin{cases}
|\Phi_k\rangle = \sum_j e^{ik_n ja} |\Phi_j\rangle & \text{(A.50a)} \\[2ex]
\hat{H}_{\text{Heisenberg}} |\Phi_k\rangle = \left(\dfrac{4S}{\hbar} J_{\text{ex}}(1 - \cos k_n a) - 2\dfrac{S^2}{\hbar^2} N J_{\text{ex}} \right) |\Phi_k\rangle & \text{(A.50b)}
\end{cases}
$$

上式は $k_n = 2\pi n/L$, $n \in Int.$ であればハミルトニアンの固有状態になっている. ここで a, $L = aN$ はそれぞれ格子定数と原子列の長さである. この励起スペクトルを与える演算子 $\hat{S}^{\pm}$ を Holstein-Primakoff 変換し Boson 化することによりマグノンが得られる. マグノンの成り立ち（$-\hbar$ の局所励起が元）から分かるように 1 つのマグノンは $-\hbar$ の角運動量を運ぶ. 強磁性体のマグノンは $k = 0$ 近傍で 2 次関数的な分散をもつ. 低エネルギー励起の場合は交換相互作用以外に双極子相互作用が重要となり分散関係が変化する [6]. DMI がある場合は分散関係が k の方向に線形にシフトする [7].

A.10　スピン Hall 効果と逆スピン Hall 効果

第 1 章の図 1.15(a, b) に示したように，スピン軌道相互作用のある物質に電流（スピン流）を流すとそれとは垂直な方向にスピン流（電流）が発生する. 以下ではこの（逆）スピン Hall 効果を簡単な量子力学的過程として考察する.

自由電子バンドをもつ非磁性体の伝導電子が不純物によるスピン軌道相互作用を伴う散乱を受ける場合を取り扱う [8]. すなわち母材にはスピン軌道相互作用はなく，不純物のみがスピン軌道相互作用をもつと考える. スピンの量子化軸の方向は z 軸方向でありこれに垂直な面内の伝導を考える. ハミルトニアンは，

$$
\begin{cases}
\hat{H} = \dfrac{\hat{p}^2}{2m} + \sum_j u_{\text{imp}}\delta\left(\mathbf{x} - \mathbf{x}_j\right) + \hat{u}_{\text{SO}}\left(\mathbf{x} - \mathbf{x}_j\right) & \text{(A.51a)} \\[2ex]
\hat{u}_{\text{SO}}\left(\mathbf{x}\right) = \eta_{\text{SO}}\hat{\boldsymbol{\sigma}} \cdot \left[\left(\boldsymbol{\nabla} \sum_j u_{\text{imp}}\delta\left(\mathbf{x} - \mathbf{x}_j\right) \right) \times \hat{\boldsymbol{p}} \right] & \text{(A.51b)}
\end{cases}
$$

となる. ここで $u_{\text{imp}}[\text{Jm}^3]$ と $\mathbf{x}_j$ はデルタ関数で近似した不純物の散乱ポテンシャルとその中心座標である. $\eta_{\text{SO}} = \hbar/(2mc)^2 \ [\text{m}^2/(\text{Js})]$ はスピン軌道相互作用パラメーターである.

この項は side jump 機構により速度の期待値に異常速度 $\omega_{\mathbf{k},s}$ を与える．異常速度は，電流がある場合に Fermi 球を k 空間でさらにシフトすることなく Hall 電流を与える．電子の速度は Heisenberg の運動方程式から，

$$
\begin{cases}
\dfrac{d\mathbf{x}}{dt} = \dfrac{1}{i\hbar}\left[\mathbf{x},\hat{H}\right] = \dfrac{\hat{\mathbf{p}}}{m} + \eta_{\mathrm{SO}}\left[\sigma \times \boldsymbol{\nabla}u\right] & \text{(A.52a)} \\[3mm]
\omega_{\mathbf{k},\sigma} \equiv \langle \eta_{\mathrm{SO}}\left[\hat{\sigma}\times\boldsymbol{\nabla}u\right]\rangle = \theta_{\mathrm{SH}}^{\mathrm{SJ}}\left(\boldsymbol{\sigma}_{ss}\times\dfrac{\hbar\mathbf{k}}{m}\right) & \text{(A.52b)} \\[3mm]
\theta_{\mathrm{SH}}^{\mathrm{SJ}} \equiv \dfrac{\hbar/\tau_s}{4mc^2} & \text{(A.52c)}
\end{cases}
$$

と求まり，異常速度が現れる．上式における期待値は u_{imp} による散乱を Born 近似で取り入れた状態についての散乱体の分布に対する平均である．ここに現れた $\theta_{\mathrm{SH}}^{\mathrm{SJ}}$ はサイドジャンプ機構により発生するスピン Hall 角，$\boldsymbol{\sigma}_{ss} = s\mathbf{e}_z$ はスピンの方向ベクトルである．

$\tau_s \equiv \left[(2\pi/\hbar)\,n_{\mathrm{imp}}u_{\mathrm{imp}}^2 N_s\right]^{-1} \equiv \left[W^2 N_s\left(\varepsilon\right)\right]^{-1}$ は不純物による散乱時間であり，式中の n_{imp} は不純物の密度である．

一方，式 (A.39) の散乱ポテンシャルは skew scattering 機構により散乱確率に以下の項を与える [8]．

$$
P_{\mathrm{out}} \equiv W^2 \left(
\begin{array}{c}
\delta_{ss'} + \hbar^2\eta_{\mathrm{SO}}^2\left|(\mathbf{k}'\times\mathbf{k})\cdot\sigma_{ss'}\right|^2 \\
-2\pi\hbar\eta_{\mathrm{SO}}u_{\mathrm{imp}}N_s\left(\varepsilon_s\left(\mathbf{k}\right)\right)\delta_{ss'}\left(\mathbf{k}'\times\mathbf{k}\right)\cdot\sigma_{ss'}
\end{array}
\right) \delta\left(\varepsilon_s\left(\mathbf{k}\right) - \varepsilon_{s'}\left(\mathbf{k}'\right)\right)
$$

$$\text{(A.53)}$$

P_{in} については第 3 項が符号を変えるので注意を要する．この式を用いると x–y 面内の流れに対する Boltzmann 方程式 (A.37) は以下のように修正される．ただし，式 (A.53) ではスピン軌道相互作用の 2 次以上の項を無視した．

282   付録 A：基本的事項に関する説明

$$
\left\{
\begin{aligned}
&\left(\frac{\partial \delta\mu_s}{\partial t} + \frac{\hbar\mathbf{k}}{m}\cdot\boldsymbol{\nabla}_x\delta\mathbf{k}_s\cdot\frac{\hbar^2\mathbf{k}}{m}\right)\left(-\frac{\partial f^0}{\partial\varepsilon_{\mathbf{k},s}}\right) = -\left(\delta\mu_s - \delta\mu_{-s}\right)\tau^{-1}_{-s,s}\left(-\frac{\partial f^0}{\partial\varepsilon_{\mathbf{k},s}}\right) \\
&\hspace{7cm}\text{(A.54a)} \\[4pt]
&\frac{\hbar\mathbf{k}}{m}\cdot\boldsymbol{\nabla}_x\left(\delta\bar\mu_s - eS_s\delta T\right)\left(-\frac{\partial f^0}{\partial\varepsilon_{\mathbf{k},s}}\right) \\
&= -\tau^{-1}_s\frac{\hbar^2}{m}\delta\mathbf{k}_s\cdot\left(\mathbf{k} + s\theta^{\mathrm{SS}}_{\mathrm{SH}}\left(\mathbf{e}_z\times\mathbf{k}\right)\right)\left(-\frac{\partial f^0}{\partial\varepsilon_{\mathbf{k},s}}\right) \hspace{1.5cm}\text{(A.54b)} \\[4pt]
&\tau^{-1}_{-s,s}\left(\mathbf{k}\right) = \tau^{-1}_{-s}\frac{1}{3}\hbar^2 k^2_s\eta^2_{\mathrm{SO}}\left(k^2 + k^2_z\right) \hspace{2.6cm}\text{(A.54c)} \\[4pt]
&\theta^{\mathrm{SS}}_{\mathrm{SH}}\left(\varepsilon_{\mathbf{k}}\right) = \frac{2\pi}{3}\hbar\eta_{\mathrm{SO}}u_{\mathrm{imp}}N_s\left(\varepsilon\right)k^2 \hspace{2.7cm}\text{(A.54d)}
\end{aligned}
\right.
$$

式 (A.54a) を k で積分すると，式 (A.38a) と同じ結果を得る．このとき，スピン軌道相互作用によるスピン緩和時間が具体的に $\tau^{-1}_{\mathrm{sf,s}} = 4\tau^{-1}_{-s}\eta^2_{\mathrm{SO}}/9$ と見積もられる [8].

式 (A.54b) に $\mathbf{k}$ をかけて積分することにより分布関数の熱平衡からのずれが求まる．この分布関数を用いて $\langle\hbar\mathbf{k}/m + \omega_{\mathbf{k},s}\rangle$ を求めることにより以下の粒子の流れの駆動に関する式が得られる．式はサイドジャンプとスキュー散乱の寄与を含んでいるが，散乱ポテンシャルをデルタ関数で近似したために混合伝導率は現れない．

$$
\left\{
\begin{aligned}
&\mathbf{j}_{//,s} = (1 + s\theta_{\mathrm{SH}}\mathbf{e}_z\times)\frac{\sigma_s}{-e}\boldsymbol{\nabla}_{//}\left(\delta\bar\mu_s/e - S_s\delta T\right) \\
&\boldsymbol{\nabla}_{//} \equiv (\partial/\partial x, \partial/\partial y, 0) \\
&\theta_{\mathrm{SH}} \equiv \theta^{\mathrm{SJ}}_{\mathrm{SH}} + \theta^{\mathrm{SS}}_{\mathrm{SH}}\left(\mu_{eq}\right)
\end{aligned}
\right. \hspace{2cm}\text{(A.55)}
$$

ここで，$\mathbf{j}^C_{//,s}$ は x–y 面内の電子の流れの密度である．この結果，電流とスピン流は以下のように変換される．

$$
\left\{
\begin{aligned}
&\frac{\mathbf{j}^C_{//}}{-e} = \theta_{\mathrm{SH}}\mathbf{e}_z\times\frac{\mathbf{j}^S_{//}}{\hbar/2} + \frac{1}{-e}\sigma\nabla_{//}\left(\delta\bar\mu_s/e - S_s\delta T\right)：逆スピン\ \mathrm{Hall}\ 効果 \\[6pt]
&\frac{\mathbf{j}^S_{//}}{\hbar/2} = \theta_{\mathrm{SH}}\mathbf{e}_z\times\frac{\mathbf{j}^C_{//}}{-e}：スピン\ \mathrm{Hall}\ 効果
\end{aligned}
\right.
$$

$$
\text{(A.56)}
$$

式を見て明らかなように $\theta_{\mathrm{SH}}\neq 0$ の場合，電流はスピン流を作り（スピン Hall 効果），スピン流は電流を生じる（逆スピン Hall 効果）．

A.11 スピントルクがあるときの一般化 Thiele 方程式

　非磁性金属薄膜と強磁性金属薄膜が積層された構造を考える．膜の特性は一様である．強磁性層の膜厚 d は小さいので膜厚方向には磁気構造をもたないとする．面内方向には磁壁などの磁気テクスチャ $\mathbf{n}(x,y,t)$ を作る．$\mathbf{n}(x,y,t)$ は (x,y,t) における磁化の方向ベクトルである．この膜に電流や外部磁界を加えたときの LLG 方程式は以下のようになる．

$$
\begin{cases}
\dfrac{d\mathbf{n}}{dt} = \gamma \mathbf{n} \times \mathbf{H}_{\text{eff}} + \alpha \mathbf{n} \times \dfrac{d\mathbf{n}}{dt} + \dfrac{\gamma}{\mu_0 M_{\text{s}}} \boldsymbol{\tau} & \text{(A.57a)} \\[2mm]
\mathbf{H}_{\text{eff}}(\mathbf{x}, t; [\mathbf{n}]) = -\dfrac{1}{\mu_0 M_{\text{s}}} \dfrac{\delta U}{\delta \mathbf{n}} & \text{(A.57b)}
\end{cases}
$$

ここで，$\boldsymbol{\tau}$ はスピントルク密度 $[\mathrm{J/m^3}]$ (4.30)，U は磁気的なエネルギー密度 $[\mathrm{J/m^3}]$ であり $\mathbf{n}(x,y,t)$ の汎関数である．M_{s} は飽和磁化であり定数とする．$\mathbf{n}(x,y,t)$ は集団座標 $\boldsymbol{\xi}(t) = (\xi_1(t), \xi_2(t), \ldots)$ の関数であるとして集団座標が満たす運動方程式を導こう（第 4 章文献 [63]）．

　まず，LLG 方程式 (A.57a) に $\int d^3x \, \dfrac{\partial \mathbf{n}}{\partial \xi_\mu} \cdot \mathbf{n} \times$ を作用させる．

$$
\int d^3x \, \frac{\partial \mathbf{n}}{\partial \xi_\mu} \cdot \left(\mathbf{n} \times \frac{d\mathbf{n}}{dt} \right)
$$
$$
= \int d^3x \, \frac{\partial \mathbf{n}}{\partial \xi_\mu} \cdot \left(\mathbf{n} \times \left(\gamma \mathbf{n} \times \mathbf{H}_{\text{eff}} + \alpha \mathbf{n} \times \frac{d\mathbf{n}}{dt} + \frac{\gamma}{\mu_0 M_{\text{s}}} \boldsymbol{\tau} \right) \right)
$$

次に恒等式 $\mathbf{A} \cdot (\mathbf{B} \times \mathbf{C}) = \mathbf{C} \cdot (\mathbf{A} \times \mathbf{B})$, $\mathbf{A} \times (\mathbf{B} \times \mathbf{C}) = \mathbf{B}(\mathbf{A} \cdot \mathbf{C}) - \mathbf{C}(\mathbf{A} \cdot \mathbf{B})$ を用いて整理する．

$$
\int d^3x \, \mathbf{n} \cdot \left(\frac{d\mathbf{n}}{dt} \times \frac{\partial \mathbf{n}}{\partial \xi_\mu} \right)
$$
$$
= \int d^3x \, \frac{\partial \mathbf{n}}{\partial \xi_\mu} \cdot \left(\gamma \left(\mathbf{n}(\mathbf{n} \cdot \mathbf{H}_{\text{eff}}) - \mathbf{H}_{\text{eff}} \right) + \alpha \left(\mathbf{n} \left(\mathbf{n} \cdot \frac{d\mathbf{n}}{dt} \right) - \frac{d\mathbf{n}}{dt} \right) \right.
$$
$$
\left. + \frac{\gamma}{\mu_0 M_{\text{s}}} \mathbf{n} \times \boldsymbol{\tau} \right)
$$

さらに $\dfrac{\partial \mathbf{n}}{\partial \xi_\mu} \cdot \mathbf{n} = \dfrac{d\mathbf{n}}{dt} \cdot \mathbf{n} = 0$, $\dfrac{d\mathbf{n}}{dt} = \sum_\mu \dfrac{\partial \xi_\mu}{\partial t} \dfrac{\partial \mathbf{n}}{\partial \xi_\mu}$, および $\int d^3x \, \dfrac{\partial \mathbf{n}}{\partial \xi_\mu} \cdot \mathbf{H}_{\text{eff}} = -\dfrac{1}{\mu_0 M_s} \dfrac{\partial U}{\partial \xi_\mu}$ を考慮して，以下の式を得る．

284 付録 A : 基本的事項に関する説明

$$\left(\hat{G} - \hat{\Gamma}\right) \frac{\partial \xi}{\partial t} - \frac{\partial U}{\partial \boldsymbol{\xi}} - \int d^3 x \, \frac{\partial \mathbf{n}}{\partial \boldsymbol{\xi}} \cdot (\mathbf{n} \times \boldsymbol{\tau}) = 0 //$$

ここで，$\hat{G}, \hat{\Gamma}$ は式 (4.32) で定義された行列である．

ここでスピントルクの式 (4.30) を代入する．

$$\int d^3 x \, \frac{\partial \mathbf{n}}{\partial \xi_\mu} \cdot (\mathbf{n} \times \boldsymbol{\tau})$$

$$= \frac{\mu_0 M_{\mathrm{s}}}{-\gamma} \int d^3 x \, \frac{\partial \mathbf{n}}{\partial \xi_\mu} \cdot \left(\mathbf{n} \times \left(\begin{array}{l} \left(1 - \beta^{\mathrm{STT}} \mathbf{n} \times\right) \left(\mathbf{v}_{\mathrm{STT}} \cdot \boldsymbol{\nabla}\right) \mathbf{n} \\ + \left(1 - \beta^{\mathrm{SOT}} \mathbf{n} \times\right) \mathbf{n} \times \left(\frac{\mathbf{v}_{\mathrm{SOT}}}{d_{\mathrm{FM}}} \times \mathbf{n}\right) \end{array} \right) \right)$$

$\mathbf{n} \times \mathbf{n} \times \mathbf{n} \times \mathbf{A} = \mathbf{n} \times (\mathbf{n} \, (\mathbf{n}\mathbf{A}) - \mathbf{A}) = -\mathbf{n} \times \mathbf{A}$ などの恒等式を用いると以下の式を得る．

$$\int d^3 x \, \frac{\partial \mathbf{n}}{\partial \xi_\mu} \cdot (\mathbf{n} \times \boldsymbol{\tau})$$

$$= \sum_j \frac{\mu_0 M_{\mathrm{s}}}{-\gamma} \int d^3 x \left(\begin{array}{l} -\mathbf{n} \cdot \left(\frac{\partial \mathbf{n}}{\partial \xi_\mu} \times \frac{\partial \mathbf{n}}{\partial x_j}\right) \mathbf{v}_{\mathrm{STT,j}} + \beta^{\mathrm{STT}} \frac{\partial \mathbf{n}}{\partial \xi_\mu} \cdot \frac{\partial \mathbf{n}}{\partial x_j} \mathbf{v}_{\mathrm{STT,j}} \\ -\mathbf{n} \cdot \left(\frac{\partial \mathbf{n}}{\partial \xi_\mu} \times \frac{\mathbf{e}_j}{d_{\mathrm{FM}}}\right) (\mathbf{e}_j \cdot \mathbf{v}_{\mathrm{SOT}}) + \beta^{\mathrm{SOT}} \frac{\partial \mathbf{n}}{\partial \xi_\mu} \cdot \frac{\mathbf{e}_j}{d_{\mathrm{FM}}} (\mathbf{e}_j \cdot \mathbf{v}_{\mathrm{SOT}}) \end{array} \right)$$

$$\equiv -\hat{G}^{\mathrm{STT}} \mathbf{v}_{\mathrm{STT}} + \hat{\Gamma}^{\mathrm{STT}} \mathbf{v}_{\mathrm{STT}} - \hat{G}^{\mathrm{SOT}} \mathbf{v}_{\mathrm{SOT}} + \hat{\Gamma}^{\mathrm{SOT}} \mathbf{v}_{\mathrm{SOT}}$$

ここで $\hat{G}^{\mathrm{STT}}, \hat{\Gamma}^{\mathrm{STT}}, \hat{G}^{\mathrm{SOT}}, \hat{\Gamma}^{\mathrm{SOT}}$ は式 (4.32) で定義された行列である．

以上より集団座標 $\boldsymbol{\xi}$ に関する運動方程式 (4.31) を以下のように得た．

$$\left(\hat{G} - \hat{\Gamma}\right) \frac{\partial \boldsymbol{\xi}}{\partial t} - \frac{\partial U}{\partial \boldsymbol{\xi}} + \left(\hat{G}^{\mathrm{STT}} - \hat{\Gamma}^{\mathrm{STT}}\right) \mathbf{v}_{\mathrm{STT}} + \left(\hat{G}^{\mathrm{SOT}} - \hat{\Gamma}^{\mathrm{SOT}}\right) \mathbf{v}_{\mathrm{SOT}} = 0 //$$

$$\tag{A.58}$$

G, Γ が集団座標の関数である場合は運動方程式は非線形であることに注意する必要がある．

A.12 スピントルクがあるときのマクロスピンの Fokker-Planck 方程式

熱アシスト磁化反転の反転時間の確率分布は以下の Fokker-Planck 方程式を

A.13 スピントルク発振の複素数表示 **285**

歳差運動の一周期について平均した上で Kramers の方法を適用して積分することにより得られる [9].

$$
\begin{cases}
\dfrac{\partial p\left(\mathbf{n}, t\right)}{\partial t} + \boldsymbol{\nabla}_{\mathbf{n}} \cdot \mathbf{J}\left(\mathbf{n}, t\right) = 0 & \text{(A.59a)} \\[3ex]
\begin{aligned}
&\mathbf{J}\left(\mathbf{n}, t\right) \\[1ex]
&= \dfrac{\gamma}{1+\alpha^2}\left(
\begin{array}{l}
\left(1+\alpha\mathbf{n}\times\right)\left(\mathbf{n}\left(\mathbf{x}, t\right)\times\mathbf{H}_{\mathrm{eff}}\left(\mathbf{x}, t\right) + \frac{1}{\mu_0 M_s}\,\boldsymbol{\tau}_{\mathrm{STT}}\left(\mathbf{x}, t\right)\right) \\[1ex]
+\alpha\frac{k_{\mathrm{B}}T}{\mu_0 M_s}\mathbf{n}\times\left(\mathbf{n}\times\boldsymbol{\nabla}_{\mathbf{n}}\right)
\end{array}
\right) p\left(\mathbf{n}, t\right)
\end{aligned} & \text{(A.59b)}
\end{cases}
$$

ここで $p\left(\mathbf{n}, t\right)$ は磁化が $\mathbf{n}$ 方向を向く確率密度，$\mathbf{J}\left(\mathbf{n}, t\right)$ は確率の流れであり，第1 および 2 項はそれぞれドリフト流と拡散流である．演算子は極座標で書くと

$$
\begin{cases}
\boldsymbol{\nabla}_{\mathbf{n}} \cdot = \left(\dfrac{1}{\sin\theta}\dfrac{\partial}{\partial\theta}\sin\theta,\ \dfrac{1}{\sin\theta}\dfrac{\partial}{\partial\phi}\right) & \text{(A.60a)} \\[3ex]
\boldsymbol{\nabla}_{\mathbf{n}} = \left(\dfrac{\partial}{\partial\theta},\ \dfrac{1}{\sin\theta}\dfrac{\partial}{\partial\phi}\right) & \text{(A.60b)}
\end{cases}
$$

である．

A.13 スピントルク発振の複素数表示

円柱対称性をもつスピントルク発振素子の磁化が z 軸の周りで歳差運動を示すとき，以下の式が成り立つ．

$$
\begin{cases}
c \equiv \dfrac{S_x - i S_y}{\sqrt{2S\left(S + S_z\right)}} & \text{(A.61a)} \\[3ex]
\dfrac{dc}{dt} \cong -\left(i\Omega + \alpha_- - \alpha_+ + f_{\mathrm{noise}}\right)c + f_{\mathrm{ext}} & \text{(A.61b)}
\end{cases}
$$

c は発振の強度と位相を 1 つの複素数で表している．$\Omega,\ \alpha_-,\ \alpha_+,\ f_{\mathrm{noise}}$ の具体的な表式は以下の通りである．

286 付録 A : 基本的事項に関する説明

$$
\left\{
\begin{array}{ll}
\Omega\left(p\right) = \dfrac{1}{1+\alpha^2}\left(-\gamma H_{\mathrm{eff}}\left(p\right) - \dfrac{\tau_{\mathrm{FLT}}\left(p\right)}{s} + \alpha\dfrac{\tau_{\mathrm{STT}}\left(p\right)}{s}\right) & \text{(A.62a)} \\[3mm]
\alpha_-\left(p\right) = \dfrac{1}{1+\alpha^2}\alpha\left(1-p\right)\left(\gamma H_{\mathrm{eff}}\left(p\right) + \dfrac{\tau_{\mathrm{FLT}}\left(p\right)}{s}\right) & \text{(A.62b)} \\[3mm]
\alpha_+\left(p\right) = -\dfrac{1}{1+\alpha^2}\left(1-p\right)\dfrac{\tau_{\mathrm{ST}}\left(p\right)}{s} & \text{(A.62c)} \\[3mm]
p = |c|^2 & \text{(A.62d)}
\end{array}
\right.
$$

ここで分母にある $s = -\mu_0 M_s/\gamma$ は磁化自由層のスピン密度である．Ω, α_-, α_+ が $p = |c|^2$ の関数になっていることが分かる．

式 (A.61) で表された一般の STO について以下のノイズを仮定する．

$$
\left\{
\begin{array}{ll}
f_{\mathrm{noise}}\left(t\right) = \sqrt{\dfrac{\alpha}{1+\alpha^2}\dfrac{k_{\mathrm{B}}T}{2S}}\dfrac{1}{\sqrt{p}}\left(i\dfrac{1}{\sqrt{1-p}}f_{s,\phi}\left(t\right) + \sqrt{1-p}f_{s,\theta}\left(t\right)\right) & \\[3mm]
& \text{(A.63a)} \\[3mm]
\left\langle f_{s,i}\left(t+t_0\right)f_{s,j}\left(t\right)\right\rangle = \delta_{ij}\delta\left(t_0\right) & \text{(A.63b)}
\end{array}
\right.
$$

ここで，S は磁化自由層の全角運動量である．ノイズは素子のエネルギー分布が Boltzmann 分布となるように作られている．このノイズにより以下のように発振出力と位相に揺らぎが生じる．

$$
\left\{
\begin{array}{ll}
\left\langle\left(\dfrac{\delta p}{p}\right)^2\right\rangle = 2t_{\mathrm{dd}}\displaystyle\int_{-\infty}^{+\infty}dt\,\left\langle\mathrm{Re}\left[f_{\mathrm{noise}}\left(0\right)\right]\mathrm{Re}\left[f_{\mathrm{noise}}\left(t\right)\right]\right\rangle & \text{(A.64a)} \\[3mm]
\left\langle\phi\left(t\right)^2\right\rangle = 2D_{\mathrm{phase}}t + 2D_{\mathrm{amplitude}}\left(t - t_{\mathrm{dd}}\right) \approx 2Dt & \text{(A.64b)} \\[3mm]
D_{\mathrm{phase}} = \dfrac{1}{2}\displaystyle\int_{-\infty}^{+\infty}dt_0\,\left\langle\mathrm{Im}\left[f_{\mathrm{noise}}\left(0\right)\right]\mathrm{Im}\left[f_{\mathrm{noise}}\left(t_0\right)\right]\right\rangle & \text{(A.64c)} \\[3mm]
D_{\mathrm{amplitude}} = \dfrac{1}{2}\nu^2\displaystyle\int_{-\infty}^{+\infty}dt_0\,\left\langle\mathrm{Re}\left[f_{\mathrm{noise}}\left(0\right)\right]\mathrm{Re}\left[f_{\mathrm{noise}}\left(t_0\right)\right]\right\rangle & \text{(A.64d)}
\end{array}
\right.
$$

ここで δp はパワーの揺らぎ，ϕ は発振の位相である．発振の半値幅 (FWHM) は $2D/\pi$ となる．この結果，式 (4.42) が得られる．

A.14 スピン依存伝導における Onsager 係数

温度 T_0 の熱浴に接する微小な系を考える．T, u, $energy$, s は系の温度，内部エネルギー密度，全エネルギー密度，およびエントロピー密度である．系は

外部から熱 Q と仕事 W を受け取る．$-Q$ は熱浴に放出される熱であり，$-Q$ すべてがエントロピー生成に寄与すると考えると系と熱浴のエントロピー生成の和は $\Delta S = \Delta s - Q/T$ となる．スピン軌道相互作用が小さくスピンによりバンドが指定されるとする．局所熱平衡の仮定（第 4 章文献 [136]）から $\Delta u = T\Delta s + \sum_s \mu_s \Delta n_s$ が成り立つと考える．以上から系と熱浴のエントロピー生成の和は以下のようになる．

$$\frac{\partial S}{\partial t} = \frac{\partial s}{\partial t} + div\frac{\mathbf{j}^Q}{T} = \frac{1}{T}\frac{\partial u}{\partial t} - \frac{1}{T}\sum_s \bar{\mu}_s \frac{\partial n_s}{\partial t} + \frac{1}{T}div\mathbf{j}^Q + \mathbf{j}^Q \cdot \boldsymbol{\nabla}\frac{1}{T} \quad (A.65)$$

ここで $\mathbf{j}^Q$ は熱流の密度である．エネルギーの流れ $\mathbf{j}^E$ は熱流と仕事の流れ $\sum_s \bar{\mu}_s \mathbf{j}_s$ の和であり（$\mathbf{j}^E = \mathbf{j}^Q + \sum_s \bar{\mu}_s \mathbf{j}_s$），系のエネルギー密度は内部エネルギー密度とポテンシャルエネルギー密度の和である（$energy = u + \sum_s (-e)\phi n_s$）．この関係を代入しエネルギー保存則を用いると以下の式を得る．

$$\frac{\partial S}{\partial t} = \sum_s \mathbf{j}_s \cdot \left(-T^{-1}\boldsymbol{\nabla}\bar{\mu}_s\right) + \mathbf{j}^Q \cdot \boldsymbol{\nabla}T^{-1} + \sum_s \left(-T^{-1}\right)\bar{\mu}_s \left(\frac{\partial n_s}{\partial t} + \boldsymbol{\nabla}\cdot\mathbf{j}_s\right)$$

ここで $j_s^{\mathrm{sf}} \equiv \partial n_s/\partial t + \boldsymbol{\nabla}\cdot\mathbf{j}_s$ はスピンがフリップすることによるスピンサブバンド間の粒子の流れと見ることができる．$j_+^{\mathrm{sf}} = -j_-^{\mathrm{sf}}$ なので $j^{\mathrm{sf}} \equiv j_+^{\mathrm{sf}}$ とおいて，

$$\frac{\partial S}{\partial t} = \sum_s \mathbf{j}_s \cdot \left(-T^{-1}\boldsymbol{\nabla}\bar{\mu}_s\right) + \mathbf{j}^Q \cdot \nabla T^{-1} + j^{sf}\left(-T^{-1}\left(\bar{\mu}_+ - \bar{\mu}_-\right)\right) \quad (A.66)$$

となる．以上より，$\{\mathbf{j}_+, -T^{-1}\boldsymbol{\nabla}\bar{\mu}_+\}$，$\{\mathbf{j}_-, -T^{-1}\boldsymbol{\nabla}\bar{\mu}_-\}$，$\{\mathbf{j}^Q, \boldsymbol{\nabla}T^{-1}\}$，$\{j^{\mathrm{sf}}, -T^{-1}\left(\bar{\mu}_+ - \bar{\mu}_-\right)\}$ の 4 組を熱力学的な力とそれに伴う流れとみなすことができる．最後の組については

$$j^{\mathrm{sf}} = -L_{44}\frac{1}{T}\left(\bar{\mu}_+ - \bar{\mu}_-\right) = -\frac{N_+}{\tau_{\mathrm{sf},+}}\left(\bar{\mu}_+ - \bar{\mu}_-\right) \tag{A.67}$$

が成り立つ．

A.15 Rashba ハミルトニアン

運動量 $\mathbf{p} = \hbar\mathbf{k}$ で運動している電子が一様な電界の中にある．運動している電子から見ると，電界を作る原因となっている電荷が運動し，電流とそれに伴う磁界を作っていることになる．このため電子は以下の Zeeman エネルギーを

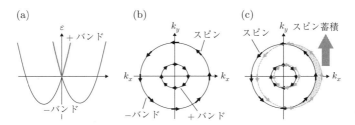

図 A.12 Rashba 2 次元電子ガスのバンド分散．(a) $k_y = 0$ のエネルギーバンド図．$+(-)$ バンドは Rashba 項のエネルギー固有値が $+(-)$ の場合に対応する．(b) エネルギーが正の等エネルギー平面で切ったときのバンドとスピンの向き．エネルギーが負の平面で切るとスピンの回転方向は同じになる．

もつ．

$$\hat{H}_{\mathrm{R}} = \alpha_{\mathrm{R}} \hat{\sigma} \cdot (\mathbf{k} \times \mathbf{e}_z) \tag{A.68}$$

$\hat{H}_{\mathrm{R}}[\mathrm{J}]$, $\alpha_{\mathrm{R}}[\mathrm{Jm}]$ は Rashba 相互作用ハミルトニアンと Rashba 定数，$\mathbf{e}_z$ は電界の方向ベクトルである．例えば物質の表面やヘテロ界面には対称性の破れから面に垂直な電界があり $\hat{H}_{\mathrm{R}}$ が生じると考えられる．半導体の場合，α_{R} は原子のスピン軌道相互作用に比例し，バンドギャップ（s 軌道と p 軌道のエネルギー差）に反比例する量になる [10]．

2 次元自由電子ガスが作るスピン縮退した伝導バンドの固有状態を $|k_x, k_y\rangle |\uparrow\rangle$, $|k_x, k_y\rangle |\downarrow\rangle$, エネルギーを $\varepsilon_k = (\hbar k)^2 / (2m)$ と書く（ただし，$k = \sqrt{k_x^2 + k_y^2}$）．ここに式 (A.68) の Rashba 相互作用を加えた全ハミルトニアン（Rashba ハミルトニアン）は容易に対角化でき，そのエネルギーと固有状態は以下のようになる．

$$\begin{cases} \varepsilon_k^\pm = \varepsilon_k^{(0)} \pm \alpha_{\mathrm{R}} k & (\mathrm{A.69a}) \\ |k_x, k_y\rangle_\pm = |k_x, k_y\rangle \left(\dfrac{1}{\sqrt{2}} |\uparrow\rangle \pm \dfrac{1}{\sqrt{2}} \dfrac{-ik_x + k_y}{\sqrt{k_x^2 + k_y^2}} |\downarrow\rangle \right) & (\mathrm{A.69b}) \end{cases}$$

式 (A.69a) で $k_y = 0$ とおくと，

$$\varepsilon_k^\pm = \frac{\hbar^2}{2m} k_x^2 \pm \alpha_{\mathrm{R}} |k_x| = \frac{\hbar^2}{2m} \left(k_x \pm \frac{m \alpha_R}{\hbar^2} \right)^2 - \frac{m}{2\hbar^2} \alpha_{\mathrm{R}}^2 \tag{A.70}$$

A.16 微分幾何 **289**

となり，k_x が $\pm m\alpha_R/\hbar^2$ シフトし，エネルギーが $m\alpha_R^2/(2\hbar^2)$ 下がったバンドが形成されることが分かる（図 A.12(a) 参照）．また，本文の式 (1.8) と比べるとスピンは 2 次元面内を向き（$\theta = \pi/2$），その面内方向 ϕ は波数ベクトルの方向で決まっていることが分かる（スピン運動量ロッキング）．波数ベクトルとスピンの向きの関係を図 A.12(b) に示した．

この物質に散乱を伴う電流が流れると Fermi 面が図 A.12(c) のように横にずれる．このとき，図に影で示した部分の電子が増えるがスピン運動量ロッキングのためにこの部分はスピン偏極している．結果としてスピン蓄積が発生すると考えられる．これが Rashba-Edelstein 効果である（第 4 章文献 [42]）．

A.16 微分幾何

本書で微分幾何を使うわけではないが微分幾何学は一般相対論 [11] のみでなくゲージ理論，Berry 位相などの基礎となっておりこの概念を知っておくと Berry 位相の考え方を受け入れやすくなる．（以下の記法は田村英一氏のノートに準拠．）

ベクトル空間の基底を $\{|\xi_i\rangle\}$ とし，一般のベクトルを $|\xi\rangle = c^i |\xi_i\rangle$，$c^i \in \mathrm{Re}$ と書く．ここで 2 度現れた添え字については和をとることとし，シグマ記号を省略した（Einstein の規則）．双対空間の基底 $\{\langle\eta^i|\}$ を

$$\langle\eta^i \mid \xi_j\rangle = g_j^i \tag{A.71}$$

で定義する．ただし，$g_j^i = \delta_{ij}$ は Kronecker のデルタである．$\langle\eta^i|$ で張られる空間を双対空間と呼ぶ．

ここで，$|\xi_i\rangle$ を空間内の方向ベクトル，$dx^i |\xi_i\rangle$ を微小変位として，その長さ（距離：ds）を

$$ds^2 = \left(dx^i \langle\xi_i|\right)\left(dx^j |\xi_j\rangle\right) \equiv dx^i g_{ij} dx^j \tag{A.72}$$

と定義する．ここに現れた $g_{ij} \equiv \langle\xi_i \mid \xi_j\rangle \in Re$ は一般に位置 x_i の関数であり計量テンソルと呼ばれる．

290   付録 A : 基本的事項に関する説明

例) Minkovski 空間

特殊相対論の成り立つ時空間は Minkovski 空間であり，以下の計量テンソルで特徴付けられる．計量テンソルは位置に依存せず平坦な空間である．

$$
\begin{cases}
ds^2 = c^2 dt^2 - dx^2 - dy^2 - dz^2 \equiv dx^\mu g_{\mu\nu} dx^\nu \\
(g_{\mu\nu}) \equiv
\begin{pmatrix}
1 & 0 & 0 & 0 \\
0 & -1 & 0 & 0 \\
0 & 0 & -1 & 0 \\
0 & 0 & 0 & -1
\end{pmatrix}
= (g_{\mu\nu})^{-1} \equiv g^{\mu\nu}
\end{cases}
$$

一般の空間に 2 つの基底 $|\xi_i\rangle$ と $|\bar{\xi}_i\rangle$ を考えると微小変位 $dx^i |\xi_i\rangle$ は $dx^i \xi_i\rangle = d\bar{x}^i |\bar{\xi}_i\rangle = dx^j \left(\partial \bar{x}^i / \partial x^j\right) |\bar{\xi}_i\rangle$ と変換するので．

$$
\begin{cases}
d\bar{x}^i = \dfrac{\partial \bar{x}^i}{\partial x^j} dx^j & \text{(A.73a)} \\[2mm]
|\bar{\xi}_i\rangle = \dfrac{\partial x^j}{\partial \bar{x}^i} |\xi_j\rangle & \text{(A.73b)} \\[2mm]
\dfrac{\partial x^k}{\partial \bar{x}^i} \dfrac{\partial \bar{x}^j}{\partial x^k} = g_i^j & \text{(A.73c)}
\end{cases}
$$

となる．ここで，$\partial x^j / \partial \bar{x}^i$ で変換する $|\xi_j\rangle$ のようなベクトルを共変ベクトル，その逆行列 $\partial \bar{x}^i / \partial x^j$ で変換する dx^j のようなベクトルを反変ベクトルと呼び，それぞれ添え字を下と上に書く．例えば $\bar{A}_{ij} = \left(\partial x^l / \partial \bar{x}^i\right) \left(\partial x^m / \partial \bar{x}^j\right) A_{lm}$ なら A_{lm} は共変テンソルと呼ばれる．反変テンソルについても同様に定義する．

基底の取り換えで空間の関数 $\phi(x)$ が値を変えないならスカラーと呼ぶ．スカラーの反変座標による微分は以下のように共変ベクトルとなるので微分の添え字を下に書く．

$$
\frac{\partial \phi}{\partial \bar{x}^i} = \frac{\partial x^j}{\partial \bar{x}^i} \frac{\partial \phi}{\partial x^j} \Rightarrow \frac{\partial \phi}{\partial x^j} \equiv \partial_j \phi \equiv \phi_{,j} \tag{A.74}
$$

ベクトルの微分はテンソルにならない．そこでまず基底を位置 x から $x + dx$ へ平行移動することについて考える．位置 x と $x + dx$ では基底が異なるので $|\xi_i(x + dx)\rangle$ を $|\xi_i(x)\rangle$ で展開することはできない．しかし，空間の曲がりがなめらかなら

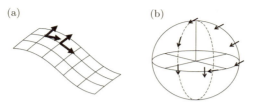

図 A.13 (a) 曲がった空間では各点ごとに基底ベクトルをとる必要がある．(b) 球面上のベクトルの平行移動．北極からベクトルを 2 つの経路で平行移動すると異なる結果を得る．

$$\left| \xi_i \left(x^j + dx^j \right) \right\rangle = |\xi_i(x)\rangle + dx^j \Gamma_{ij}^k |\xi_k(x)\rangle + O\left((dx)^2\right) \quad (\text{A.75})$$

とできる．ここに現れた $\Gamma_{ij}^k = \langle \eta^k | \partial_i | \xi_j \rangle$ は Christoffel 記号または接続と呼ばれる．ベクトルを $A^i |\xi_i\rangle$ と書けば $d\left(A^i |\xi_i\rangle\right) = dx^j \left(\partial_j A^i |\xi_i\rangle + A^i \Gamma_{ij}^k |\xi_k\rangle\right)$ となることからベクトルの共変微分 D_j を以下のように定義する．

$$D_j A^i \equiv \partial_j A^i + A^k \Gamma_{jk}^i \quad (\text{A.76})$$

$D_j A^i$ がテンソルとなることが示せる（この場合は共変と反変を含むので混合テンソル）．また，Christoffel 記号が計量テンソルを用いて以下のように表されることも示すことができる．

$$\Gamma_{jk}^i = \frac{1}{2} g^{im} \left(g_{mj,k} + g_{mk,j} - g_{jk,m} \right) \quad (\text{A.77})$$

Riemann の曲率テンソルは $R_{ijk}^m = \Gamma_{ik,j}^m - \Gamma_{ij,k}^m + \Gamma_{ik}^n \Gamma_{nj}^m + \Gamma_{ij}^n \Gamma_{nk}^m$ で定義され V_k を任意のベクトルとして Ricci の恒等式 $[D_j, D_k] A_i = -R_{ijk}^m A_m$ を満たす．すなわち共変微分は一般に交換しない．これは経路によってベクトルの平行移動が異なる結果を与えることに対応する．Riemann の曲率テンソルを縮約することによって Ricci テンソル $R_{ij} \equiv R_{ijk}^k$ と Gauss 曲率 $K \equiv g^{ij} R_{ij}/2$ が得られる．質量のない空間における Einstein 方程式は $R_{ij} = 0$，多面体に関する Euler 指数は $\chi = \frac{1}{2\pi} \int_M dA\, K$ である（Gauss-Bonnet の定理）．ただし，$\int_M dA$ は多様体上の積分である．

292　付録 A：基本的事項に関する説明

A.17　ゲージ原理とゲージ場

量子力学の波動関数には位相因子 $e^{i\theta}$ だけの不確定性がある．一方，物理法則は局所的であるとの考えから θ として時空間の各点ごとに異なる値をとってもよいとするのがゲージ原理 [12] であり，波動関数に $e^{i\theta(x,t)}$ をかけることを局所ゲージ変換と呼ぶ[†30]．量子力学的運動方程式および観測できる物理量は局所ゲージ変換に対して不変でなければならない．

Schrödinger の波動方程式（A.2 節）は局所ゲージ変換に対して形を変えてしまう．一方，電磁界中の電子の Schrödinger 方程式は以下の式で表される．

$$\left(i\hbar\frac{\partial}{\partial t} + e\phi\right)\Psi(x,t) = \frac{1}{2m}\left(\frac{\hbar}{i}\boldsymbol{\nabla} + e\mathbf{A}\right)^2\Psi(x,t) \tag{A.78}$$

ここで，ϕ, $\mathbf{A}$ は電磁ポテンシャルであり $\mathbf{E} = -\boldsymbol{\nabla}\phi - \partial\mathbf{A}/\partial t$, $\mathbf{B} = rot\mathbf{A}$ である．波動関数の局所ゲージ変換を行うと式 (A.64) は以下のようになる．

$$\left(i\hbar\frac{\partial}{\partial t} + e\phi'\right)\Psi(x,t) = \frac{1}{2m}\left(\frac{\hbar}{i}\boldsymbol{\nabla} + e\mathbf{A}'\right)^2\Psi(x,t) \tag{A.79a}$$

$$\phi' \equiv \phi - \frac{\partial}{\partial t}\frac{\hbar\theta}{e} \tag{A.79b}$$

$$\mathbf{A}' \equiv \mathbf{A} + \boldsymbol{\nabla}\frac{\hbar\theta}{e} \tag{A.79c}$$

式 (A.79b) (A.79c) は電磁ポテンシャルのゲージ変換であり電磁ポテンシャルのゲージ変換不変性から電磁界中の電子の Schrödinger 方程式はゲージ変換不変となる．電子の運動方程式に対するゲージ原理の要請を満たすように現れたので電磁場をゲージ場と呼ぶ．式 (A.78) は微分 $(\partial_{ct}, \partial_x, \partial_y, \partial_z)$ を共変微分 (D_{ct}, D_x, D_y, D_z) で置き換えたものであると見ると，$ie\mathbf{A}/\hbar$ は微分幾何における Christoffel 記号の類似物であり A.19 節で定義される Berry 接続に対応する．

A.18　$\hat{\gamma}$ 行列の Dirac 表現，Weyl 表現と 2 次元表現

A.2 節において因数分解によって Dirac 方程式 $(-\hat{\gamma}^\mu i\hbar\partial_\mu + mc)\psi = 0$ を導い

[†30]これに対して位置によらない位相 $e^{i\theta}$ を書けることを大域的ゲージ変換と呼び電荷保存則が導かれる．

たが，このためには $\hat{\gamma}^{\mu}$ 行列が以下の反交換関係を満たす必要がある．

$$[\hat{\gamma}^{\mu}, \hat{\gamma}^{\nu}]_+ \equiv \hat{\gamma}^{\mu}\hat{\gamma}^{\nu} + \hat{\gamma}^{\nu}\hat{\gamma}^{\mu} = 2g^{\mu\nu}\hat{I} \tag{A.80}$$

ここで $\hat{I}$ は単位行列，$g^{\mu\nu}$ は Minkovski 空間の計量テンソル（A.16 節）である．
このような $\hat{\gamma}^{\mu}$ の組は無限にあるが以下にいくつかの例を示す（第 6 章文献 [4]）．

1) Dirac 表現

$$\hat{\gamma}^0 = \begin{pmatrix} \hat{\sigma}_0 & 0 \\ 0 & -\hat{\sigma}_0 \end{pmatrix}, \ \hat{\gamma}^j = \begin{pmatrix} 0 & \hat{\sigma}_j \\ -\hat{\sigma}_j & 0 \end{pmatrix} \tag{A.81}$$

とすると 3 次元空間（4 次元時空）における Dirac 電子の相対論的な波動方程式が得られる．ここで $\hat{\sigma}_0$ は 2×2 の単位行列，$\hat{\sigma}_j : (j = x, y, z)$ は Pauli 行列である．したがって $\hat{\gamma}^{\mu}$ は 4×4 の行列であり対応する波動関数は 4 成分をもつ．第 1, 2 (3, 4) 成分は正（負）のエネルギーの波動関数であり電子（その反粒子）に対応する．第 1, 3 (2, 4) 成分は up (down) spin に対応する．相対的に共変な形式とすることによりスピンをもつ粒子の波動関数が自然に得られた．自由粒子の運動方程式は時間反転対称性と空間反転対称性をもつ．

2) Weyl 表現（Massless Dirac Fermion/Weyl 粒子）

$$\hat{\gamma}^0 = \begin{pmatrix} 0 & \hat{\sigma}_0 \\ \hat{\sigma}_0 & 0 \end{pmatrix}, \ \hat{\gamma}^j = \begin{pmatrix} 0 & \hat{\sigma}_j \\ -\hat{\sigma}_j & 0 \end{pmatrix} \tag{A.82}$$

$m = 0$ なら 4 成分の式は 2 つに分離し Weyl 方程式のハミルトニアンを得る．

$$\hat{H} = \mp\hat{\boldsymbol{\sigma}} \cdot c\hat{\mathbf{p}} \tag{A.83}$$

解は 2 成分の波動関数で線形な分散をもつ．マイナス（プラス）の符号はスピンの向きと電子の進行方向が平行（半平行）な右巻き（左巻）の Weyl 粒子に対応する．光速度 c をバンド電子の群速度 v に変えることにより 3 次元物質中の Massless Dirac Fermion（右巻きと左巻が k 空間で分離する場合は Weyl 準粒子

294   付録 A : 基本的事項に関する説明

と呼ばれることもある）に対するモデルハミルトニアンになる．自由な粒子の
ハミルトニアンはカイラルである．

3) 2 次元表現 (massive Dirac Fermion)

2 次元空間の場合は $\hat{\gamma}^\mu$ を 2×2 の行列とできる（第 6 章文献 [4]）．

$$\begin{cases} \hat{\gamma}^0 = \hat{\sigma}_z, \hat{\gamma}^1 = i\hat{\sigma}_y, \hat{\gamma}^2 = -i\hat{\sigma}_x & \text{(A.84a)} \\ \hat{H} = mc^2\hat{\sigma}_z + \hat{\sigma}_x c\hat{p}_x + \hat{\sigma}_y c\hat{p}_y & \text{(A.84b)} \end{cases}$$

このモデルは c を固体中の電子の群速度 v に変えることにより $m \to \pm 0$ の極限
ではグラフェンなど 2 次元物質中の massless Dirac Fermion のモデルハミルト
ニアンとなる．

A.19　Berry 位相

ハミルトニアン $\hat{H}$ がパラメーター $\mathbf{X}$ の関数であるとするとその固有状態（ベ
クトル）も $\mathbf{X}$ の関数となる．

$$\hat{H}(\mathbf{X})|\psi_n(\mathbf{X})\rangle = \varepsilon_{\underline{n}}(\mathbf{X})|\psi_n(\mathbf{X})\rangle \tag{A.85}$$

パラメーター空間の一点において固有ベクトル $|\psi_n(\mathbf{X})\rangle$ を基底とすることを
考える．基底については直交性と完全性を仮定する．$\langle \psi_n(\mathbf{X}) \mid \psi_{n'}(\mathbf{X}) \rangle = \delta_{nn'}$,
$\sum_n |\psi_n(\mathbf{X})\rangle \langle \psi_n(\mathbf{X})| = 1$.

パラメーター空間の各点 $\mathbf{X}$ に無限個の基底 $\{|\psi_n(\mathbf{X})\rangle; \ n = 1, 2, \ldots\}$ が対応す
るが，n 番目の基底のみが張るベクトル場に限定して以下のように距離 ds を定
義する [13].

$$\begin{cases} ds^2 = 1 - |\langle \psi_n(\mathbf{X} + d\mathbf{X}) \mid \psi_n(\mathbf{X}) \rangle|^2 = \sum_{i,j} dX_i g_{ij}^{(n)} dX_j & \text{(A.86a)} \\ \hat{Q}^{(n)} \equiv 1 - |\psi_n(\mathbf{X})\rangle \langle \psi_n(\mathbf{X})| & \text{(A.86b)} \\ g_{ij}^{(n)} \equiv \mathrm{Re}\left[\langle \partial_i \psi_n(\mathbf{X})| \hat{Q} |\partial_j \psi_n(\mathbf{X})\rangle\right] & \text{(A.86c)} \\ \Omega_{ij}^{(n)} \equiv -2\mathrm{Im}\left[\langle \partial_i \psi_n(\mathbf{X})| \hat{Q} |\partial_j \psi_n(\mathbf{X})\rangle\right] & \text{(A.86d)} \end{cases}$$

$\hat{Q}^{(n)}, g_{ij}^{(n)}, \Omega_{ij}^{(n)}$ はそれぞれ射影演算子，計量，および，Berry 曲率である．定

義からこれらの量がゲージ不変であり観測可能な量であることは明らかである. ベクトルの平行移動は以下のように定義される（第6章文献 [1–3]）.

$$
\begin{cases}
|\psi_n(\mathbf{X} + d\mathbf{X})\rangle = |\psi_n(\mathbf{X})\rangle - i \sum_j dk_j |\psi_n(\mathbf{X})\rangle A_j^{(n)}(\mathbf{X}) & \text{(A.87a)} \\
A_j^{(n)}(\mathbf{X}) \equiv i \langle \psi_n(\mathbf{X})| \, \partial_j |\psi_n(\mathbf{X})\rangle & \text{(A.87b)} \\
\Omega_{ij}^{(n)}(\mathbf{X}) = \partial_i A_j^{(n)} - \partial_j A_i^{(n)} = i \left(\langle \partial_i \psi_n | \partial_j \psi_n \rangle - \langle \partial_j \psi_n | \partial_i \psi_n \rangle \right) & \text{(A.87c)} \\
D_j^{(n)} \equiv \partial_j - i A_j^{(n)} & \text{(A.87d)}
\end{cases}
$$

$A_j^{(n)}$ は Berry 接続と呼ばれ，ゲージに依存する．式 (A.87c) は式 (A.86) の定義から容易に導かれる.

$\partial_j \langle \psi_n(\mathbf{X})| \hat{H}(\mathbf{X}) |\psi_{n'}(\mathbf{X})\rangle = 0$ を用いると Berry 曲率を以下のように書くことができる.

$$
\Omega_{ij}^{(n)} = i \sum_{n' \neq n} \frac{\langle \psi_n| \left(\partial_i \hat{H} \right) |\psi_{n'}\rangle \langle \psi_{n'}| \left(\partial_j \hat{H} \right) |\psi_n\rangle - [i \leftrightarrow j]}{\left(\varepsilon_n - \varepsilon_{n'} \right)^2} \tag{A.88}
$$

式からすぐに分かるように異なるバンドのエネルギーが接近すると分母が小さくなり Berry 曲率が大きくなる．その極端な例が Dirac 点（縮退した点）をもつバンドである．また，式 (A.88) より

$$
\sum_n \Omega_{ij}^{(n)} = 0 \tag{A.89}
$$

が成り立つ.

$\mathbf{X}$ を時間の関数として Schrödinger 方程式の解を $|\psi(t)\rangle = c_n(t) |\psi_n(\mathbf{k}(t))\rangle$ と展開すると Schrödinger 方程式は

$$
i\hbar \left(\frac{dc_n}{dt} |\psi_n\rangle + c_n \sum_{j,m} \frac{dX_j}{dt} |\psi_m\rangle \langle \psi_m| \, \partial_j |\psi_n\rangle \right) = c_n \varepsilon_n |\psi_n\rangle
$$

となる．初期状態が n であり状態がバンド n にとどまる（断熱近似）として時間で積分すると,

$$
\begin{aligned}
\ln c_n &= \int_0^t dt \left(\frac{\varepsilon_n}{i\hbar} - \sum_j \frac{dX_j}{dt} \langle \psi_n| \, \partial_j |\psi_n\rangle \right) \\
&= -i \int_0^t \frac{\varepsilon_n}{\hbar} dt + i \int_{\mathbf{X}(0)}^{\mathbf{X}(t)} d\mathbf{X} \cdot \mathbf{A}^{(n)}
\end{aligned}
$$

となる．第 1 項は通常の位相項である．これに対して第 2 項は空間の曲がりと関係しているため幾何学的位相と呼ばれる．特に $\mathbf{X}(0) = \mathbf{X}(t)$ となるように経路を選ぶと k による積分は周回積分になり幾何学的位相はゲージ変換不変となる．

$$\gamma^{(n)} \equiv \oint d\mathbf{X} \cdot \mathbf{A}^{(n)} \tag{A.90}$$

$\gamma^{(n)}$ は実数であり Berry 位相と呼ばれる．簡単のためにパラメーター空間が 3 次元であるとする．このとき，$\Omega_{ij}^{(n)} = \varepsilon_{ijk} B_k^{(n)}$ により曲率ベクトル $\mathbf{B}^{(n)}$ を定義すると Stokes の定理より，

$$\gamma^{(n)} \equiv \oint d\mathbf{X} \cdot \mathbf{A}^{(n)} = \int d\mathbf{S} \cdot rot\mathbf{A}^{(n)} = \int d\mathbf{S} \cdot \mathbf{B}^{(n)} \tag{A.91}$$

となり，Berry 位相は曲率ベクトルのパラメーター空間内の面積分により得られる．

例 1) Aharonov-Bohm 効果

A.16 節においてパラメーターを空間座標 x とすると Berry 接続に対応するのは $\mathbf{A}^{(n)} = (-e)\mathbf{A}/\hbar$ である．ここで $\mathbf{A}$ は電磁気におけるベクトルポテンシャルである．したがって Berry 位相は以下の式に見るように周回積分路内部を貫く磁束に比例する．

$$\gamma^{\mathrm{AB}} = \frac{-e}{\hbar} \oint d\mathbf{x} \cdot \mathbf{A} = \frac{-e}{\hbar} \int d\mathbf{S} \cdot rot\mathbf{A} = \frac{-e}{\hbar} \int d\mathbf{S} \cdot \mathbf{B} = \frac{-e}{\hbar} \Phi \tag{A.92}$$

電子が周回路を回って干渉する場合は $\gamma^{\mathrm{AB}} = 2\pi m,\ m \in Int.$ のときに強め合う．したがって周回路をもつ電気回路の電気伝導度は周回路を貫く磁束の大きさに対して $\Phi_{\mathrm{AB}} = h/e$ の周期で振動する．これを Aharonov-Bohm 効果と呼ぶ．超伝導体の場合は Cooper 対の電荷が $2e$ なので磁束は $\Phi_0 = h/(2e)$ で量子化される．

例 2) 3D Massless Dirac Fermion

3 次元の質量のない Dirac Fermion のハミルトニアンは式 (A.83) となる．$\hat{\boldsymbol{\sigma}}$ は Pauli 演算子であるが $\hat{\boldsymbol{\sigma}}$ の基底関数はスピンでも軌道でもよい．軌道の場

合は擬スピン (pseudo-spin) と呼ばれる．固有値は $\mathbf{k}$ を波数ベクトルとして，$\varepsilon_\pm = \pm v\hbar k,\ k \equiv \sqrt{k_x^2 + k_y^2 + k_z^2}$ であり分散は群速度 v の直線となる．対応する固有関数は

$$
\begin{cases}
\left(\psi_+^N, \psi_-^N\right) = \left(\begin{pmatrix} \cos\frac{\theta}{2} \\ \sin\frac{\theta}{2} e^{i\phi} \end{pmatrix}, \begin{pmatrix} -\sin\frac{\theta}{2} e^{-i\phi} \\ \cos\frac{\theta}{2} \end{pmatrix} \right) & \text{(A.93a)} \\[4ex]
\left(\psi_+^S, \psi_-^S\right) = \left(\begin{pmatrix} \cos\frac{\theta}{2} e^{-i\phi} \\ \sin\frac{\theta}{2} \end{pmatrix}, \begin{pmatrix} -\sin\frac{\theta}{2} \\ \cos\frac{\theta}{2} e^{i\phi} \end{pmatrix} \right) & \text{(A.93b)}
\end{cases}
$$

となる．ここで (k, θ, φ) は $\mathbf{k}$ の極座標表示である．(ψ_+, ψ_-) は正 $(+)$ および負 $(-)$ の固有値に対応した関数である．$\psi_\pm^N$ $(\psi_\pm^S)$ は北半球（南半球）における波動関数である．例えば南極において $\psi_+^N \propto (0,1)\,e^{i\phi}$ となり位相が不定となる（ϕ が変わっても $\mathbf{k}$ は変わらないが波動関数の位相は変わってしまう．）．同様に ψ_+^S の位相は北極で定まらない．そこで，Berry 接続や Berry 曲率を計算する際には北半球と南半球でこれらを使い分ける必要がある．

2 つのバンドが原点（Dirac 点と呼ばれる）で接するため原点付近に大きな Berry 曲率が存在することが期待される．そこで原点を含む球面について曲率ベクトルを面積分すると

$$
\gamma^{(n)} \equiv \int d\mathbf{S} \cdot \mathbf{B}_\pm^{(n)} = \int d\mathbf{S} \cdot rot\mathbf{A}_\pm^{(n)} = \oint_{\text{赤道}} d\mathbf{k} \cdot \left(\mathbf{A}_\pm^{N,(n)} - \mathbf{A}_\pm^{S,(n)} \right) = \mp 2\pi
$$

$$\text{(A.94)}$$

となる．この積分は関数の定義域が 2 つに分かれていなければゼロになる点に注意してほしい．この結果は原点に 2π の大きさの磁気単極子（モノポール）があるときの磁界に等しい．したがって

$$
\mathbf{B}_\pm^{(n)} = \mp \frac{1}{2} \frac{\mathbf{k}}{k^3}
\tag{A.95}
$$

となる．モノポールの周辺には大きな曲率が生じる．

A.20 k–表示（Bloch 波表示）

簡単のためにまず 1 次元の周期結晶を考える．ハミルトニアンは以下のよう

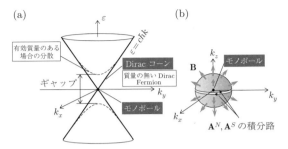

図 **A.14** Massless Ferimon の分散関係とモノポール．(a) パラメーター空間内のエネルギー分散．分散は直線的であり Dirac cone と呼ばれる．(b) モノポールを囲む球面上での曲率の積分は北半球を覆う半球と南半球を覆う半球のふち（赤道）での Berry 接続の線積分になる．積分は同じ経路上で右回りと左回りに行われるがこれが打ち消さないのは北と南で Berry 接続の関数が異なるためである．

に運動エネルギーと周期ポテンシャル $U(x+a) = U(x)$ からなる．

$$\hat{H} = \frac{\hat{p}^2}{2m} + U(x) \tag{A.96}$$

$\hat{H}$ は格子定数 a だけ平行移動する演算子 $\hat{T}_a$ と交換し同時の固有関数をもつ．格子の数が N 個であり，N 格子定数だけ平行移動すると元に戻るという周期的境界条件 ($\hat{T}_a^N = \hat{T}_{Na} = 1$) を課すと $\hat{T}_a$ の固有値 λ は $\lambda^N = 1$ を満たす．したがって，$\lambda = 1^{m/N} \equiv e^{ik_m a}$，$k_m \equiv 2\pi m/(aN)$ と書ける．ここで m は $-N/2 \leq m \leq +N/2$ を満たす整数であり，この範囲のみが独立である．したがって k の範囲は $-\pi/a \leq k \leq +\pi/a$ となり，この範囲は第 1 Brillouin ゾーンと呼ばれる．固有関数 $\psi_{n,k}(x)$ は

$$\begin{cases} \psi_{n,k}(x) = e^{ikx} u_{n,k}(x) & \text{(A.97a)} \\ u_{n,k}(x+a) = u_{n,k}(x) & \text{(A.97b)} \end{cases}$$

となり Bloch 関数と呼ばれる．n はバンドの指数，$u_{n,k}(x)$ は結晶と同じ周期の周期関数である．ここで $\hat{p}e^{ikx} = e^{ikx}(\hat{p} + \hbar k)$ を用いると，

$$\begin{cases} \hat{H}(k) \equiv \dfrac{(\hat{p} + \hbar k)^2}{2m} + V(x) & \text{(A.98a)} \\ \hat{H}(k) u_{n,k}(x) = \varepsilon_n(k) u_{n,k}(x) & \text{(A.98b)} \end{cases}$$

となり，ハミルトニアンがパラメーター k を含むようになった.

次に，演算子を Bloch 状態で展開する．完全性 $\sum_{n,k} |\psi_{n,k}\rangle \langle \psi_{n,k}| = 1$, $\int dx |x\rangle \langle x| = 1$ と $xe^{ikx} = -i\partial e^{ikx}/\partial k$ を用いて以下の表式を得る.

$$\hat{x} = \sum_{n,k} |\psi_{n,k}\rangle \langle \psi_{n,k}| \hat{x} \sum_{n',k'} |\psi_{n',k'}\rangle \langle \psi_{n',k'}|$$

$$= \sum_{n,n',k} |\psi_{n,k}\rangle i \left(\delta_{nn'} \frac{\partial}{\partial k} + \langle u_{n,k}| \frac{\partial}{\partial k} |u_{n',k}\rangle \right) \langle \psi_{n',k}| \tag{A.99}$$

すなわち，座標の演算子は k による共変微分となる．状態がバンド n にとどまるという断熱近似を用いると3次元系について [14],

$$\begin{cases} \hat{\mathbf{x}} = i\frac{\partial}{\partial \mathbf{k}} + \mathbf{A}(\mathbf{k}) & \text{(A.100a)} \\[2mm] \hat{\mathbf{k}} = \mathbf{k} & \text{(A.100b)} \\[2mm] \mathbf{A}(\mathbf{k}) \equiv i \langle u_{n,\mathbf{k}}| \frac{\partial}{\partial \mathbf{k}} |u_{n,\mathbf{k}}\rangle & \text{(A.100c)} \\[2mm] \mathbf{B}(\mathbf{k}) \equiv rot\mathbf{A}(\mathbf{k}) & \text{(A.100d)} \end{cases}$$

と書くことができる．$\mathbf{A}$ は Berry 接続である．また，式 (A.99) を局所ゲージ変換すると $\mathbf{A}$ の存在によりゲージ不変性が保たれ，$\hat{\mathbf{x}}$ が観測量となることが分かる．すなわち $\mathbf{A}$ はゲージ場である．交換関係は，

$$\begin{cases} \left[\hat{x}_i, \hat{k}_j \right] = i\delta_{ij} & \text{(A.101a)} \\[2mm] [\hat{x}_i, \hat{x}_j] = i \left(\frac{\partial A_j}{\partial k_i} - \frac{\partial A_i}{\partial k_j} \right) = \sum_k i\varepsilon_{ijk} B_k(\mathbf{k}) & \text{(A.101b)} \end{cases}$$

となる．$\mathbf{B}$ は Berry 曲率である．電磁場との類推から $\mathbf{B}$ を磁界と呼ぶ場合もある．実際，式 (A.101b) の交換関係は強磁界中の電子の座標の交換関係と同じ形をしている [15].

参考文献

[1] A. Volta, *Philos. Trans. R. Soc. Lond.*, **90**, 403 (1800).

[2] 砂川重信 著, 『理論電磁気学 第 3 版』, 紀伊國屋書店 (1999).

[3] M. P. Marder, *"Condensed Matter Physics"* 2nd edition. Wiley (2010).

[4] E. N. Economou, *"Green's Functions in Quantum Physics* (3rd edition)*"*, (Springer Series in Solid-State Sciences, 7), Springer, (2006).

[5] A. Brataas, G. E. W. Bauer, and P. J. Kelly, *Phys. Rep.*, **427**, 157 (2006).

[6] D. D. Stancil, A. Prabhakar, *"Spin Waves: Theory and Applications"*, Springer (2009).

[7] J.-H. Moon et al., R. D. McMichael, and M. D. Stiles, *Phys. Rev. B*, **88**, 184404 (2013).

[8] S. Takahashi and S. Maekawa, "Spin Hall Effect" in "Spin Current", S. Maekawa, S. O. Valenzuela, E. Saitoh, and T. Kimura, 2nd edition. Oxford University Press (2017).

[9] W. F. Brown Jr., *Phys. Rev.*, **130**, 1677 (1963).

[10] G. Lommer, F. Malcher, and U. Rössler, *Phys. Rev. Lett.*, **60**, 728 (1988).

[11] P. A. M. Dirac, *"General theory of relativity"*, Princeton Landmarks in Mathematics and Physics (1996).

[12] 二宮正夫 著, 『一般ゲージ場理論』, 数理科学臨時別冊, 『ゲージ場理論の発展』, サイエンス社 (2009).

[13] J. P. Provost and G. Vallee, *Commun. Math. Phys.*, **76**, 289 (1980).

[14] R. Karplus and J. M. Luttinger, *Phys. Rev.*, **95**, 1154 (1954).

[15] 長岡洋介・安藤恒也・高山一 著, 『局在・量子ホール効果・密度波〔岩波講座現代の物理学 18)』, 岩波書店 (1993).

付録B： 本書で用いる略語の表

分野	略語	内容	日本語
薄膜成長と微細加工	CVD	Chemical vapor deposition	化学的気相成長法
	ALD	Atomic layer deposition	原子層成長法
	MBE	Molecular beam epitaxy	分子線エピタキシー法
	CMP	Chemical mechanical polishing	化学的機械的研磨法
	RIE	Reactive ion etching	反応性イオンエッチング
	FIB	Focused ion beam	集束イオンビーム
計測関連	AFM	Atomic force microscope	原子間力顕微鏡
	MFM	Magnetic force microscope	磁気力顕微鏡
	STM	Scanning tunneling microscope	走査型トンネル顕微鏡
	EXAFS	Extended X-ray absorption fine structure	広域 X 線吸収微細構造
	XAS	X-ray absorption spectroscopy	X 線吸収スペクトロスコピー
	XMCD	X-ray magnetic circular dichroism	X 線円二色性
	XMLD	X-ray magnetic linear dichroism	X 線直線偏光二色性
	SEM	Scanning electron microscope	走査型電子顕微鏡
	TEM	Transmission electron microscope	透過電子顕微鏡
	STEM	Scanning transmission electron microscope	走査型透過電子顕微鏡
	RHEED	Reflective high-energy electron diffraction	反射高速電子線回折
	VNA	Vector network analyzer	ベクトルネットワークアナライザー
	FMR	Ferromagnetic resonance	強磁性共鳴
	CPW	Coplanar wave guide	コプレーナー導波路
	TR-MOKE	Time-resolved magneto-optical Kerr effect	時間分解磁気光学 Kerr 効果
	SQUID	Superconductor quantum interference device	超伝導量子干渉素子
理論	LLG eq.	Landau-Lifshitz-Gilbert equation	LLG 方程式
	RKKY int.	Ruderman-Kittel-Kasuya-Yosida interaction	RKKY 相互作用
	WKB approx.	Wentzel-Kramers-Brillouin approximation	WKB 近似

302　付録 B： 本書で用いる略語の表

分野	略語	内容	日本語
現象・効果など	MR	Magnetoresistance	磁気抵抗
	AMR	Anisotropic magnetoresistance	異方性磁気抵抗
	GMR	Giant magnetoresistance	巨大磁気抵抗
	CIP-GMR	Current-in-plane GMR	面内電流巨大磁気抵抗
	CPP-GMR	Current-perpendicular to-plane GMR	面直電流巨大磁気抵抗
	TMR	Tunneling magnetoresistance	トンネル磁気抵抗
	TAMR	Tunneling anisotropic magnetoresistance	トンネル異方性磁気抵抗
	RA	Resistance-area product	面積抵抗
	STT	Spin-transfer torque	スピントランスファートルク
	SHE	Spin Hall effect	スピン Hall 効果
	SMR	Spin Hall magnetoresistance	スピン Hall 効果磁気抵抗
	DMI	Dzyaloshinskii-Moriya interaction	Dzyaloshinskii-Moriya 相互作用
	VCMA	Voltage controlled magnetic anisotropy	電圧磁気異方性制御
	SSW	Surface spin wave	表面スピン波
磁気デバイス	MTJ	Magnetic tunnel junction	磁気トンネル接合
	SAF	Synthetic antiferromagnetic layer	人工反強磁性層
	MRAM	Magnetic random access memory	磁気ランダムアクセスメモリ
	VC-MRAM	Voltage controlled MRAM	電圧制御 MRAM
	STO	Spin-torque oscillator	スピントルク発振器
	STD	Spin-torque diode	スピントルクダイオード
	HDD	Hard disk drive	ハードディスクドライブ
	HAMR	Heat assisted magnetic recording	熱アシスト磁気記録
	MAMR	Microwave assisted magnetic recording	マイクロ波アシスト磁気記録
	NV-center	Nitrogen-Vacancy coupled point defect center	NV センター
半導体関連	FET	Field effect transistor	電界効果トランジスタ
	CMOS	Complementary metal-oxide semiconductor	相補型 MOS 回路
	SRAM	Static random access memory	スタティック RAM
	DRAM	Dynamic random acces memory	ダイナミック RAM
	VLSI	Very large scale integrated circuit	大規模集積回路
	FPGA	Field programable gate array	FPGA
	CAD	Computer aided design	キャド
	AI	Artificial intelligence	人工知能
	IOT	Internet of things	IOT

付録C： 基礎物理定数

c	2.998×10^8 [m/s]	光の速さ
e	1.602×10^{-19} [C]	素電荷
ε_0	8.854×10^{-12} [F/m]	真空の誘電率
h	6.626×10^{-34} [Js]	Planck 定数
$\hbar$	1.055×10^{-34} [Js]	Dirac 定数 $= h/(2\pi)$
k_{B}	1.381×10^{-23} [J/K]	Boltzmann 定数
μ_0	$4\pi \times 10^{-7}$ [H/m]	真空の透磁率
μ_{B}	9.274×10^{-24} [Am^2]	Bohr 磁子
m	9.109×10^{-31} [kg]	電子の質量
$k_{\mathrm{B}}T$	$\simeq 26$ [m eV]	室温のエネルギー，$T = 300$ [K]
$v_n = \sqrt{4k_{\mathrm{B}}TR\Delta f}$	$\simeq 4$ [nV]	Johnson ノイズ ($R = 1$ [kΩ], $T = 300$ [K], $\Delta f = 1$ [Hz])

付録 D：　本書で用いている変数の抜粋

a：角運動量の面密度 $[\mathrm{Js/m^2}]$

A：アジリティー $[1/\mathrm{s}]$，Berry 接続

$\mathbf{A}$：ベクトルポテンシャル $[\mathrm{Tm}]$（電磁気）

A_{ex}：交換スティフネス定数 $[\mathrm{J/m}]$

$Area$：面積 $[\mathrm{m^2}]$

α：Gilbert のダンピング定数

α_{R}：Rashba 係数 $[\mathrm{Jm}]$

$\mathbf{B}$：磁束密度 $[\mathrm{T}]$，Berry 曲率

β^{asym}：電気伝導度のスピン非対称度

$\beta^{\mathrm{STT}}, \beta^{\mathrm{SOT}}$：フィールドライクトルクの係数

c：光速 $[\mathrm{m/s}]$，係数，発振の複素表現

χ：帯磁率

d：厚さ，距離 $[\mathrm{m}]$

δ_{ij}：Kronecker のデルタ

Δ：ラプラシアン，スピンスプリットの幅 $[\mathrm{J}]$

D：拡散係数 $[\mathrm{m^2/s}]$，DMI エネルギー $[\mathrm{J/m^2}]$

D：位相拡散係数 $[\mathrm{rad^2/s}]$，共変微分

$D_{\mathrm{b}}, D_{\mathrm{i}}$：DMI エネルギー $[\mathrm{J/m^2}]$

$\mathbf{D}$：電束密度 $[\mathrm{C/m^2}]$，D ベクトル

DOS, N：状態密度 $[\mathrm{J^{-1}m^{-3}}]$

Δ：熱安定化定数

$\Delta\alpha$：Gilbert ダンピング定数の変化分

付録 D：本書で用いている変数の抜粋　　305

Δ_{DW}：磁壁の幅 [m]

$\mathbf{\Delta H}$：スピントルクを磁界で表したもの [A/m]

Δf：共鳴の線幅 [1/s]

Δf_{sw}：透過スペクトルの振動の周期 [1/s]

e：素電荷 [C]

$\mathbf{e}, \mathbf{e}_\zeta$：方向ベクトル，スピン流のスピンの方向

$E, \mathbf{E}$：電界 [V/m]

ε：エネルギー，誘電率 [F/m]

ε_{F}：Fermi エネルギー [J]

ε_{K}：運動エネルギー [J]

ε_{ijk}：Levi-Civita 記号（完全反対称テンソル）

f：周波数 [1/s]，分布関数

f_0：歳差運動の周波数，共鳴周波数

$\mathbf{F}$：力 [N]

ϕ：スカラーポテンシャル [V]（電磁気），波動関数
$\quad x\text{–}y$ 平面内で x 軸からの角度 [rad]

ϕ_{K}：Kerr 回転角

$|\Phi\rangle$：状態ベクトル

g, g'：g 因子（分光学的，機械的），計量テンソル

G, G^S：電気伝導度 [1/Ω]，スピン流伝導度 [J/V]

$\hat{G}, \hat{\Gamma}$：一般化 Thiele 方程式の係数行列

Γ_{ij}^{k}：Christoffel 記号

γ：LLG 方程式における磁気ジャイロ定数 $[(\mathrm{A/m})^{-1}\, s^{-1}]$，

γ^{asym}：スピン依存界面抵抗の非対称度

$\gamma_L', \gamma_S', \gamma_J'$：電子の磁気ジャイロ定数 $[\mathrm{Am^2/Js}]$
$\quad$（軌道，スピン，軌道＋スピン）

$\hat{\gamma}$：ガンマ行列

$h, \hbar$：Planck 定数，Dirac 定数 [Js]

h_{r}：ラフネスの高さ

306 付録 D：本書で用いている変数の抜粋

$\mathbf{H}$, $\mathbf{H}_d$, $\mathbf{H}_{\mathrm{eff}}$, $\mathbf{H}_{\mathrm{crystal}}$, $\mathbf{H}_{\mathrm{ani}}$, $\mathbf{H}_{\mathrm{ext}}$：磁界 [A/m]
（一般，反（双極子），有効，結晶磁気異方性，異方性，外部）

H, H_c, H_s, H_{EB}, H_N, H_{dipole}：磁界 [A/m]
（一般，保持力，飽和，交換結合，Néel 結合，双極子）

$\hat{H}$, $\hat{H}_{\mathrm{ex}}$, $\hat{H}_{\mathrm{SO}}$：ハミルトニアン
（一般，交換相互作用，スピン軌道相互作用）

η：ダイオードの性能指数 [V/W]

η_{K}：Kerr 楕円率

η_{SO}：スピン軌道相互作用パラメーター [m^2/Js]

i：虚数単位，添え字

$\mathbf{J}$：全角運動量 [Js]

$\mathbf{J}$, $\mathbf{j}$：粒子の流れ [個/s]，粒子の流れの密度 [個/m^2]

$\mathbf{J}^C$, $\mathbf{j}^C$：電流 [A]，電流密度 [A/m^2]

$\bar{\mathbf{J}}^{\mathrm{S}}$, $\bar{\mathbf{j}}^{\mathrm{S}}$：スピン流 [J]，スピン流密度 [J/m^2]

$\mathbf{j}^Q$：熱流密度 [J/ (m^{2}s)]

J_{ex}：交換相互作用定数 [J]

k, $\mathbf{k}$：波数，波数ベクトル [1/m]

k_{B}：Boltzmann 定数 [J/K]

K_u：一軸性磁気異方性エネルギー密度 [J/m^3]

$K_{i,0}$：界面磁気異方性エネルギー密度 [J/m^2]

$\hat{\kappa}_0$, $\hat{\kappa}_{\mathrm{M}}$：熱伝導率テンソル [J/m s K]

l, L：軌道角運動量 [Js]

$\hat{L}$：Onsager 係数

ℓ：長さ [m]

λ：波長，平均自由行程 [m]

λ_{r}：ラフネスの周期 [m]

λ_{sf}：スピン拡散長 [m]

λ_{ex}：交換長 [m]

λ_{F}：Fermi 波長 [m]

λ_{SO}：スピン軌道相互作用定数 [J]

m：電子の質量

M：質量

$\mathbf{M}$, M：磁化 [A/m]

M_s, M_r：飽和磁化，残留磁化 [A/m]

MR：磁気抵抗比 [%]

μ, μ_{L}, μ_{S}：磁気双極子モーメント [Am^2]
　　（一般，軌道，スピン）

μ_0：真空の透磁率 [T/(A/m)]

μ_B：Bohr 磁子 [Am^2]

μ, $\bar{\mu}$：化学ポテンシャル，電気化学ポテンシャル [J]

n：粒子数密度 [1/m^3]

n_{opt}：屈折率

$\mathbf{n}$：磁化の方向ベクトル

N：状態密度 [J^{-1}m^{-3}]，数

N_x, N_y, N_z：反磁界係数

$\mathbf{N}^{\mathrm{Nernst}}$：異常 Nernst 係数 [VT^{-1}K^{-1}]

ν：無次元周波数シフト

p：運動量 [kgm/s]，圧力 [N/m^2]，確率密度，パワー

P：スピン偏極度

$\mathbf{P}^{\mathrm{EH}}$：Ettingshausen 係数 [VT^{-1}]

$\mathbf{\Pi}^{\mathrm{Peltier}}$：Peltier 係数 [JC^{-1}]

q, Q：電荷 [C]，熱 [J]，Q 値（共鳴の鋭さ）

$\hat{Q}$：一般の物理量の演算子

θ, θ_H, θ_{SH}, θ_{F}：角度 [rad]
$\left(\begin{array}{l} z \text{ 軸からの角度，Hall 角，} \\ \text{スピン Hall 角，Faraday 回転角} \end{array} \right)$

r：半径 [m]，界面抵抗 [Ωm^2] スピン抵抗 [Ωm^2] 振幅反射率

R, R_{H}, R_{P}, R_{AP}：抵抗 [Ω].

（一般，Hall，平行配置，反平行配置）

RA：面積抵抗 $[\Omega m^2]$

ρ, $\rho_{//}$, $\rho_{\perp}$, ρ_{ave}：抵抗率 $[\Omega m]$

（一般，電流と平行，垂直，平均）

$\hat{\rho}$：密度行列

$\mathbf{s}$, s：スピン角運動量密度 $[Js/m^2]$

S_s^{Seebeck}, $\mathbf{S}^{\text{Seebeck}}$：Seebeck 定数 $[J/(CK)]$

$\mathbf{S}$, S：スピン角運動量 $[Js]$，面積 $[m^2]$

$\mathfrak{S}$, $\mathfrak{s}$：全系およびシステムのエントロピー

ξ, ξ：外部入力値，集団座標

σ：電気伝導率 $[1/(\Omega m)]$

$\hat{\sigma}_x$, $\hat{\sigma}_y$, $\hat{\sigma}_z$：Pauli 行列

t：時間 $[s]$，トランスファーインテグラル $[J]$，振幅透過率

t_{SW}, t_{dd}：スイッチ時間，ダイナミックダンピング $[s]$

T：温度 $[K]$，透過率

T_{C}, T_{N}：Curie 温度，Néel 温度 $[K]$

T_1, T_2：縦磁気緩和時間，横磁気緩和時間 $[s]$

$\mathbf{T}$：トルク $[J]$

τ_{sf}：スピンフリップ時間

τ：スピントルク密度 $[J/m^3]$

U, U_{dipole}, U_{exchange}, U_{crystal}, U_{Zeeman}, $U_{\text{DMI,b}}$, $U_{\text{DMI,i}}$, U_{DW}：
　　エネルギー $[J]$（一般，双極子相互作用，
　　交換相互作用，結晶磁気異方性，Zeeman，
　　バルク DMI，界面 DMI，磁壁）

u_{crystal}, u_{Zeeman}：エネルギー密度 $[J/m^3]$
　　（結晶磁気異方性，Zeeman）

u_{imp}：不純物ポテンシャル係数 $[Jm^3]$

V, V_{H}, V_{NL}, $V_{c,0}$：電圧，Hall，非局所，臨界 $[V]$

$\mathbf{v}$, v：速度，速さ $[m/s]$

付録 D：本書で用いている変数の抜粋　　309

$\mathbf{v}_{\mathrm{STT}}$, $\mathbf{v}_{\mathrm{SOT}}$：STT, SOT の大きさ [m/s]

v_{g}：群速度 [m/s]

vol：体積 [m^3]

ω, ω_0：角周波数，共鳴角周波数 [rad/s]

Ω：角周波数 [rad/s], Berry 曲率，立体角

$\mathbf{x}$, x, y, z：位置 [m]

Y：磁壁の位置 [m]

ξ：電流，電圧などの強度を表すパラメーター

$|\Psi\rangle$：状態ベクトル

Z, Z_0：インピーダンス，特性インピーダンス [Ω]

Fourier 変換の定義

$$f(\boldsymbol{x}, t) = \frac{1}{\sqrt{(2\pi)^4}} \int_{-\infty}^{+\infty} d^3k \, d\omega \, F(\boldsymbol{k}, \omega) e^{i(\boldsymbol{k}\cdot\boldsymbol{x} - \omega t)}$$

$$F(\boldsymbol{k}, t) = \frac{1}{\sqrt{(2\pi)^4}} \int_{-\infty}^{+\infty} d^3x \, dt \, f(\boldsymbol{x}, t) e^{-i(\boldsymbol{k}\cdot\boldsymbol{x} - \omega t)}$$

付録E： 周期律表

凡例（テルビウムの例）:
原子番号, 元素名, 原子量（相対原子質量）(u), 元素記号, 典型的イオン価数, 電子配置, 結晶系, 反強磁性 Néel温度 T_N(K), 強磁性 Curie温度 T_C(K)

テルビウム 158.925 34 / 65 Tb / $4f^9 6s^2$ / 3+ HEX / 229 | 221

	1	2	3	4	5	6	7	8	9
1	水素 1.00794 **1 H** $1s$ HEX								
2	リチウム 6.941 **3 Li** $2s$ 1+ BCC	ベリリウム 9.012 182 **4 Be** $2s^2$ 2+ HEX							
3	ナトリウム 22.989 770 **11 Na** $3s$ 1+ BCC	マグネシウム 24.305 0 **12 Mg** $3s^2$ 2+ HEX							
4	カリウム 39.098 3 **19 K** $4s$ 1+ BCC	カルシウム 40.078 **20 Ca** $4s^2$ 2+ FCC	スカンジウム 44.955 910 **21 Sc** $3d4s^2$ 3+ HEX	チタン 47.867 **22 Ti** $3d^2 4s^2$ 4+ HEX	バナジウム 50.941 5 **23 V** $3d^3 4s^2$ 4+ BCC	クロム 51.996 1 **24 Cr** $3d^5 4s$ 3+ BCC 312	マンガン 54.938 049 **25 Mn** $3d^5 4s^2$ 96	鉄 55.845 **26 Fe** $3d^6 4s^2$ 1043	コバルト 58.933 200 **27 Co** $3d^7 4s^2$ 2+ HEX 1390
5	ルビジウム 85.467 8 **37 Rb** $5s$ 1+ BCC	ストロンチウム 87.62 **38 Sr** $5s^2$ 2+ FCC	イットリウム 88.905 85 **39 Y** $4d^1 5s^2$ 3+ HEX	ジルコニウム 91.224 **40 Zr** $4d^2 5s^2$ 4+ HEX	ニオブ 92.906 38 **41 Nb** $4d^4 5s$ 5+ BCC	モリブデン 95.94 **42 Mo** $4d^5 5s$ 3+ BCC	テクチウム [98] **43 Tc** $4d^5 5s^2$ HEX	ルテニウム 101.07 **44 Ru** $4d^7 5s$ 3+ HEX	ロジウム 102.905 50 **45 Rh** $4d^8 5s$ 3+ FCC
6	セシウム 132.905 45 **55 Cs** $6s$ 1+ BCC	バリウム 137.327 **56 Ba** $6s^2$ 2+ BCC	ランタノイド 57-71	ハフニウム 178.49 **72 Hf** $5d^2 6s^2$ 4+ HEX	タンタル 180.947 9 **73 Ta** $5d^3 6s^2$ 5+ BCC	タングステン 183.84 **74 W** $5d^4 6s^2$ 6+ BCC	レニウム 186.207 **75 Re** $5d^5 6s^2$ 4+ HEX	オスミウム 190.23 **76 Os** $5d^6 6s$ 3+ HEX	イリジウム 192.217 **77 Ir** $5d^7 6s^2$ 4+ FCC
7	フランシウム [223] **87 Fr** $7s$	ラジウム [226] **88 Ra** $7s^2$ 2+ BCC	アクチノイド 89-103	ラザホージウム [267] **104 Rf**	ドブニウム [268] **105 Db**	シーボーギウム [269] **106 Sg**	ボーリウム [270] **107 Bh**	ハッシウム [277] **108 Hs**	マイトネリウム [278] **109 Mt**

ランタノイド

ランタン 138.905 5 **57 La** $5d6s^2$ 3+ HEX	セリウム 140.116 **58 Ce** $4f5d6s^2$ 3+ FCC 13	プラセオジム 140.907 65 **59 Pr** $4f^3 6s^2$ 3+ HEX	ネオジウム 144.24 **60 Nd** $4f^4 6s^2$ 3+ HEX 19	プロメチウム [145] **61 Pm** $4f^5 6s^2$ HEX	サマリウム 150.36 **62 Sm** $4f^6 6s^2$ 3+ HEX 105

アクチノイド

アクチニウム [227] **89 Ac** $6d7s^2$ 3+ FCC	トリウム 232.038 1 **90 Th** $6d^2 7s^2$ 4+ FCC	プロトアクチニウム 231.035 88 **91 Pa** $5f^2 6d7s^2$ 5+ TET	ウラン 238.028 9 **92 U** $5f^3 6d7s^2$ 4+ ORC	ネプツニウム [237] **93 Np** $5f^4 6d7s^2$ 5+ ORC	プルトニウム [244] **94 Pu** $5f^6 7s^2$ MCL

結晶系

BCC	体心立方晶
CUB	単純立方晶
DIA	ダイアモンド
FCC	面心立方晶
HEX	六方晶
MCL	単斜晶
ORC	斜方晶
RHL	菱面体晶
TET	正方晶
(t-pt)	(三重点)

13	14	15	16	17	18
					ヘリウム 4.002 602 **2 He** $1s^2$ HEX
ホウ素 10.811 **5 B** $2s^2 2p$ RHL	炭素 12.0107 **6 C** $2s^2 2p^2$ DIA	窒素 14.006 74 **7 N** $2s^2 2p^3$ HEX	酸素 15.999 4 **8 O** $2s^2 2p^4$ CUB 24	フッ素 18.998 403 2 **9 F** $2s^2 2p^5$ MCL	ネオン 20.179 7 **10 Ne** $2s^2 2p^6$ FCC
アルミニウム 26.981 538 **13 Al** $3s^2 3p$ 3+ FCC	シリコン 28.085 5 **14 Si** $3s^2 3p^2$ DIA	リン 30.973 761 **15 P** $3s^2 3p^3$ ORC	イオウ 32.066 **16 S** $3s^2 3p^4$ ORC	塩素 35.452 7 **17 Cl** $3s^2 3p^5$ ORC	アルゴン 39.948 **18 Ar** $3s^2 3p^6$ FCC

10	11	12	13	14	15	16	17	18
ニッケル 58.693 4 **28 Ni** $3d^8 4s^2$ 2+ FCC 629	銅 63.546 **29 Cu** $3d^{10}4s$ 2+ FCC	亜鉛 65.39 **30 Zn** $3d^{10}4s^2$ 2+ HEX	ガリウム 69.723 **31 Ga** $4s^2 4p$ 3+ ORC	ゲルマニウム 72.61 **32 Ge** $4s^2 4p^2$ DIA	ヒ素 74.921 60 **33 As** $4s^2 4p^3$ RHL	セレン 78.96 **34 Se** $4s^2 4p^4$ HEX	臭素 79.904 **35 Br** $4s^2 4p^5$ ORC	クリプトン 83.80 **36 Kr** $4s^2 4p^6$ FCC
パラジウム 106.42 **46 Pd** $4d^{10}$ 2+ FCC	銀 107.868 2 **47 Ag** $4d^{10}5s$ 1+ FCC	カドミウム 112.411 **48 Cd** $4d^{10}5s^2$ 2+ HEX	インジウム 114.818 **49 In** $5s^2 5p$ 3+ TET	スズ 118.710 **50 Sn** $5s^2 5p^2$ 4+ TET	アンチモン 121.760 **51 Sb** $5s^2 5p^3$ RHL	テルル 127.60 **52 Te** $5s^2 5p^4$ HEX	ヨウ素 126.904 47 **53 I** $5s^2 5p^5$ ORC	キセノン 131.29 **54 Xe** $5s^2 5p^6$ FCC
白金 195.078 **78 Pt** $5d^9 6s$ 2+ FCC	金 196.966 55 **79 Au** $5d^{10}6s$ 1+ FCC	水銀 200.59 **80 Hg** $5d^{10}6s^2$ 2+ RHL	タリウム 204.383 3 **81 Tl** $6s^2 6p$ 3+ HEX	鉛 207.2 **82 Pb** $6s^2 6p^2$ 4+ FCC	ビスマス 208.980 38 **83 Bi** $6s^2 6p^3$ RHL	ポロニウム [209] **84 Po** $6s^2 6p^4$ CUB	アスタチン [210] **85 At** $6s^2 6p^5$	ラドン [222] **86 Rn** $6s^2 6p^6$
ダームスタチウム [281] **110 Ds**	レントゲニウム [282] **111 Rg**	コペルニシウム [285] **112 Cn**	ニホニウム [286] **113 Nh**	フレロビウム [289] **114 Fl**	モスコビウム [290] **115 Mc**	リバモリウム [293] **116 Lv**	テネシン [294] **117 Ts**	オガネソン [294] **118 Og**

ユウロビウム 151.964 **63 Eu** $4f^7 6s^3$ 2+ BCC 90	ガドリニウム 157.25 **64 Gd** $4f^7 5d6s^2$ 3+ HEX 293	テルビウム 158.925 34 **65 Tb** $4f^9 6s^2$ 3+ HEX 229 221	ジスプロシウム 162.50 **66 Dy** $4f^{10}6s^2$ 3+ HEX 179 89	ホルミウム 164.930 32 **67 Ho** $4f^{11}6s^2$ 3+ HEX 132 20	エルビウム 167.26 **68 Er** $4f^{12}6s^2$ 3+ HEX 85 20	ツリウム 168.934 21 **69 Tm** $4f^{13}6s^2$ 3+ HEX 56	イッテルビウム 173.04 **70 Yb** $4f^{14}6s^2$ 3+ FCC	ルテチウム 174.967 **71 Lu** $4f^{14}5d6s^2$ 3+ HEX
アメリシウム [243] **95 Am** $5d^7 7s^2$ HEX	キュリウム [247] **96 Cm** $5f^7 6d7s^2$ HEX	バークリウム [247] **97 Bk** $5f^9 7s^2$ HEX	カリホルニウム [251] **98 Cf** $5f^{10}7s^2$ HEX	アインスタニウム [252] **99 Es** $5f^{11}7s^2$	フェルミウム [257] **100 Fm** $5f^{12}7s^2$	メンデレビウム [258] **101 Md** $5f^{13}7s^2$	ノーベリウム [259] **102 No** $5f^{14}7s^2$	ローレンシウム [266] **103 Lr** $5f^{14}6d7s^2$

索　引

欧数字

π 接合　247

2ω 法　66
2 次元表現　294
2 流体モデル　116
3D Massless Dirac Fermion　296
$3d$ 遷移金属　16
3 重項 Cooper 対　247
4 端子測定法　58

ABS (Air bearing surface)　197
Aharonov-Bohm 効果　296
ALD 法　44
Altermagnet　241
Ampère の法則　255
AMR　55, 113

Barnett, S　2
Berry 位相　138, 231, 296
Berry 曲率　232, 294, 299
Berry 接続　232, 295
Bloch 関数　232, 298
Bloch 磁壁　93, 153
Bloch 方程式　263
Bohr 磁子　3
Boltzmann 方程式　120, 269
Brataas のスピン流回路理論　276
Brillouin ゾーン　232
Butler, W. H.　130

CAM　220
Carnot サイクル　175

Chern 数　235
Christoffel 記号　291
CIP-GMR　116, 119, 197
CIPT　59
CISS　245
C–NOT ゲート　179
$\cos\theta$ 依存性　136
Coulomb 相互作用エネルギー　11, 14
CPP-GMR　119, 139, 206
Curie 温度　16
CVD 法　43

Das-Datta　178
de Broglie の物質波　260
de Haas, W. J.　2
Dirac 定数　1
Dirac の相対論的波動方程式　11, 233, 262, 293, 295
div　255
DMI　29, 93
DMI 磁壁　94
DOS　13
DRAM　216
DUT　70
D ベクトル　107

Einstein, A　2, 231
Einstein の関係式　122
Einstein の規則　289
Einstein の光量子仮説　260
Einstein 方程式　291
Ettingshausen 効果　170, 174
Euler 指数　291

314　索　引

Faraday 効果　60, 255
FeRAM　217
Fermi-Dirac の分布関数　232
Fermi アーク　233
Fermi エネルギー　13, 19, 135
Fermi の海　98
Fermi 面　98
Fert, A　20
Field-MRAM　211
FMR　23, 68
Fokker-Planck 方程式　284
Fresnel の公式　265

Gauss-Bonnet の定理　291
Gauss 曲率　291
Gilbert のダンピング定数　12
GMR　20, 115
Granular　117
Grünberg, P.　20
g 因子　5

Hall 抵抗　57
HAMR　217
Hanle 効果　64
HDD　130, 216
Heaviside のステップ関数　257
Heisenberg の運動方程式　263
Heisenberg の不確定性原理　7
Hermite 演算子　6
Heusler 合金　205
Holstein-Primakoff 変換　280
HOMO　14
Hund 則　12

ISHE　25, 62

Kelvin 卿　55
Kerr 回転角　61
Kramers の方法　285
Kronecker のデルタ　6

k–表示（Bloch 波表示）　232, 297

Landau-Lifschtz-Gilbert（LLG）方程式
　13, 75, 81, 147, 264, 283
Landauer-Büttiker 公式　135, 274
Larmor 周波数　64
layer-by-layer の成長　40
Lorentz 透過電子顕微鏡　61
Lorentz 変換不変性　260
Lorentz 力　57, 256
LUMO　14

Majorana 粒子　247
MAMR　165, 217
Massless Dirac Fermion　233, 293, 294
Mathon, J.　130
Maxwell 方程式　259
MBE　39
Memory-in-logic　220
MFM　61
MgO(001) トンネル障壁　134
Minkovski 空間　290
MOKE　60, 61, 264
Moodera, J.　22, 129
MR　56
MRAM　22, 130, 210
MRI　210

NAND Flash　216
Néel 温度　18
Néel 結合　105
Néel 磁壁　92, 93, 153
NEP　168
Nernst 効果　170
Newton 力学　269
NV センター　179, 209

ODMR　181
Øersted, H. C.　255
Ohm の法則　55, 135, 267

索引　315

Onsager 係数　172, 286
Onsager の相反定理　57, 172

Parkin, S. S. P.　22, 131, 217
Pauli, W. E.　4
Pauli 行列　9
Pauli の排他律　11, 13
p-bit　222
PCRAM　217
Peltier 効果　170, 173
Perrin, J. B.　1
Planck, M.　6
Planck 定数　1
PLD 法　45
PLL　165
PMA　93, 157

Q 値　164

RA　130
Rashba-Edelstein 効果　138, 143, 151, 289
Rashba 型のスピン軌道相互作用　178, 234, 236
Rashba ハミルトニアン　287
ReRAM　217
RHEED　39
Ricci テンソル　291
Riemann の曲率テンソル　291
RIE 法　47
rot　255
RPL (Recessed pinned layer)　203
Ruderman-Kittel-Kasuya-Yosida (RKKY) 相互作用　98

SAF　102
SAM 膜　246
Schrödinger の波動方程式　6, 261
Scissors ヘッド　204
s–d モデル (Anderson model)　16

Seebeck 効果　122, 137, 170, 173, 273
SEM（2 次電子顕微鏡）　50
SHE　24
SiC　179
side jump 機構　281
skew scattering 機構　281
Slonczewski, J.　146
Sommerfeld, A.　3, 273
SOT　25, 151
SOT-MRAM　214
SRAM　216
Stern-Gerlach の実験　3
STM　39
STO　162
Stoner の強磁性発現条件　14
STT-FMR　75
STT-MRAM　134, 212

TDMR　204
TEM　62
Thiaville, A.　156
Thiele 方程式　154
THz 光　176
TMR ヘッド　130, 197, 199

Uhlenbeck-Goudsmit の提案　4

Valet-Fert の方程式　121
van Wees, B.　23
VCMA　25, 157
VC-MRAM　215
von Klitzing 定数　134, 223
von Neumann 型　220

Walker breakdown　152, 155
Weyl 半金属　233, 234, 242, 293

XMCD 顕微鏡　78
X 線磁気円二色性　78
x 表示　262

316　索引

Zeeman エネルギー　89
Zhang, S. C.　236, 242
ZT　183

あ行

アイソレーター　177
アジリティー　167
アモルファス Al–O トンネル障壁　129
アモルファス CoFeB　133
アンチダンピング（負のダンピング）　148,
　166

イオンミリング法　47
異常 Hall 効果　57, 65, 242, 267
異常 Nernst 効果　171, 174, 242
異常速度　232, 281
位相拡散　167
位相ロッキング　167
一方向異方性　100, 119
一般化 Thiele 方程式　283
移動度　122
異方性磁気抵抗効果　55, 113, 267
異方性磁気抵抗ヘッド　197
異方性磁気熱抵抗効果　170
異方性スピン依存 Seebeck 効果　170

ウェッジ膜　41, 97
内田–斎藤型のスピン Seebeck 効果　23,
　171

永久スピン流　26
エヴァネッセント状態　130
エッチング法　47
エネルギーギャップ（禁制帯）　19
エピタキシャル MTJ 素子　132
エピタキシャル成長　38
エラー率　161
エントロピー生成　172, 286, 287
円偏光レーザー　176

大谷義近　156

大野英男　177
小野輝男　23
温度勾配　137, 170

か行

界面 DMI　107
界面散乱機構　127
界面抵抗　125
カイラル磁壁　94
化学ポテンシャル　19
角運動量の各成分間の交換関係　7
拡散係数　122
拡散的スピン流　139
拡散方程式　123
核磁気共鳴顕微鏡像　209
緩和時間　123, 272

幾何学的位相　296
擬スピン　297
基底　6
軌道角運動量　16
軌道磁気モーメント　5
軌道テクスチャ　243
軌道放射光　78
軌道流　242
逆スピン Hall 効果　23, 25, 62, 280
キャッシュメモリ　215
強磁性共鳴　68
強磁性金属　15
強磁性半導体　177
共変微分　232, 239, 291, 299
共変ベクトル　290
強誘電体メモリ　217
極磁気 Kerr 効果　266
局所ゲージ変換　292
局所熱平衡の仮定　287
巨視的な電流　260
巨大磁気抵抗効果　20, 115

空間分解能　199

索 引　317

空洞共振器　68
群速度　72, 232

形状磁気異方性　54
計量テンソル　289, 294
ゲージ原理　292
ゲージ場　299
結合性軌道　19
結晶磁気異方性　12, 54, 89
結晶磁気異方性磁界　90
原子核　20, 178
原子モデル　1

高書き換え耐性　210
交換関係　7
交換相互作用　11, 12, 29, 89, 90
交換長　91
交換バイアス　100
高周波オシロスコープ　73
高周波回路　268
高周波プローバ　68
高真空　36
高速書き換え　210
固相エピタキシャル成長　133
固定層　200
コヒーレント・トンネル　131
コプレーナー線路　69
コラム状成長　42
混合状態　10
混合伝導　272, 273

さ行

歳差運動　67, 77, 138
最小磁界強度　209
再生ヘッド　197
サイドシールド構造　201
雑音　199
参照層　198, 200
散乱行列　275, 278
散乱項　272

残留磁化　53

磁化　1, 53, 258, 260
磁荷　259
磁界　259
磁界収束構造　208
磁界センサー　119
磁界中アニール　102
磁化過程　53
磁化固定層　208
磁化自由層　208
磁化の安定条件　90
時間反転対称性　242
磁気 Kerr 効果　60
磁気異方性磁界　54
磁気渦構造　165
磁気ジャイロ定数　2, 13, 67
磁気シールド　197
磁気双極子モーメント　258
磁気単極子（モノポール）　259, 297
磁気抵抗効果型ランダムアクセスメモリ
　　210
磁気抵抗高感度磁界センサ　208
磁気抵抗比　56
磁気的再生幅　202
磁気ドメイン　90
磁気熱効果　170
磁気ハードディスク　22
磁気ヒステリシス　53
磁気モーメント　1
磁気力顕微鏡　61
磁区　53
四重極質量分析計　38
磁性メタマテリアル　176
磁束密度に関する Gauss の法則　255, 296
シフトスピン流　139
射影演算子　294
自由層　198, 200
集団座標　153, 283
主量子数　3

318　索　引

純状態　10
常磁性　259
掌性　246
状態ベクトル　6
初期化　180
磁歪　200
真空蒸発法　38
真空の透磁率　255
真空の誘電率　260
人工格子　20, 97
人工反強磁性　102
新庄輝也　20
真電荷　259

垂直磁化膜　55, 93
垂直磁気異方性　93, 157
スカーミオン　96, 108, 219
スコッチテープ法　45
ストカスティックレゾナンス　168
スパッタ法　41
スピン　4
スピン Hall 角　63, 139
スピン Hall 効果　23, 24, 138, 143, 149,
　151, 280
スピン依存 Seebeck 効果　170
スピン依存界面抵抗　125
スピン運動量ロッキング　289
スピン拡散長　63, 121, 123
スピン緩和時間　282
スピン軌道相互作用　11, 12
スピン軌道トルク　25, 65
スピン軌道トルク磁化反転　143, 149
スピン磁界　240
スピン磁気モーメント　5
スピンシフト流　237
スピンダイス　222
スピンダイナミクス　136
スピン蓄積　23, 62, 124
スピン注入　125
スピン抵抗　125

スピン電磁場　238
スピントランスファー　151
スピントランスファー磁化反転　140, 141,
　146
スピントランスファートルク　65, 146
スピントルク　65
スピントルク強磁性共鳴 (FMR)　23, 75,
　168
スピントルク検波　168
スピントルク磁化反転　66, 139, 141
スピントルク磁壁駆動　151
スピントルクダイオード効果　75, 168
スピントルク発振　74, 162
スピントルク発振の複素数表示　285
スピントルク密度　147
スピントロニクス　20
スピン波　72, 138, 279
スピン波スピン流　139
スピンバルブ　119
スピン非対称度　125
スピンフリップ散乱　272
スピン分解 2 次電子顕微鏡　97
スピン分裂　16
スピン偏極度　10
スピン保存散乱　272
スピンポンピング　23, 72, 138
スピン密度　123
スピン流　12, 23, 62, 143, 146
スピン流伝導度　278
スピン流発生法　137
スピン流（角運動量流）密度　122
スペクトラムアナライザー　74

正規直交基底　6, 8
静磁気結合　105
性能指数　183
積層フェリ構造　102, 119
絶縁体　15
接続　291
全角運動量　12

索引　319

線形演算子　6
線形応答　260
線形非平衡熱力学　172
センサ幅　202

層間交換結合　97
双極子磁界　54, 90
双極子相互作用　89
走査型トンネル顕微鏡　39
増幅素子　168
相変化メモリ　217
ソースメータ　58

た行

ダイアモンド　179, 209
ダイアモンドライクカーボン　203
第一原理計算　130
帯磁率　71, 259, 260
ダイナミックダンピング　166
楕円率　61
多数（少数）スピン　16
縦磁気 Kerr 効果　266
単磁区構造　91
探針（プローブ）　58

中間真空　36
超交換相互作用　16
超伝導／強磁性体接合　246

つり合いの式　123

低 RA 素子　141
抵抗変化型メモリ　217
低真空　36
電圧印加磁化反転　156
電圧磁気異方性制御　157, 215
電圧ダイナミック磁化反転　160
電荷伝導度　278
電荷密度　123
電気化学ポテンシャル　122

電気伝導率　122, 260, 273
電子線リソグラフィー　50
電磁波　260
電磁ポテンシャル　240
電束密度　259
伝導率テンソル　57

透過率行列　278
同期現象　165
同軸ケーブル　69, 268
特殊相対論的共変性　260
特性インピーダンス　70, 268
トポロジカル指数　234
トポロジカル絶縁体　26, 234
トーラス　235
ドリフト運動　121
トルク　12
トンネル磁気抵抗効果　22, 128

な行

内因性異常 Hall 効果　231
内因性スピン Hall 効果　236
内容読み出しメモリ　220
長岡半太郎　1
ナノピラー構造　164

新田淳作　178
ニューロモルフィック回路　221

熱 Hall 効果（Righi-Leduc 効果）　170
熱アシスト記録　198
熱アシスト方式　217
熱安定性　213
熱勾配　23
熱電効果　170
熱伝導率のスイッチング　171
熱トルク　168
ネットワークアナライザー　69
熱ノイズ　58
熱力学的な力　172, 287

320 索 引

熱力学的な流れ 172
熱流 170
熱流の密度 172

ノイズ 74
ノンコリニアー 279
ノンコリニアーな反強磁性体 242

は行

バイアス依存性 59
排気速度 37
配向性多結晶 MTJ 素子 132
発散 255
ハードディスク (HDD) 197
ハーフメタル 19
バリスティック伝導 134
バルク DMI 107
バルク散乱機構 127
パルスレーザー 176
汎関数微分 90
反強磁性 16
反強磁性スピントロニクス 240
反強磁性体 100, 240
反結合性軌道 19
半古典的 Boltzmann 方程式 269
反磁界 53, 90
反磁界係数 54
反磁性 259
半磁性半導体 177
反射高速電子線回折 39
反対称交換相互作用 29, 89
反転確率 215
バンド 13
半導体 15
バンドの指数 298
反変ベクトル 290

非可換な Berry 接続 244
光検出磁気共鳴 181
非局所スピンバルブ 207

ヒステリシス損 55
非線形 FMR 168
非線形周波数シフト 167
非線形発振素子 163
微分演算子 255
微分幾何 289

フィールドライクトルク 150
フェムト秒レーザー 77
フェリ磁性 15, 16
フェルミオン 135
フォトリソグラフィー 48
フォノンの角運動量 242
不規則合金 102
不揮発性ワーキングメモリ 210
副格子 241
複素 Kerr 回転角 61, 265
複素反射率 265
双子結晶 41
物理的状態 6
物理量 6
物理レザバー計算 221
負のダンピング 166
プレーナー Hall 効果 65, 267
プロセス適合性 134
ブロッキング温度 102
分子スピントロニクス 245
分子線エピタキシー法 39

平均自由行程 36, 120, 121
ベーキング 38
ベータ項 154

ポイントコンタクト構造 164
方向量子化 3
飽和磁化 53
飽和磁界 53
保磁力 53
保存則 123
ホモダイン検波 75, 168

索引　321

ボルテックス構造　92
ボルテックス磁壁　92
ポンプ・プローブ法　77

ま行

マイクロ波アシスト方式　217
マグノン　138, 279
マクロスピンモデル　147
マルチリーダー　204

ミキシング伝導度　278
密度演算子　10
密度行列　277
宮崎照宣　22, 129

無次元周波数シフト　167
宗片比呂夫　177
村上修一　236

面積抵抗　59

モノポール　233
漏れ磁界　105

や行

湯浅新治　22, 131
有効磁界　12
誘電分極　260
誘電率　260
ユニタリ性　278

横磁気 Kerr 効果　266
横モード　134

ら行

ラフネス　104
乱数発生器　222

リフトオフ法　47
粒子数密度　271
粒子の流れの密度　271

量子化　134, 235
量子化異常 Hall 効果　222
量子化条件　3
量子計算　181, 247
量子計測　181
量子磁界センサ　209
量子スピントロニクス　26
量子通信　181
量子トモグラフ　28
量子ビット　179
量子力学　5
臨界膜厚　102

ルミネッセンス　181

レジスト　48
レーストラックメモリ　217
連想記憶回路　222

ロックインアンプ　58

わ行

ワイヤボンディング　58
ワインディングナンバー　96

[著者紹介]

鈴木義茂（すずき よししげ）
1984 年　筑波大学大学院理工学研究科 修士課程修了
1990 年　博士号取得（筑波大学）
現　　職：大阪大学大学院基礎工学研究科 教授，工学博士
専　　門：スピントロニクス，物性物理

久保田均（くぼた ひとし）
1994 年　東北大学大学院工学研究科 博士後期課程修了
現　　職：産業技術総合研究所新原理コンピューティング研究センター 副研究センター長，
　　　　　博士（工学）
専　　門：スピントロニクス

野﨑隆行（のざき たかゆき）
2006 年　東北大学大学院工学研究科 博士後期課程修了
現　　職：産業技術総合研究所新原理コンピューティング研究センター 不揮発メモリチーム長，
　　　　　博士（工学）
専　　門：スピントロニクス

湯浅新治（ゆあさ しんじ）
1996 年　慶応義塾大学大学院理工学研究科 博士課程修了
現　　職：産業技術総合研究所新原理コンピューティング研究センター 研究センター長，
　　　　　博士（理学）
専　　門：磁性，スピントロニクス，固体物理

中谷友也（なかたに ともや）
2011 年　筑波大学大学院数理物質科学研究科 博士後期課程修了
現　　職：物質・材料研究機構磁性・スピントロニクス材料研究センター 主幹研究員，
　　　　　博士（工学）
専　　門：スピントロニクス，磁気記録，磁気センサー

現代講座・磁気工学 4	編 者	日本磁気学会
Modern Institute: Magnetics Vol.4	著 者	鈴木義茂・久保田均
		野﨑隆行・湯浅新治　ⓒ 2024
スピントロニクス		中谷友也
―応用編―	発行所	南條光章
Spintronics	発行所	共立出版株式会社
—Applied Edition		東京都文京区小日向 4-6-19
		電話　03-3947-2511（代表）
2024 年 10 月 1 日　初版 1 刷発行		郵便番号　112-0006
		振替口座　00110-2-57835
		www.kyoritsu-pub.co.jp
	印　刷	藤原印刷
	製　本	ブロケード

一般社団法人
自然科学書協会
会員

検印廃止
NDC 428.4
ISBN 978-4-320-08590-9　　　　　Printed in Japan

JCOPY ＜出版者著作権管理機構委託出版物＞
本書の無断複製は著作権法上での例外を除き禁じられています．複製される場合は，そのつど事前に，出版者著作権管理機構（TEL：03-5244-5088，FAX：03-5244-5089，e-mail：info@jcopy.or.jp）の許諾を得てください．